"十一五"国家科技支撑计划重点项目《城镇绿地生态构建和管控关键技术研究与示范》（2008BAJ10B00）
课题二《城镇绿地空间结构与生态功能优化关键技术研究》（2008BAJ10B02）

# A Study on the Strategies to Improve Urban Green Space Ecological Network Efficacy

# 城市绿地生态网络空间增效途径研究

吴　敏　著

中国建筑工业出版社

**图书在版编目（CIP）数据**

城市绿地生态网络空间增效途径研究 / 吴敏著. —北京：中国建筑工业出版社，2015.10
ISBN 978-7-112-18441-5

Ⅰ.①城… Ⅱ.①吴… Ⅲ.①城市绿地－绿化规划－研究 Ⅳ.①TU985.1

中国版本图书馆CIP数据核字（2015）第216049号

　　本书以提升城市绿地生态网络功效为目标，以城市绿地生态空间资源的网络化配置及优化为核心，从"效能"和空间规划布局的视角出发，构建了城市绿地生态网络"空间增效"的理论和技术方法体系。首先，基于对绿地和城市相互融合而成的城市空间生态系统的重新界定，建构了城市绿地生态空间效能体系及其评价技术；其次，提出了绿网空间优化和空间增效的具体实施途径及其融入现行规划体系的保障措施；第三，探索了一条以绿地生态网络为空间管理手段、以绿地空间效能增长为管理目标的网络化绿地生态空间建构与管控的技术方法；最后，对以绿地生态网络为引导的城市空间可持续发展的新模式和决策体系进行了架构和展望。

　　本书适宜城乡规划、风景园林、环境科学及其相关领域的规划设计、管理、科研技术人员使用阅读，亦可供高等院校师生以及政府决策部门人员阅读和参考。

责任编辑：焦　扬
责任设计：张　虹
责任校对：张　颖　姜小莲

城市绿地生态网络空间增效途径研究
吴　敏　著
＊
中国建筑工业出版社出版、发行（北京西郊百万庄）
各地新华书店、建筑书店经销
北京京点图文设计有限公司制版
环球东方（北京）印务有限公司印刷
＊
开本：787×960毫米　1/16　印张：16　字数：310千字
2016年1月第一版　2016年1月第一次印刷
定价：**56.00**元
ISBN 978-7-112-18441-5
　　　　（27679）

# 序

　　城市绿地生态网络及其规划的目标是生态，立足点是空间。这种空间一方面源于河流、山川、森林等自然环境，另一方面来自游憩走廊、滨水带、交通沿线、输配电走廊等人工环境，这种城市中的空间将自然与人工相互联系、交织成网，不仅有效地解决了"以网代面"的绿地紧缺问题，更为重要的是提供了各种生命物质的循环网络，使城市生态系统成为现实。城市绿地生态网络及其规划的重要性正在为人们所认知，成为城市绿地系统规划与城乡规划领域理论与实践的前沿。

　　城市绿地生态网络空间是最大的城市生态资源，合理的空间利用可以提升生态效能，这便是"空间增效"的基本意图，《城市绿地生态网络空间增效途径研究》一书因此而展开。作为"十一五"国家科技支撑计划重点项目"城镇绿化生态构建和管控关键技术研究与示范"的课题二"城镇绿地空间结构与生态功能优化关键技术研究"的后续研究和重要成果，《城市绿地生态网络空间增效途径研究》围绕着城市绿地的生态价值及其综合效益而展开，挖掘了绿地空间结构与功能效益之间的关联原理与运行机制。研究坚持了风景园林三元论的学科战略与方法，深化了项目课题组提出的"城—绿"耦合的空间概念理论，创立了"效能"概念，发掘"空间"的不同尺度，分析城市绿地及其相连城市用地的空间布局，重点研究了城市绿地生态空间资源网络化配置及其优化问题。围绕绿地网络空间增效，构建了网络连接度、网络渗透度、网络密度的"网络评价三指标"，并提出以"三度"、"三线"、"三限"为绿网空间优化及增效的具体实施保障的策略途径，最终建立了城市绿地生态网络"空间增效"的理论、方法、技术体系。该研究成果在城镇绿地系统规划前沿领域无疑是一次重要突破，在以生态文明与新型城镇化建设为长远主题的风景园林与城乡规划学科专业研究实践中，该研究成书出版具有积极而深远的意义。

　　在本书研究的过程中，作者吴敏持之以恒、潜心钻研、勤于思考、勇于创新，终于取得了可喜的成果。作为导师，本人甚感欣慰。希望吴敏在今后的职业生涯中更加努力，加强该领域的持续探索与应用实践，为教学与科研工作不断积累更多的能量，在攀登风景园林学科高峰的道路上不断取得新的成果，始终位于城市绿地生态网络理论研究与技术实践的前沿。

刘滨谊
2015 年 2 月于上海

# 前言

　　生态文明的时代崛起是一场涉及价值观念、生产方式和生活方式的世界性革命，同时也是经济发展走向成熟阶段的必经之路。当前我国城镇化正面临着"绿色"转型的全新挑战，生态文明与新型城镇化建设的融合创新，是指导今后国土空间开发和城乡统筹发展的全新战略，也是时代发展的必然选择。

　　在快速城镇化带给城市极大机遇与挑战之同时，也使城市于其空间演进与结构变迁的过程中尽失肌理、效能骤减且环境生态每况愈下。作为"弱势空间"的城市绿地生态空间也因而面临系统结构性欠缺、生态空间布局破碎、环境效益低下等困境。由此可见，我国城市生态建设任重而道远，有关城市生态建设的研究，亟须从过去的"学术导向"向着"问题导向"、"需求导向"转化，并将生态规划的理论、方法引入到城市空间建设中去。结合快速城镇化建设要求，系统推进城市规划的生态化革新，即要求基于空间规划理论与方法的创新，实现绿地生态规划的一系列"蜕变"：从规划期内的用地形态规划到规划期外的结构发展规划、从属于城市总体规划的专项规划到城市规划先期的主导性规划、从单一目标的绿地系统规划到功能复合的绿地生态网络规划、从"功能规划"到突破传统时空限定的"效能规划"的转变等，这已成为当前趋势与必然面对的课题。

　　城市绿地生态网络是一种从理念上承载"生态城市"的发展思想，在路径上实现生态与经济共同繁荣，并从空间上落实人与自然、衔接城市与绿地功能的生态空间体系。科学、系统的城市绿地生态网络的构建，可以促进城镇化、生态化发展过程的互相融合，从而达到整体生态效果，是一条具有持续、共生、友好特征的和谐之路。本书是于本人博士学位论文的基础上写作而成的，同时也是"十一五"国家科技支撑计划重点项目"城镇绿化生态构建和管控关键技术研究与示范"的课题二"城镇绿地空间结构与生态功能优化关键技术研究"的重要组成部分。基于生态文明时期所倡导的新型"人"、"地"关系的重新思考，本书以风景园林三元论为总体指导，运用系统论和景观生态学，从"效能"视角切入，以提升绿地生态网络作用功效为目标，立足于空间规划布局而探索了城市绿地生态空间资源的网络化配置及其优化的问题，寻求了以绿地生态网络为空间管理手段、以绿地于整体城市中的效能为管理目标的空间建构与管控方法，旨在为城市提供科学先进的空间决策体系。研究是对当前有限资源下的城市规划模式以及空间决策方法的创新、挑战性研究，并为其提供明确指引与路径支持。

本书主要针对具有生态意义的绿地空间，以矛盾最为集中的中心城区作为重点研究区域，并延伸至规划区乃至市域范畴，展开从空间认知、理论思路的建构，到技术方法、实证案例的研究，构建了城市绿地生态网络"空间增效"的理论体系与技术应用方法。全书共8章。第1章绪论，阐述研究背景，解读国内外相关研究进展，并明确了本书的研究目标、技术路径与方法。第2章将绿地融合于城市加以解读，并界定了城市绿地生态网络的空间要素、空间构成与特性。第3章论述了绿网分析研究的维度，并探讨了空间增效原理、机制及程序步骤。第4章则分别建构了城市绿网的效能体系与空间体系，并提出了基于两者相关联的网络系统及其三指标。第5章展开了效能与空间指标的内在关联性研究，明确了针对效能的绿网空间评价程序与方法。第6章提出了基于评价的空间增效方法与增效策略。第7章为以上评价体系与方法的具体实践应用，结合合肥案例运行了绿网效能评价程序，进而提出了增效路径与空间优化策略。第8章总结并提出了以城市绿地生态网络为引导的新型城市空间发展模式的体系架构与发展展望。

本书期冀以城市绿地生态网络为导向，通过引导一种绿色空间发展战略与可持续的发展模式，推进城市踏上生态化发展的道路，实现城镇化的"绿色"转型。本书力求实现三个方面的突破及创新：一是对于城市发展主体进行了重新定位，创立了全新视角下的空间生态系统理论——将绿网融合于城市，从广义上划分为网络本体、影响区、辐射区三个空间要素，继而将城市空间生态系统解构为其引导下的"连接系统"、"渗透系统"与"密度系统"三个子系统，突破了传统的"就绿地论绿地"局面，从宏观与微观、整体与个体、系统与单元相结合的层面建构了面向城市的绿地生态网络系统。二是建构了一套系统的绿网效能评价技术方法——以效能为目标、空间为手段，通过"效能—空间"系统关联层面研究了效能的空间运行规律，进而提出了系统评价的三指标：网络连接度、网络渗透度、网络密度，借助于关联评价与指标转换方法将定性评价归纳到定量的测度体系之中。三是总结了一套绿网空间增效的策略途径——从系统增效维度与网络化增效路径出发，提出基于"建—管"一体化的空间增效方法，"三度"、"三线"、"三限"的增效策略与途径，以及融入现行规划体系的保障方法，继而引导以城市综合效益增长为目标的城市空间发展战略。

本书适宜城乡规划、风景园林、环境科学及其相关领域的规划设计、管理、科研技术人员使用阅读，亦可作为高等院校师生以及政府决策部门人员参考的资料。由于城市绿地生态网络涉及要素的广泛性、综合性与复杂性以及作者水平及能力的局限，本书研究内容尚存不足，如无法完全克服定性分析的缺陷，指标信息的完备性还待进一步科学推敲以及竞争性案例的欠缺等，书中部分观点可能会有争议，恳请专家、读者提出宝贵意见和建议。

# 目　录

# 第1章 绪论

——21 世纪，是城市的世纪。

20 世纪之初，世界人口中的 15% 居住在城市，1950 年这一比例仅增至 20%，但到 2000 年全世界已有半数人生活在城市[①]，2011 年底，我国城镇人口达 6.91 亿，城镇化率首次突破了 50% 关口。

当城市或地区城镇化率跨越了 50%，即表明进入了"半城镇化"发展期，这是社会结构的一个历史性变化，它标示着以乡村型社会为主体的时代的结束，以及以城市型社会为主体的新型"城市时代"的开始。城市型社会是以城镇人口为主体，人口与经济活动在城镇集中布局，且以城市生活方式占主导地位的社会形态，同时也是城乡快速演进的社会。社会由乡村型向着城市型的转变，是经济发达、社会进步以及现代化的重要标志之一。

城市在其高度聚集与快速演进的进程中产生了诸多问题，然而仍不可就此抹杀城市的光辉与荣耀。正如联合国人居署创始人彼得·奥伯兰德所述："城市，是改变世界的工具，它是不断增长的人口分摊地球有限资源而得以持续生存的唯一希望"[②]。

——21 世纪，又是生态的世纪。

无论是从解决过去及目前发展面临的实际问题，还是从未来发展的可持续需求来看，城市的生态建设之路是人类必须面对的课题。

科学发展观为当今社会发展的核心价值观，它要求城市发展要走环境友好之路，改变过去以环境消耗为代价的模式，以实现经济发展和环境保护的共赢。有组织的生态空间规划以及管理建设有助于寻求城市的生态平衡，有助于更为有效地使用城市空间资源，弱化发展过程中的人类影响，达到生态环境保护和绿色经济发展的双重目标。值得欣慰的是，在急剧工业化的重重弊端日渐显现之际，自然的脆弱性已在最新的环境哲学研究中不断得到认知，城市绿地生态问题的被关注程度也日益提升。20 世纪 50 ~ 60 年代以后，人类环保意识逐步觉醒，并自 80 年代以来迅速渗透到政治、经济、文化的各个层面，绿色运动在世界各国纷纷兴起，越来越多的理论也相继涌现。1972 年 6 月，在斯德

---

① 中国城市规划设计研究院学术信息中心. 国外城市规划发展趋势研究 [R].1999: 2.

② Oberlander P.What role for the city of tomorrow? [J].UN-HABITAT:Urban World, 2008, (1): 9-11.

哥尔摩举行的联合国第一次人类环境大会提出倡导"绿色革命",发布了《人类环境宣言》,并向全世界发出了"只有一个地球"的强烈呼吁;1987 年联合国环境与发展委员会发布了报告《我们的未来》,首次提出"经济的可持续发展";1992 年在里约热内卢召开的联合国世界环境与发展大会正式提出"可持续发展"理念,并通过了《21 世纪议程》,签署了《保护生物多样性公约》和《气候变化框架公约》等公约。自此,世界各国纷纷展开"可持续发展"模式的探索与实践,进入 20 世纪 90 年代以来,一些国家推出了系列以环保为主题的"绿色计划",如日本 1991 年的"绿色星球计划"、英国的"大地环境研究计划"等,我国也将生态环境保护作为一项基本国策,在新世纪来临前推出了"中国跨世纪绿色工程计划",制定了有关生态环保的国家及行业标准、实施制度,并推出实质性措施,构成了可持续发展战略的主要内容和重要基础。这些都充分表明生态环境问题已经引起各国政府的高度重视,并已结合各国国情采取了诸多实际行动与措施。[①]

## 1.1 研究背景

### 1.1.1 背景与形势

1）生态文明的时代崛起

城市是人类经济社会财富的集大成者,又是生态环境问题最尖锐、矛盾最突出的地方。在我国过去的三十多年间,城镇化的"聚集效应"带给城市巨大的冲击,至 2011 年末,我国共 657 个设市城市中有 30 个城市常住人口超过800 万人,13 个城市人口超过 1000 万人。高速的集聚与发展、强力推进的城镇化路径与方式导致了城市乃至乡村区域的地形地物、土地覆盖、生态环境发生骤变,在城乡空间面临着剧烈变革,社会、经济结构发生着深刻变异的同时,生态环境也正面临一系列日益严峻的问题与挑战。

从自然资源的消耗来看,伴随城镇化的推进,其对于地球生态系统中生态环境的改变在过去 50 年间比过去任何时候都要快速,不断变化的土地利用方式影响着生态系统的发展进程和功能,改变了自然栖息地和物种种群的空间分布,干扰了水文系统以及能量和营养循环,导致森林覆盖面积锐减、气候恶化、地貌剧变、可利用水资源匮乏、生物多样性骤降、环境污染趋重、灾害频发等等（图 1–1）。

从土地空间的变迁来看,快速城镇化的直接后果之一便是城市空间蔓延所带来的生态绿地的萎缩以及连续植被斑块的破碎,主要表现为如下两个方面:一是绿地空间的萎缩,即自然区域面积、数量上的锐减。城镇化需要土地空间的支持,其进程必然带来土地空间的发展,并表现为新城或卫星城、城市空间

---

[①] 陈英. 绿色营销与经济可持续发展 [J]. 学术交流,2005（03）: 112–115.

扩张以及建成空间的再开发等主要模式<sup>①</sup>。快速城镇化带来城市空间的无序蔓延，使得城市外围的郊区呈现出一种低密度、无序的空间拓展方式，并以不断消耗城市内、外部的耕地、林地、草场、湿地以及河流廊道等自然生态绿地为代价，导致绿地总量的萎缩。二是绿地空间的破碎，即自然连续性的割裂与破坏。美国马萨诸塞州州立大学根据 1792～1992 年 200 年间的资料全面研究了华盛顿——巴尔的摩大都市区的空间增长过程<sup>②</sup>，研究表明，城镇化对于自然生态系统的分割、森林植被景观的破碎化以及河流水体的断流影响异常显著。梯度分析显示，在高度城镇化地区，自然空间连续性的破坏以及植被破碎度达到峰值，而这种破碎又是造成生物多样性下降、水环境恶化等诸多生态环境问题的重要因素（图 1-2）。

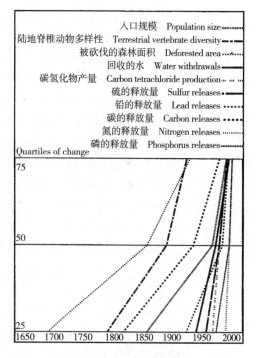

图 1-1　人类活动干扰下环境变化的趋势<sup>③</sup>

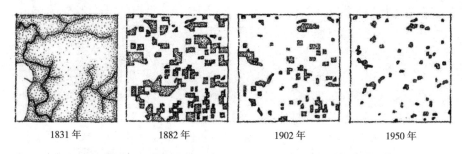

图 1-2　美国威斯康星州迪兹镇区 1831～1950 年森林丧失与割裂过程<sup>④</sup>

经济发展和生态保护成为城市发展过程中的最大掣肘，这在我国当今城市

---

① 丁成日. 城市空间规划——理论、方法与实践 [M]. 北京：高等教育出版社，2007：17.

② 王莉，宗跃光，曲秀丽. 大都市双核廊道结构空间增长过程研究 [J]. 人文地理，2006（01）：11-16.

③ B. L. I, Turner, W. Clark, R. Kates, J. Richards, J. Mathew, W.Meyer (EDS.).The Earth as Transformed by HumanAction:Global and Regional Changes in the Biosphere Over the Past 300 Years[M].Cambridge UK:Cambridge University Press, 1990.

④ B. L. I, Turner, W. Clark, R. Kates, J. Richards, J. Mathew, W.Meyer (EDS.).The Earth as Transformed by Human Action:Global and Regional Changes in the Biosphere Over the Past 300 Years[M]. Cambridge UK:Cambridge University Press, 1990.

发展中表现得更为突出。如何化解这一困境，促进两者的融合共生，是促进城镇化快速、持续、健康发展所必须解决的问题。生态问题已非局限于某个城市或乡村个体，而是涵盖整个城乡系统的地区乃至全球问题[①]。党的十八大从战略层面对于这一问题给出了明确答案，即实行生态文明和新型城镇化相互融合战略，这也将成为指导中国今后国土空间开发和城乡统筹发展的全新战略。十八大报告专篇论述生态文明，并首次将其提高到"五位一体"的战略高度，把"美丽中国"作为生态文明建设的宏伟目标。这表明，在未来发展目标、工作部署以及制度设计中应当围绕绿色发展、循环发展以及低碳发展等主题，将生态文明建设融入经济、政治、文化、社会建设的各方面与全过程，全力实现"美丽中国，永续发展"的宏伟目标，将"中国梦"的伟大构想化为美好现实。

生态文明的时代崛起是一场涉及价值观念、生产方式和生活方式的全国性乃至世界性的革命。从人类文明形式看，当今人类即将走出征服与掠夺自然，以牺牲生态环境为代价求得生存与发展的工业文明时代，迈向保护与保育自然，以重建人与自然和谐统一且共同生息的生态文明时代。这是一个人、社会和自然发展关系的崭新时代，它的到来标志着我国今后将从粗放型、消耗式的发展模式逐步转变为以创新和财富驱动为特征的，经济、社会、环境高度综合协调的集约型、内涵式的模式。当前，我国正在跨越"半城镇化"时期，这也是我们所面临的经济发展走向成熟阶段的必然选择与必经之路。生态文明必将成为世界系统运行与人类文明发展的主导潮流，对于未来城市的建设思路、模式以及方法等，都将在这场崛起中掀起一股全新的挑战、探索的热潮。

2）城镇化的"绿色"转型

城镇化实质上是资源和要素的时空配置及其结构调整并转化的过程[②]。在第三次信息技术革命的推动下，资本及劳动力更是加速了全球范围内的流动与世界地域的重新分工。城镇化所带来的土地景观变化，尤其是城市空间蔓延，在20世纪后半叶尤为明显，巨型化、高密度以及连绵发展带给城市巨大的压力。

中国的城镇化是一次千载难逢、空前绝后的历史性机遇及挑战。当前，我国正处于极速发展阶段，并呈现出一"高"一"低"两个极为显著的发展特征（图1-3）。其一为"高速进程"，这体现为改革开放的30多年间，我们始终保持着年均9.9%的经济增长率，2000年以来，我国城镇化率以年均1.13个百分点的增速稳定增长，且于2010年GDP总量超越日本跃居世界第二，迈入中等收入国家行列，我们用30多年的时间完成了英国用220年、美国用100多年所走过的城市化进程。其二为"低效转型"，强力推进的快速城镇化路径与方式导致了巨大的经济社会成本，体现为土地资源的粗放利用、生态环境的持续

---

① 杨培峰. 城乡空间生态规划理论与方法研究 [M]. 北京：科学出版社，2005：2.

② 冯云廷. 城市聚集经济 [M]. 大连：东北财经大学出版社，2001：12.

退化、城市公共服务设施的配套欠缺等方面。统计数据表明，我国每提升1个百分点的城镇化率就会同时增长1.8%的综合能耗，同时，在土地资源消耗上，用于各级各类开发区的规划土地面积也已超过现有城市建设用地面积，大量闲置土地造成了资源的极大浪费。不可否认，改革开放以来我国城市规模与生产生活质量均有了大幅提升，而与此同时城市功能代谢、结构耦合以及控制行为的失调等诸多生态问题仍在加剧，生态危机已经成为城乡发展的瓶颈。"高速进程"与"低效转型"表明当前的城镇化尚且处于一种高成本、高消耗、低回报、低效率的初、中级发展阶段。

高速进程 ←————————————→ 低效转型

**30多年的发展取得辉煌成就**

➤ 年均9.9%的经济增长率
➤ 城镇化率从1978年的17.9%至2012年的52.6%
➤ GDP总量跃居世界第二

**同时付出巨大的经济社会成本**

➤ 土地资源的粗放利用
➤ 生态环境的持续退化
➤ 城市公用公共设施配套欠缺等

图1-3 我国极速城镇化发展阶段的两大特征

2011年底，我国城市化率已达51.27%，意味着我国处在了大规模城市投资、建设和大规模改变自然与人类环境的关键阶段。纵观世界发展历程，这一"半城镇化"时期也正是欧美等发达国家经济、社会、生态环境以及城市空间发展的重要转型期。正确认识这一时期发展的问题，积极探寻可持续路径，保障社会经济健康、持续发展，转变资源低效滥用、粗放扩张型的经济增长方式已是刻不容缓。从发展的本质要求看，以新型工业化为动力推动新型城镇化，在发展中突出生态文明建设地位，加大环境建设力度，提高生态承载力，以良好的生态环境支撑城镇化的发展，是解决当前困境的唯一出路，即：城镇化的"绿色"转型。城镇化的"绿色"转型即是从实际出发，以实施城镇化带动战略为抓手，将生态文明建设与新型城镇化建设进行融合创新，以生态引导新型城镇化建设，以资源节约型、环境友好型城镇建设支撑新型城镇化发展。

从发展内涵上看，基于"绿色"转型的发展思路是指对新型城镇化发展道路的融合与创新，是建立在生态环境容量和资源承载力的约束条件下，以生态文明为导向、以绿色发展为手段、以科技创新为驱动，集约开发与生态保护相结合，经济发展与资源环境相协调的资源节约、低碳减排、环境友好、经济高效的可持续发展模式。

从发展目标上看，城镇化的"绿色"转型体现于三个方面：首先是自然生态，即强调以生态文明为导向，尊重、保护并合理利用山水格局，优化生态系统结构，提升生态服务质量并打造优美自然环境。其次为经济生态，即以效率、持续为目标，以绿色发展为导向，发展循环经济，打造低消耗、低排放、高效有序的生态农业、循环工业及可持续服务产业，同时注重生态资本的增值，促进"生态资本化"并最终实现经济发展与环境保护的双向共赢。再次是社会生态，以人为本、城乡统筹，并以山水生态格局为依托完善城市公共服务体系，强化文化建设，打造文化繁荣、和谐公正、环境宜居的生态和谐城市。

3）生态激励的政策初探

新战略需要新制度、新理论和新方法的支撑和落实，如何在新战略的指导下既能够保护生态环境，又能够促进城镇化的良性健康发展，自然与城市和谐、保护与发展共进，这需要实现制度的创新、思想的转换以及方式手段的变革。因而，在制度层面上实现生态文明与城镇化建设的融合创新，也将成为我国城镇化转型期的首要研究命题。

随着国际社会对生态保护关注的加强，运用环境经济学方法化解生态保护与经济发展间的矛盾已成为一种有效措施，且重要性日渐显现。环境经济学运用经济手段开展环境管理工作，如通过税收、财政、信贷等经济杠杆调节经济活动与环境保护之间的关系，并将环境价值纳入生产与生活成本之中。经济手段所具备的"成本—效益"优势和突出的"激励—抑制"作用，是目前解决环境问题的一种极为有效的手段。生态激励机制基于现实背景，是从环境经济学及制度创新视角出发的一种新型环境经济政策与资源管理模式，其为实现生态文明和新型城镇化相融合的一种新思路和新方法[1]。在提倡"绿色"转型发展模式的当前，基于生态与经济融合共生理念而提出的生态激励机制的体系构建是对环境经济制度的创新，也是转型时期的关键举措，为新型城镇化建设实践提供了方向指引。

笔者于 2013 年 1 月至 6 月开展的安徽省住房与城乡建设厅重点研究课题——"新型城镇化引导下的生态激励机制的探索研究"的研究中，针对生态激励机制展开了政策性建构，从理论基础、运行原理、步骤及方法等方面阐述将生态保护与城市建设发展互相融合的发展管理模式。理论的建构、模式方法的摸索为本书提供了思路和积累，同时本书研究也将进一步展开将生态激励作为一种环境政策来落实的路径方法的探索。

4）城市规划的全新挑战

发展转型期间，随着环境保护主义的兴起、全球生态意识的觉醒，随着都市扩张对于乡村区域的深远影响、旅游游憩业的持续增长以及地域文化及个性需求的日益提升，城市发展模式面临着全新思考。近年来，园林城市、绿色城市、生态城市、森林城市、可持续城市概念相继涌现，并被纳入了一些城市的

---

① 吴敏，吴晓勤．融合共生理念下的生态激励机制研究 [J]．城市规划，2013（08）：60-65．

发展目标，这对城市生态建设提出了更高的要求，也为城市规划行业迎来了全新的挑战。

现代化建设在快速的步伐中成为了当前城市建设发展理所当然的基本单元，并占据绝对优势，而作为公共资源的绿地生态空间则历来是在发展过程中有限或无限地让步于城市开发，从而导致大量缩水、孤岛化与破碎化，并不断上演"公地悲剧"。生态文明的提出重新赋予了生态环境于发展过程中的优势地位，从而保障其受到合理保护与发展。传统规划模式在发展过程中日渐显现出代价昂贵、不可持续、缺乏创新等缺陷，新时期的城市规划则应取代这种刻板的规划机制，提倡一种以生态为核心、视角及载体的更为宽松的都市化模式，这涉及对于当今城市发展空间主体及载体的重新思考甚至是学科的重新定位，基于三个方面的重新认识：① 以生态为核心，即以生态理念对当代城市发展进行重新审视、阅读与评判以及再规划、再设计。② 以生态为视角，即以生态变迁看待并解译当今城市发展、演变的全过程，并用以协调城市未来发展的不确定因素。③ 以生态为载体，即将生态空间介入城市结构、形态与布局，成为重新组织城市空间格局的重要载体因素。

### 1.1.2 矛盾与困境

绿地作为城市的有机组成，是土地利用类型中最具自然性质的用地，一直以来与城市发展保持着紧密联系。随着工业化的推进以及由此而起的城市急剧扩张，绿地作为城市建设中的最"弱势空间"而遭受严重侵蚀，并在这一发展阶段面临着前所未有的压力与诸多现实矛盾，如供需矛盾：土地供给有限，而城市对绿地生态空间的需求在不断增长；投入产出矛盾：城市公共财政支出有限，而绿地生态建设投资的需求在不断增长；程序运行矛盾：管理工作运行复杂，而实施程序精简的需求日益迫切等（图1-4）。城市绿地建设由此也日渐显现出如下困境：

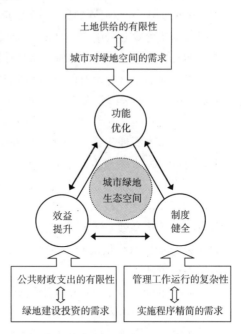

图1-4　城市绿地生态空间面临矛盾

1）价值取向上：作为"弱势空间"的绿地生态地位缺失

快速城镇化背景下，我国城市仍然保持以建成区（建筑、街区等）布局为主导的规划方法和以人工环境为主导的建设模式。

不可否认，绿地建设（植被的生长、生态恢复等）的低动态特征与城市建设发展的高动态特征相比，相对弱势，在快速发展的步伐中，城市现代化建设占据了绝对优势并演化为"强势空间"。而作为公共资源的绿地生态空间，历来际遇是有限或无限让步于城市开发，从而导致大量缩水、孤岛化与破碎化。这种无视生态格局的发展模式，使得城市绿地的形态与布局结构不再能有效维持昔日功能，并日渐沦为"弱势空间"。

2）规划主导上：作为专项研究的绿地生态规划的被动介入

城市绿地系统规划作为从属于总体规划的专项规划，是对《城市总体规划》的深化和细化，但通常都是在后期被动介入，基于城市总体布局确立之后的修补、细化工作，故而长期以来处于薄弱环节与被动地位。在城市建设实践中，规划是否受重视往往取决于它能为利益主体带来多少利益，经济增长目前仍为大部分政府工作所追寻的首要目标以及绩效衡量的首要标准，开发商的目的则是通过空间开发获取最大收益。绿地开发因受利益驱动力小，短期效益不显见，因而难以实现他们的意图，受重视程度也偏低，并不断上演以牺牲公共利益来谋取少数城市主体利益的"公地悲剧"。

与此同时，与自然生态环境相关的环境规划对于自然、人文要素的研究一直以来独立开展，在强调栖息地保护的同时忽略了城市动态发展中的各种诉求，使得规划研究重心局限于一些固有的大型生态斑块（如保护区、公园等），未能延伸到更为广阔的城乡领域。这种片段式绿地与环境规划的编制及管理体系已越发不能满足日益提升的城市环境生态建设的要求，且其在改善城市生态、人居环境方面的局限正在逐步凸现。

3）功能决策上：绿地生态空间价值衡量标准片面单一

对于城市绿地生态的功能价值的衡量应当建立于立体多维的价值体系之上。目前，城市绿地生态空间价值的衡量标准单一限定在数量、视觉等肤浅层面，绿地建设缺乏以生态功能为指导的、符合城市快速发展期空间演化规律的生态功能优化技术的支持，从而长期处于高人工干预状态，不仅未能充分发挥绿地生态效益，甚至对区域生态格局造成了建设性破坏。这种被动局面又进一步导致绿地的长远期以及综合效益不能够被全面认知和充分挖潜，故而不被重视。

4）空间布局上：土地空间限定下的绿地生态结构合理性欠缺

城市绿地结构表现为不同大小、形状、类型的绿地于城市中的空间分布，高度城镇化与高强度的城市开发是导致绿地结构不合理的主要原因。城市绿地空间结构不合理一方面将使得市民无法均等享有绿地的各项服务功能，即可达性与公平性不能得以体现；另一方面也会影响到绿地生态效率的发挥。福尔曼（Forman）认为，一个好的自然景观格局应该是有一个或几个大型斑块，并补充小型斑块围绕其周边，这种格局既可提供物种栖息所需的"源"，又可为物种提供迁徙的生态跳岛与庇护所。在快速城镇化进程中，我国很多城市的绿地分布格局过于破碎，缺少大型绿地斑块作为"源"，虽然在绿地总量上有优势，却不能带来良好的生态效率。

我国当前在对于绿地生态空间的关注上呈现出明显偏向，呈重形态、轻结构，重指标、轻效益，重内部性、轻外部性等局面。城市绿地建设的关注点通常是绿量，而非其空间结构，这一方面是由于绿地空间结构被动地适应于城市空间结构，往往是在居住、工业、商业、道路等用地布局明确之后的绿地布局，通常忽略了自然演替之规律，缺乏对于绿地以及生态适宜性的理性分析；另一方面则因绿地空间结构不易给予有效的量化评价标准，从而导致规划时按照既定比例和指标要求在图纸上圈定绿化用地的随意性，这种规划方法实难形成系统高效的绿色生态空间体系。因此，在土地资源日益稀缺的未来，将绿地建设由单纯数量增长发展到质量提高，从仅关注绿地数据指标的达标，发展到重视生态过程的科学空间格局，在保证同样的绿地率、绿化覆盖率、人均绿地面积等绿化量的前提下更加有效地发挥绿地功能效益，结合城市发展促进绿地与其他建设用地的互利双赢等，关于这些问题的研究与思考以及对于科学、合理的绿网结构性的强调将成为未来规划的主要方向。

5）管理机制上：与建设用地管控相比之下的机制缺失

目前，城市建设用地的运行管理机制已日趋成熟，涵盖了从选址、用地许可到规划许可等一系列的管理程序。作为非建设空间的城市绿地，一直以来只偏重理性规划而忽视实施途径、轻政策管理，有关此类用地的建设与管控，现今主要采取绿地用地边界的管理以及"绿线"管理等单一管理方式，缺乏多元控制性、引导性管理方式。因此，无论是从国家标准、相关法律法规来看，还是从地方性管理条例上看，关于城市绿地生态空间的管理均较为欠缺，导致原本"弱势"的城市绿地在具体的建设实施以及管理控制过程中无据可依。

### 1.1.3　问题与出路

总结上述困境，当前我国城市绿地生态空间发展的关键问题在于：① 绿地之于城市的生态服务功能与价值尚未被全面认知，因此不利于正确判断；② 城市绿地的结构、形态与其空间价值的关系缺乏深入探讨，因此不利于正确的空间决策；③ 城市绿地生态空间的建设及管控，缺乏科学的技术支持和优化的引导策略，因此不具备足够权威与说服力。这些问题导致城市绿地生态空间在面临决策之时的盲目性、短视性与偏颇性，其直接后果便是城乡空间资源的低效与浪费。

城镇发展必须与绿地生态一脉相承，在新型城镇化与生态文明相互融合的新时期，城市的发展战略同时面临着城镇化与生态化两大使命。生态城市作为强调人与自然的和谐共存体，成为城市发展的必然趋势。"十二五"期间，我国城镇化正处于一个极为关键的转型发展期，城市绿色、健康地发展将是城镇化布局的主体战略导向。因此，走以绿地生态为引导的新型城镇化道路，以生态文明建设和城镇化发展的融合为导向，以推动经济快速发展、生态效益提升为核心，探索创新发展路径，提高城镇空间的运行效能，转变经济增长方式，最终实现生态环境与经济增长双向激励、良性互动与循环共生。因此，以全新理念、路径以及方法技术来引导生态城市的建设并支持城市空间发展的集约化、生态化，已经成为目前不可回避的重要的紧迫课题。

当前国际生态意识的萌发，体现于对生态理论思想、生态网络空间等问题的高度关注上。景观生态学理论已被运用于当今区域以及城市土地空间规划、管理政策等领域之中，并日渐产生深远影响，在这一理论的指导下，西方社会中包括法、英在内的不少国家已将绿地生态网络化作为一项重要的城市空间发展战略，并陆续于国土规划以及一系列开放空间规划中呈现。

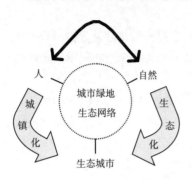

图 1-5 以城市绿网承载生态城市

城市绿地生态网络是一种在理念上承载生态城市的发展思想，在路径上实现生态与经济共同繁荣，并在空间上落实联系人与自然、平衡经济与生态、衔接城市与绿地功能的生态空间体系。绿地生态网络从大的区域空间着手，融入了现代生态思想，于城市持续的城镇化、生态化发展过程中起到了良好的融合作用，在快速发展进程中强调了绿地与城市的耦合与共生（图1-5）。寻求城市绿化最为科学、合理、有效的发展战略及布局方法，绿地生态网络规划是迄今为止该领域的最前沿[①]。这种追求平衡的发展模式为城市发展指明了方向，是一条持续、共生、友好的和谐之路，也是解决以上问题的关键出路。

作为解决问题的探寻之道，本书力图寻求一条以绿地生态网络为引导的绿地生态空间发展理念、评价方法、建构以及管控路径，从而为城市绿地生态建设提供科学、合理的空间决策体系，并以此引导新型可持续城市空间发展战略与模式，进一步推动生态文明指导下的城镇化的"绿色"转型。

## 1.2 国内外相关研究进展

城市绿地生态的发展及研究状况，与社会经济的发展以及人类文明的进步密切相关，城市绿地生态体现了人类对于生存环境的认知水平。在不同发展时期，城市关于绿地生态规划的思想可体现出不同的时代特征。

将绿地生态网络及其效能作为一个新的观点及研究视角，国内外对之

---

①　刘滨谊. 城镇绿地生态网络规划研究 [J]. 建设科技，2010（19）：25-27.

研究尚为匮乏，但其学术思想背景及其对相关领域的关注已是历史悠久。随着景观生态学的发展，人们将目光逐渐转向城市，对于这一人类活动的中心展开一系列研究及探索工作。自"城市公园运动"、波士顿公园系统之始，以美国、西欧为代表的国家以及我国学者针对城市绿地生态的探索与研究主要集中于三个领域：第一，关于城乡空间生态结构的理论探索与实践；第二，关于城乡绿地结构及其连接系统的研究与实践，如绿地系统、绿道、绿地生态网络等；第三，关于城市绿地生态效益的评价，或是生态系统服务价值的评估等。在城市绿地生态研究的技术层面上，也逐渐实现了从定性描述向着定量模型分析、预测技术的突破，以及向着综合、多层次的分析、评价发展。

### 1.2.1 城乡空间生态结构理论与实践

在漫长的农耕文明时期，城市规模普遍较小，基于人类与自然不可割裂的情感联系，在城市中保留或是建设了一些不同于典型人工构筑的、具有自然特征的绿色空间，且以私有园林之形式满足少数人的游憩需求。这些园林在空间形态的组织上反映着设计者、建造者以及使用者的审美情趣，从形式到内容均体现出感性主义色彩与特征。在这一发展阶段，城市没有迫切的生态环境需求，因此绿地生态意识尚处于一种萌芽状态。

自 18 世纪末，工业革命促进了西方城市性质、功能上的巨大转变，城市的规模、结构与形态也随之改变，生态环境持续恶化。为应对工业革命所带来的城市人口、交通、环境以及人与自然相隔绝等问题，游园、公园等公共活动空间开始逐渐呈现，绿地在一定程度上为拥挤的城市中心地区提供了休闲游憩的场所，并局部改善了城市公共环境。随着工业化与现代交通技术的推动，城市在向着巨型城市演化，人们开始希望绿地在控制引导有序化发展方面有所作为，也由此西方社会逐渐展开关于城市空间发展模式的重新思考，基于城市功能结构的分析，探讨如何通过城乡绿地生态空间模式的提出而建立起一种自然与人类的和谐关系。

应对无序发展所带来的生态困境，从学术思想到规划实践均开展了诸多探索并涌现出大量理论与思想。从莫尔的"乌托邦"、霍华德的"田园城市"、柯布西耶的"光辉城市"、赖特的"广亩城市"以及伊利尔·沙里宁的"有机疏散论"等系列空间理论，到近代的伦敦、巴黎、莫斯科、柏林、上海以及北京等大都市为代表的城市空间结构，其中无不蕴含着生态规划的思想和哲理，设想着如何通过绿地生态空间组织有机地引导城市结构格局。这些思想理论以及城市空间发展模式，多数都离不开对于城市与绿地生态空间关联的探讨，且从总体上呈现出不同时期的不同思想倾向，并可大体上划分为三个特征阶段，即"限制"、"引导"与"协同"（表 1-1）。

城乡空间生态结构理论发展流变 表 1-1

| 主题阶段 | 结构关系 | 思想倾向 | 时期 | 代表人物、思想及理论 | 目的及意义 | 实践 |
|---|---|---|---|---|---|---|
| "限制"阶段 | 绿地 ↑↓ 隔离 城市 | 理想主义 | 19世纪末 20世纪初 | 霍华德——田园城市 柯布西耶——光辉城市 赖特——广亩城市 | 控制城市蔓延 划分城市结构 改善城市环境 | 莱奇沃思(1903) 韦林(1919) |
| "引导"阶段 | 绿地 ↑↓ 有机 城市 | 结构理性 | 20世纪上中叶 | 伊利尔·沙里宁——有机疏散论 | 引导兼具城乡优点的城市结构 | 塔林(1913)、赫尔辛基(1918)、大伦敦(1944)、华盛顿(1962)、大巴黎(1965)、莫斯科(1970)、墨尔本(1971) |
| | | 生态理性 | 20世纪60~70年代 | 麦克哈格——生态规划 "因子叠加法" | 土地适宜性分析 | |
| "协同"阶段 | 绿地 ↑↓ 耦合 城市 | 多元价值融合 | 20世纪80年代以后 | 各国城市规划及生态学者——协调、融合、共生理念 | 控制灾害、生态稳定、环境保护、经济拉动、社会和谐、文化游憩、艺术审美等 | 各国城市绿心、绿脉、绿楔、绿道、生态网络、生态空间系统等 |

1)第一阶段："限制"阶段

1898年,埃比尼泽·霍华德(Ebenezer Howard)提出了"田园城市"(Garden City)理论,城乡一体、城绿交融的规划思想对于后来很多城市绿地规划产生了深远影响,在英、美很多城市都相继展开了"田园城市"和卫星城的建设实践。现代建筑大师勒·柯布西耶(Le Corbusier)在其"光辉城市"(The Radiant City)理论中坚持从改造大城市自身来寻找解决危机的出路,他提出"把乡村搬进城市"和建造"垂直的花园城市"的口号,构想着运用较小的用地建造高密度的大城市,同时通过公园、林荫道和巨大的公共广场等使得城市拥有阳光和新鲜空气。与之相反的另一种观念,是另一位现代建筑大师赖特(F.L.Wright)在20世纪30年代提出的"广亩城市"(Broad-acre City)思想,他认为随着汽车和电力工业的发展,已经没有将一切活动集中于城市的必要,因此分散将成为未来城市规划的原则,并创造了一种分散的"反城市模型"。美国于20世纪60年代以后普遍的城市郊迁化相当程度上便是这一思想的体现。

"限制"阶段的城乡空间结构理论有着强烈的时代发展背景,即是源自于工业革命所带来的城市扩张之后的人与自然的矛盾,源自于对城市因过分聚集而引发弊病的思考,并为之寻求解决出路。面对工业大发展带来的各种城市困境,这些空间结构理论希望城市绿地在控制城市有序化发展方面发挥作用,尝试提出通过对空间发展规模的限制或是通过空间密度等方式来化解城市环境问题。绿地空间被提出均是作为解决城市内部环境问题的隔离地带，其目的及意义是控制城市无序蔓延、划分城市空间结构以及改善城市生态环境等。无论是提倡城市空间结构的集中还是提倡分散，这些规划理论思想均蕴含了丰富的生态哲理，并且携带着一定的理想主义色彩，为工业化驱动之下城市结构的发展以及绿地生态建设模式提供了思路，并在之后城市发展的实践过程中得以较多的尝试与运用。

2）第二阶段："引导"阶段

1918 年，芬兰建筑师伊利尔·沙里宁（Eliel Saarinen）提出"有机疏散"（Organic Decentralization）的城市理论，提倡城市应当改变传统的集中布局方式而成为既分散又联系的有机体。有机疏散建议既要符合人类的聚居天性，感受共同的社会生活与城市脉搏，同时也不可脱离自然，因此提倡一种兼具城乡优点的聚居环境。这种规划思想于 1913 年的塔林、1918 年的赫尔辛基的规划方案中得以表达，并对于二战后欧美各国的新城建设、旧城改建以及在大城市向着城郊疏散扩展的过程中均起着重要的引导作用，如大伦敦、大巴黎改造规划等；在 1970 年的莫斯科城市总体规划中，采用了环形、楔形相结合的绿地系统布局模式，并将城市划分为 1 个主城片区与 7 个城市片区的有机构成；1971 年，在澳大利亚墨尔本等城市总体布局中也形成了楔形网络的布局模式。

20 世纪 60 年代初，英国著名生态学者麦克哈格（Ian McHarg）提出了城市中的"自然的生存策略"，也即在尊重自然规律的基础上建造自然与人共享的生态系统，并进而提出了生态规划的概念，提出将景观作为一个包括地质、地形、水文、土地利用、植物、野生动物和气候等决定性要素在内的相互联系的整体来看待，通过将生态因子分层分析和地图相结合的叠加技术，发展了一套"千层饼"叠加模式的从土地适应性评价到土地利用规划的方法和技术。

"引导"阶段的城乡空间结构理论针对大城市过分膨胀所带来的各种问题，希望城市绿地在引导城市有序化发展方面发挥积极作用。"有机疏散"发展了一种生态有机的布局模式，透显出结构理性的特点。它提出通过规划有机疏导大城市的理念，提倡集中与分散发展相结合的理论思想，它将城市生产、生活等功能与绿地结合进行空间布局的疏导以及结构的整合，绿地提供城区间的隔离、消融交通要道的干扰，并为城市带来新鲜空气。麦克哈格强调应该遵从自然固有价值和生态过程，为景观环境规划提供了以因子叠加为手段的生态适宜性分析方法，以此发展了生态规划，并为城市规划研究及决策提供了生态理性的思考方法。

3）第三阶段："协同"阶段

自 20 世纪 60 年代以来，全球兴起了环境保护高潮，生态学理论及方法被广泛用于城市空间规划领域。城市生态绿地空间与现代城市在生态环境、社会游憩、经济消费、景观形象等各方面均高度协调且呈现出多元融合局面。80年代后随着景观生态学的发展，对于绿地生态空间多元价值的挖掘及其与城市各项功能耦合机制的研究更加受到关注。

随着 20 世纪 80 年代以后全球环境变化的影响，各种自然灾害的发生频率加大，绿地在城市减灾、避灾以及控制灾害影响方面体现出不可替代的作用。同时，城市绿地生态空间资源在环境、经济、社会、游憩、美学等领域的价值也相继被认识，其在城市历史文化留存以及城市特色形成等方面的意义也尤为关键，城市绿地成为了居民休憩场地、城市环境保护、城市形态结构导控、城市生态安全保障的综合功能体。[①]

进入 20 世纪 90 年代，可持续发展战略以及生物多样性保护的热潮在全球掀起，城市绿地在城市空间发展战略以及生物保护战略中的地位和作用越来越受到人们的重视。

21 世纪初，城市多元融合发展驱动了城市空间结构系统的高度耦合之势，在绿地生态空间上呈现了两个方面的转变：从隔离向着连接以及从城市中心向着城市外围。对于城市自然生态系统的关注日渐转向了生态连接系统，并依赖这一连接系统将自然地区与人类环境连通为一体，从而塑造整体生态的城市人居环境。

"协同"阶段的城乡空间发展开始全面思考人类与自然的和谐，体现出城市建设空间与绿地生态空间的"协同"、"融合"以及"共生"的功能特性。以景观生态学为学科支撑，在研究中出现的绿道、生态网络、生态空间系统等一系列生态名词以及规划概念逐渐进入城市空间发展理论系统并应用于实践。学科界从大于城市范围的区域入手，融入现代生态、园林、绿化等思想，开始关注对于以各种空间形式存在的生态系统机能维持以及功能渗透的研究，并通过各种现代科学技术手段的运用不断获得方法的提升与技术的飞跃，为实现现代城市生态建设以及城镇化的"绿色"转型提供了极为有力的理论支持与技术更新。

### 1.2.2 绿地系统、绿道以及生态网络

1）绿地系统

（1）国外研究进展

工业革命以后，以西方城市为代表的城市空间结构理论的提出，为城市绿地系统的发展奠定了深厚的理论基础，这些空间结构无不通过城市与绿地生态空间关系的协调来解决城市急剧扩张时期的一系列问题。

二战以后，世界各国城市相继开展的恢复重建工作为进一步探讨城市绿地生态空间结构与形态提供了契机。在英国，早在阿伯克隆比（P.Abercrombie）主持制定的大伦敦地区规划方案中，即提出了建设大伦敦绿带的建议，1938

---

① Fabos J G. Greenways planning in the United States: Its origins and recent case studies[J]. Landscape and Urban Planning, 2004, 68: 321–342.

年英国议会通过了绿带法案，并于 1944 年建成了这道环绕伦敦的宽约 8km 的绿带圈，使得伦敦郡规划绿地由每人 $8m^2$ 增至每人 $28m^2$。绿带圈内设置森林、农田、公园绿地以及各种游憩、运动场地，其主要目的是控制大城市无限蔓延，成为制止城市无序外向性扩展的屏障，绿带同时通过楔状绿地连接市区内各类绿地，并将市内、市郊以及外围广大乡村地域的绿地连成一个有机体系，形成了市域性的绿地系统，成为了世界上首次利用区域性绿地系统解决城市问题的典范。

此外，美国华盛顿特区、丹麦大哥本哈根均形成了楔形绿地发展模式，英国哈罗新城和印度昌迪加尔形成了城市绿带网络系统模式，很多新建城市如华沙、莫斯科、平壤等都形成了具有一定特色、较为完善的绿地生态系统。[①]

20 世纪后半叶，生态学、地理学、信息科学的发展为绿地监测及规划带来了新的理论与技术手法，促进了规划主体观念的进化，进而带动了城市绿地系统指导思想的发展。

（2）国内研究进展

我国在第一个五年计划时期（1953 ~ 1957 年）即提出建立绿地系统的概念，且结合城市发展与改造建设了许多城市公园。长期以来，我国的绿地系统规划倾向于向前苏联模式以及美国模式学习，针对工业城市的弊端，城市绿地系统规划与建设主要立足于建成区，侧重于绿地的游憩功能、视觉功能以及形式美原则，强调绿地总量在整体城市之中的占比（如绿地率、绿地覆盖率等），而绿地的生态功能以及地位（如保持城市中的生态平衡、生物多样性等）、绿地的空间分布结构等并未得到人们的真正关注。近二十年来，我国学者们逐渐意识到这种局限性，且开展了大量有关城市绿地系统的研究，综合该领域研究成果，可归结为从绿地的空间拓展、系统建构、指标体系三个方面开展。

① 在空间拓展方面，主要是区域性绿地系统的提出以及相关实践的开展。区域绿地概念突破了传统的园林、绿地概念，适应了城乡一体化的发展要求，使得城市绿地系统理念得到新的诠释与充实，将系统放置于城市或区域空间尺度与环境中，赋予了绿地系统规划以新的生命。[②] 城乡一体化的绿地系统是跨越了城乡边界以及行政界线的限制，在流域的、区域的甚至是国土以及大陆范围内寻求将自然资源、文化资源保护并且统一起来的解决之道。

② 在系统建构方面，闫水玉、应文、黄光宇（2008）在分析比较国内外传统绿地规划的基础上总结出 7 种应用模式，分别为"机遇主义"模式、数量指标控制模式、"系统化"模式、"田园城市"模式、"形态主义"模式、"景观主义"模式以及"生态主义"模式，并针对各模式的主导思想、应用范围、主要特点、核心功能、适应性以及应用难易度进行了总结和比较，于此基础之上探索了一

① 姜允芳. 城市绿地系统规划理论与方法 [M]. 北京：中国建筑工业出版社，2006：3.
② 刘剑. 基于城市发展趋势的城市绿地系统规划理念解析 [J]. 现代园林，2012（5）：47–51.

套应对综合要求的、多方法集成的"交互校正"的绿地系统规划模式，即在辨识区域生态要素、灾害、景观及分布的基础之上，分别开展空间系统化与等级系统化的校正、"田园城市"模式与"形态主义"模式的校正、"数量指标"模式与"机遇主义模式"的校正，以及考虑阶段重点及城市土地利用整体效益的多模式协调校正，并结合案例城市绿地系统规划的分析与实践，最终形成了发挥综合功能的绿地系统。[①] 张浪（2008）提出了城市绿地系统进化论，即以整体的、层次的、开放的、动态的观点，通过城市对于绿地系统在社会、体制、投资、计划与决策等方面的跨越式发展，选择以绿地系统布局结构的突变与跃升为正向变异模式，即从"非持续"的途径切入（即突变）来实现可持续发展的理想，引领城市发展过程当中人与自然关系日趋和谐高效的动态平衡。[②] 绿地系统进化论在总结当前我国城市绿地发展研究的不足和薄弱环节的基础上，对于城市绿地系统规划与建设观念进行了反思、审视、预见与整合，用以指导当前城市绿地规划、建设与管理，实现了研究方向的创新与提升。[③] 刘滨谊（2007、2012）提出城镇绿地与其他用地的相互耦合是未来绿地发展的必由之路，要将绿化廊道网络、水系网络、游憩旅游网络与城镇交通网络以及各类工程管线等市政工程网络有机结合，在此基础上提出融合城镇中心区、城镇生态核心区以及城镇文化核心区的三位一体的"生态—文化核心区"（Ecological and Cultural District，简称 ECD），提出从发展趋势上看，ECD 势必超越传统的 CBD、RBD 而成为未来城镇发展的核心区域，以其为中心发展点、带、轴相穿插和连接的绿地网络空间布局形态，将会是未来城镇绿地系统建设的实施战略。[④]

③ 在指标体系方面，诸多学者纷纷对我国现行绿地系统规划所采用的4项指标（绿地率、绿化覆盖率、人均绿地面积、人均公共绿地面积）提出了质疑，评价其缺乏全面性与科学性，虽然重视了绿地的数量，但对于绿地结构配置、空间分布、空间容量以及生态效益等信息缺乏科学的反映。刘滨谊、刘颂（2002）分别从生态、环境、园林、规划等多学科角度，针对城市绿地系统规划提出了生态功能、结构形态、经济效益、生态过程、景观评价以及规划定量6个方面的共17个指标所构成的评价指标体系；郭凯峰等人（2009）提出传统的指标体系已无法确保城市生态品质的提升，因而将生态学方法引入苏州城市绿地系统规划的实践，立足于城市绿地生态效益的最大化发挥，促进了城市生态系统压力的缓解以及生物多样性的保护。[⑤]

① 闫水玉，应文，黄光宇 ."交互校正"的城市绿地系统规划模式研究 [J]. 中国园林，2008（7）：69–75.
② 张浪 . 特大型城市绿地系统布局结构及其构建研究：以上海市为例 [M]. 北京：中国建筑工业出版社，2009：2.
③ 张浪 . 论城市绿地系统有机进化论 [J]. 中国园林，2008（1）：87–90.
④ 刘滨谊 . 绿道在中国未来城镇生态文化核心区发展中的战略作用 [J]. 中国园林，2012（6）:5–9.
⑤ 郭凯峰，王媛钦 . 基于生态学视角下的城市绿地系统规划 [J]. 林业调查规划，2009（6）：119–122.

如上学术探讨之外，城市绿地系统规划在实践领域的应用探索中也涌现出诸多先进模式和案例，如詹志勇等（2004）应用景观生态学原则规划了由绿楔、生态廊道所组成的南京市绿地系统，为未来城市发展扩张、生态建设、游憩开发、野生生物栖息以及其他环境用途提供了系统性、弹性的发展空间；李锋等（2003）也从"区域—城市—社区"尺度上应用生态学原则对北京市城市绿化进行了规划；王海珍等（2005）应用网络分析法为厦门岛规划了多个绿地生态网络方案，并通过廊道及网络结构分析对其进行评价；自1992年开展《上海市2050绿地系统规划》以及《浦东新区绿地系统规划》等研究项目开始，同济大学景观学系刘滨谊教授课题组先后承担了福建厦门市、江苏常州市与无锡市、新疆阿克苏市以及上海市等城市的绿地系统规划，以及"新一轮2050上海绿化系统规划可行性研究"等课题[①]，于近20年中不断地研究和实践着结合我国国情的绿地生态网络规划，并日渐形成科学化、系统化、特色化的绿地系统规划模式。

2）绿道

绿道是城乡一体化绿地系统的一种重要类型，其兼顾保护与利用，是开放空间、生态网络理想的表现形态。[②]

（1）国外研究进展

"绿道"一词于1987年最早正式出现于美国户外游憩总统委员会（President's Commission on Americans Outdoor）的报告之中，但其规划思想和专业实践却是由来已久。经历一个多世纪的发展，随着公众环境、文化意识的提升，对于绿道的需求已由最初单一强调生态功能逐渐转向多目标综合功能。随着研究的深入，绿道在概念及内涵上也日渐丰富充实。1990年，查理斯·利特尔（Charles Little）于《美国绿道》（Greenway for American）一书中将其界定为沿着诸如河滨、溪谷、山脊线等自然走廊，或是沿着诸如用于游憩活动的废弃铁路、沟渠、风景道路等人工走廊所建立的线型开敞空间，包括所有可供行人和骑车者进入的自然景观线路和人工景观线路。[③] 利特尔还将绿道划分为河流型廊道、休闲型廊道、生态型廊道、风景或文化型廊道、综合型廊道共5种主要类型。埃亨（Ahern，1995）认为绿道是经规划、设计、管理的线状网络用地系统，它具有生态、娱乐、文化、审美等多种功能，是一种可持续的土地利用方式，通过连接其他非线状的园林系统而形成综合性整体，以此来达到保护的目的，他将绿道的主要特性归结为线性、连接、多功能、可持续以及系统的战略性。[④]

① 刘滨谊，王鹏. 绿地生态网络规划的发展历程与中国研究前沿 [J]. 中国园林，2010（3）：1-5.
② 刘滨谊，温全平. 城乡一体化绿地系统规划的若干思考 [J]. 国际城市规划，2007（1）：84-89.
③ Little C. Greenways for American[M]. London: The Johns Hopkins Press Ltd, 1990(7): 20.
④ J. Ahern, Greenways as a planning strategy[J]. Landscape and Urban Planning, 1995(33): 131-155.

美国著名风景园林学者法布士（J.G.Fabos，2004）将绿道发展及其建设规划从19世纪末期到21世纪共划分为5个阶段[1]：① 第一阶段（1867～1900年）为早期绿道规划，其主要代表是1867年奥姆斯特德所完成的波士顿公园系统规划；② 第二阶段（1900～1945年）为景观规划主导下的绿道规划，典型代表有20世纪20年代沃伦·曼宁的全美景观规划，1928年小查尔斯·艾略特的马萨诸塞州开敞空间规划以及亨利·莱特的新泽西州兰德堡镇绿色空间和绿道规划等；③ 第三阶段（1960～1970年代）为生态学影响下的绿道规划，代表作品有1964年菲利普·路易斯的威斯康星州遗产道提案以及麦克哈格的著作《设计结合自然》等；④ 第四阶段（1980年代）为游憩学引导下的绿道运动的兴起，强调应满足多样化需求的绿道的游憩环境及其可达性；⑤ 第五阶段（1990年代至今）为全面展开研究与实践的绿道的国际化热潮，如1993年纽约市绿道规划和1999年由马萨诸塞州大学景观与区域规划系三位教授领衔的新英格兰地区绿道远景规划等。目前，在全美已有一半以上的州进行了不同程度州级层面的绿道规划并相继开展了实施工作（表1-2）。

美国、英国绿道发展的主要理论与实践　　　　　　　　　　表1-2

| 年代 | 主要代表人物 | 主要理论或实践 | 描述及意义 |
|---|---|---|---|
| 19世纪中叶 | 唐宁<br>（A. J. Downing） | 纽约中央公园 | 公共绿地是城市之"肺"；<br>呼吁建设城市开放空间 |
| 1867年 | 弗雷德里克·劳·奥姆斯特德<br>（F. L. Olmsted） | 波士顿公园系统规划<br>"翡翠项链" | 世界上第一条真正意义上的绿道；<br>以60～450m宽的带状绿地将数个公园连成一体，在波士顿中心地区形成公园体系；<br>将休闲与生态功能相结合的多功能绿道 |
| 1919年 | 沃伦·曼宁<br>（Warren H. Manning） | 美国48个州公共开放空间系统规划<br>——全美景观规划 | 首次建立了土地分类系统；<br>收集2000多个涉及自然资源、气候、交通、经济等的数据源，规划了未来的城镇体系、国家公园系统、休憩娱乐区系统、高速公路系统和长途旅行步行系统等 |
| 1928年 | 查尔斯·艾略特<br>（Charles Eliot） | 马萨诸塞州开敞空间规划 | 在海湾巡回规划中提出环绕波士顿大都市区，连接区域主要湿地和排水系统的绿廊；<br>规划一开始搁浅，于20世纪后半叶成为马萨诸塞州建立公园和保护区体系的框架 |
| 1929年 | 亨利·莱特<br>（Henry Wright） | 新泽西州兰德堡镇新城绿色空间和绿道规划 | 运用相互连接的绿地和绿道网络 |

---

① Fabos J G. Greenway Planning in the United States: Its origins and recent case studies[J]. Landscape and Urban Planning, 2004. 68: 321–342.

| 年代 | 主要代表人物 | 主要理论或实践 | 描述及意义 |
|---|---|---|---|
| 1929 年 | 雷蒙·昂温<br>（Raymond Unwin） | 大伦敦规划<br>提出"绿带政策"：<br>绿环（greenbelt）<br>开敞空间（open space） | 从城市整体需求的角度思考，赋予绿道更为广泛的社会意义与更为丰富的内涵；<br>出台了严格的"绿带政策"：在宽度 16km 的绿道范围内禁止开发，只允许建设森林、公共绿地及各种游憩运动场地等 |
| 1964 年 | 菲利普·刘易斯<br>（Phil Lewis） | 威斯康星州州遗产道提案<br>提出环境廊道"E-ways"：<br>环境 Environment<br>生态 Ecology<br>教育 Education<br>锻炼 Exercise<br>情感 Expression | 主张通过多用途的绿道来提高生物多样性；<br>提倡保护包含各种特征的廊道而非仅为一种特定资源；<br>建立了能够辨析多处自然与文化资源的景观分析方法；<br>首次在州级范围内提出保护环境敏感区或河流廊道 |
| 1969 年 | 伊恩·麦克哈格<br>（Ian McHarg） | 《设计结合自然》<br>Design With Nature | 提出生态规划概念；<br>提出"千层饼"叠加的土地适宜分析法 |
| 1975 年 | Ervin Zube | 大城市区域风景规划模型 | 定量化研究 |
| 1995 年 | 杰克·埃亨<br>（Jack Ahern） | 创建绿道的 4 种策略：<br>保护策略<br>防御策略<br>进攻策略<br>机会主义策略 | 分析所处地区的状况，合理选择不同策略或是不同策略的组合 |
| 1999 年 | 朱利叶斯·法布士<br>（Julius Fabos） | 新英格兰绿道网络规划<br>（NEGVP）<br>规划 3 种主要类型绿道：<br>休闲娱乐型绿道<br>生态型绿道<br>历史型绿道 | 规划目标：使绿道与绿色空间如道路一样畅通无阻；<br>利用各州规划目标明确保护策略、政策及法律；<br>促进各州规划者与重要的非政府组织代表的沟通与对话，实现目标协调与跨州合作[①] |

在关于绿道规划设计方法的研究领域，多数学者基于两个不同视角，其一是土地适宜性分析，其二是人类需求分析，或是基于两者相互综合的角度来提出不同策略。如 Linehan 等人基于野生动植物保护，利用传统功能分区规划的反向思考开展了绿道规划设计；而 Conines 等人则侧重于从人类对于环境生态、社会交往、休闲游憩以及交通出勤等各方面的需求出发，结合现状资源分布情况综合考虑了绿道的空间规划方法。[②]

（2）国内研究进展

我国对于绿道的研究，早期多为从国外引进的概念以及对规划实践的介绍，最早如 1985 年在《世界建筑》中对于日本西川绿道项目的介绍。1992 年《国

① Mark S.Lindhult. 论美国绿道规划经验：成功与失败，战略与创新 [J]. 风景园林，2012（03）：34–41.
② 金云峰，周熙. 城市层面绿道系统规划模式探讨 [J]. 现代城市研究，2011（3）：33–37.

外城市规划》对美国绿道的分析介绍是国内首次较为系统地介绍美国绿道。①
李开然（2010）提供了几个典型案例的基本介绍，如加拿大渥太华和安大略省
的绿带规划值得大城市及城市带区域借鉴，英国莱奇沃思的绿道较适宜中小城
市借鉴，而谢菲尔德绿地系统因地形及历史原因，对自然带状的城市如何因地
制宜地进行规划具有重要参考价值；以及美国科罗拉多州伯德城的多功能绿道、
威斯康星州的南部五郡环境廊道等。②

　　基于对国外成功实践的介绍，国内真正开始对于绿道规划实践开展系统性
研究，还是 2000 年前后由同济大学刘滨谊教授及其学术研究团队所领头。刘
滨谊（2001）提出绿道具有多层次性，故而应该按照"区域—城市—场所"三
个层面进行综合的系统规划。③

　　在新、旧世纪交替之时，我国绿道实践工作总体上还停留在小范围、小
尺度的绿化、美化等工作上，距离现今的综合功能需求依然差距较大。2000
年，在国家发布的《国务院关于进一步推进全国绿色通道建设的通知》（国
发 [2000]31 号）中指出绿色通道的建设是我国国土绿化的重要组成部分，并
提出要针对公路、铁路、河渠、堤坝等的沿线地区开展绿化以及美化等工作。
这为绿道在中国的实践开辟了广阔空间。2004 年，浙江省编制的绿道规划是
我国第一个绿道网规划实践，其主要目的是保护自然环境中的生物资源和生
境链，同时兼有文化及旅游等功能。由于极速城镇化进程所带来的环境污染、
生态破坏等迫切问题，绿道理念逐渐深入人们生活，并作为城乡环境协调发
展和生态环境建设的重要抓手，其各项实践工作也得到了长足发展。2010 年，
珠江三角洲建成了 2372km 的绿道，成为珠三角地区"一道亮丽的风景线"，
并在《广东省绿道网建设总体规划（2011 ~ 2015 年）》中提出，要以珠三角
绿道网为依托，于全省范围内再建 6398km 的绿道，建成总长达 8770km、功
能多元、形式多样的省立绿道网络。④ 2011 年底，深圳市立足于其山、海
生态资源以及"组团—轴带式"的城市空间开放格局，业已建成省立绿道
335km，城市绿道 318km，社区绿道 534km，各级绿道共 1200km 有余。以浙江、
广东两省为引领，2010 年之后，全国各省、市相继在区域以及城市范围内开
展了绿道的规划设计以及局部示范性的实践工作，而全面的绿道网络实施工
程及其相关附属配置设施的完善还将会是一个长期的过程。

　　3）生态网络
　　（1）国外研究进展
　　绿道构建了生态网络的连接框架（Rob H.G.Jongman，2008）。19 世纪 80 年

---

① 胡剑双，戴非.中国绿道研究进展 [J].中国园林，2010（12）：88-93.
② 李开然.绿道网络的生态廊道功能及其规划原则 [J].中国园林，2010（3）：24-27.
③ 刘滨谊，余畅.美国绿道网络规划的发展与启示 [J].中国园林，2001（6）：77-81.
④ 广东省城乡规划设计研究院，广东省城市发展研究中心等.广东省绿道网建设总体规划
（2011-2015 年）[Z].广东省人民政府，2012.

代景观生态学的日益发展表明：自然资源的保存以及动植物的保护，不可能仅仅依靠自然保护区来实现，植被以及动植物种群的迁徙均需要相互交替的生境及栖息地来满足生存的需求。这便要求在这些栖息地之间应该有所联系与连续，而在这一方面，生态网络的建立被认为是提高城市开敞空间系统生态质量的一种极其有效的方法（Cook，1991）。

1867年，奥姆斯特德的"翡翠项链"系统规划将19世纪末美国的城市公园运动导向系统的方向发展；时隔一个多世纪的1991年，英国学者汤姆·特纳向伦敦规划顾问委员会提交了一份题为"走向伦敦的绿色战略"的报告，回顾并提出了一系列相互叠加的网络绿色战略，如步行道网络、自行车道网络、生态廊道网络等；1999年建筑师理查德·罗杰斯向伦敦政府提交的"迈向城市复兴"的报告中，再次提到将开敞空间连为一体的网络的重要性。这种开敞空间网络的提出注重各类开敞空间的互相联系与沟通、交流与合作，更加有利于绿地系统结构和功能的改善与强化，使得绿地系统规划在思维上得以扩展、功能上得以完善、空间上得以延伸，并且于形态上得以变化。

工业革命的洗礼使得很多国家与地区面临着诸如自然保护区域的破碎、生态系统的恶化、自然栖息地的丧失以及物种消亡等严峻问题，国际上保护物种的方法从保护分散的、岛屿化的自然区域转向保护和恢复相互连接的自然区域（Rob H.G.Jongman等，2004）。生态网络的概念源自于生态系统更进一步的结构连接与功能扩展，历经了两个多世纪，其漫长的演变历程可以划分为四个阶段[①]：① 欧洲的景观轴线、林荫大道（19世纪初至20世纪30年代）；② 欧洲的绿带、美国的公园路（20世纪30~60年代）；③ 美国的绿道及绿道网络（20世纪60~90年代）；④ 生态网络与绿色基础设施（20世纪90年代至21世纪初）。

从以上四个阶段可见，在生态网络的实践领域出现了欧洲以及北美的绿色基础设施这两个典型代表。

在美国，自然保护政策中提出整合城乡资源的策略，关注乡野土地、未开垦土地、开放空间、自然保护区、历史文化遗产以及国家公园的建设，其中多数是以游憩和风景观赏为主要目的，同时注重综合功能的发挥。这一规划思想在全美广为传播，目前已有一半以上的州分别进行了不同尺度的生态网络规划和建设实施，其中，新英格兰地区的生态网络规划、马里兰州的绿色基础设施网络规划与实践均具有一定的开拓性意义，并一定程度上影响了欧洲的生态规划观念。

与北美的实践相比，欧洲较少考虑生态网络的历史、文化的资源保护以及建立于保护区基础上的资源整合。因自然区域面积有限，欧洲的景观是连续人类干扰以及管理的产物，其规划实践将更多的注意力放在如何于高强度开发的

---

① 刘滨谊，王鹏 . 绿地生态网络规划的发展历程与中国研究前沿 [J]. 中国园林，2010（3）: 1–5.

土地上减轻人为干扰和破坏、进行生态系统和自然环境保护之上，因而，以生态网络的形式扩大现有保护区的思想应运而生。基于景观生态学原则，欧洲绿地生态网络构建的目标主要为生物栖息、生态平衡和流域保护，并且由于将生态网络引入了国家保护的相关政策，关于生态网络的规划实践得到了自上而下以及自下而上的推进，促使连续的绿地空间在城市中发挥作用。1992年出台的《欧盟生境保护指导方针》，敦促欧盟成员国保护自然区域，即生物栖息地，以构建跨欧洲的自然生态保护基础性网络，并将此行动命名为"Natura 2000"。从1992年至1996年期间相继实施的"保护欧洲自然遗产：走向欧洲生态网络"、"泛欧洲生物和景观多样性战略"以及"欧盟生物多样性战略"等，均进一步地明确了建立跨欧洲的生物保护网络的计划。欧洲自然保护中心（ECNC）、欧洲海岸与海运联合会（EUCC）和欧洲自然地组织（EUROSITE）这3个自然保护组织在此计划中发挥了至关重要的作用。

欧洲生态网络规划与实施分别在国际、国家、区域、城市四个层面上同时展开：首先是国际层面，如1996年欧盟委员会的泛欧洲生物与景观多样性战略以及"泛欧洲生态网络"；第二是国家层面，如西班牙的国家自然保护网络、爱沙尼亚的"生态补偿地区网络"以及荷兰的"国家生态网络"；第三是区域层面，如比利时的"佛兰德省生态网络"、西班牙的"加泰罗尼亚自然保护区网络"以及美国马里兰州的"绿色基础设施"；第四则是城市层面，如英国爱丁堡的"森林生态网络"等。目前，欧洲各国在兼顾泛欧层面的保护之外，纷纷探索适合本国国情的生态网络形态和保护策略（Rob H. G.Jongman，1995）[①]，如爱沙尼亚、捷克斯洛伐克及荷兰在20世纪80年代便开始了对生态网络的规划研究。

1990年代至今，历经20多年的研究与实践，生态网络的概念已被世界各地接受和认同，并且在欧美以及亚洲一些国家或地区的不同层面分别得以广泛实践。然而，尽管如此，围绕生态网络功能机制、形态结构这一核心理论，基于生态科学的、易于实现的、满足城市各方面需求的专业化、系统化研究仍然欠缺。

（2）国内研究进展

相对于欧美发达国家，我国的生态网络建设起步较晚，生态网络的系统性规划开展较迟，大部分实践工作仍处于生态廊道构建以及绿地系统规划层面，研究上也以绿地作为环境客体的孤立研究为主，这些导致了城市绿地生态功能的整体优化难以推进。随着生态网络思想在诸多国家的广泛传播以及规划实践的开展，这一概念在我国也被逐渐认可和广泛接受，并于一些城市及区域开展了一些实践，尝试建立多目标、多尺度的城市绿地生态网络体系。

在理论及技术研究领域，同济大学景观学系刘滨谊课题组在20年的理论以及实践研究的基础上总结了一套结合中国国情的绿地生态网络规划理念，并

---

① 刘滨谊，温全平.城乡一体化绿地系统规划的若干思考[J].国际城市规划，2007（1）: 84-89.

分别针对厦门市、常州市、无锡市、阿克苏市以及上海市等城市展开了绿地生态网络规划的构建性研究探索。刘滨谊（2010）提出功能、结构、尺度、动态性、多样化、多途径是绿地生态网络规划研究的关键词，阐述了多尺度、多功能、综合性的绿地生态网络的规划概念及其发展演进，他主持的国家"十一五"科技支撑计划重点项目"城镇绿地生态构建和管控关键技术研究与示范"由科技部联合住房和城乡建设部共同启动，旨在全面推动我国城镇地区绿化生态建设与管控的科技创新能力和技术研发水平，其中的课题二"城镇绿地空间结构与生态功能优化关键技术研究"在分析总结国内外绿地生态网络规划实践的基础上，从城镇绿地系统规划的角度，重点研究城镇绿地空间结构形态，包含了3个子课题的研究与典型地区验证：①绿地对于城镇发展相互制约、促进的耦合；②城镇绿地空间扩展与生长的动态模拟；③城镇绿地生态网络的优化决策（图1-6）。课题研究重在提出中国城镇绿地空间结构、实施、政策的新战略，针对当前城镇绿地规划建设中的关键问题，重点研究了城镇绿地与城镇发展的生态耦合关键技术、绿地空间扩展模型与动态模拟技术及基于生态网络构建的绿化生态功能优化关键技术，以期指导快速城镇化过程中我国城镇绿地的规划建设。通过城镇绿地空间生态网络化的构建以及与城镇各类用地的时空协同发展，实现社会、经济、生态动态环境中的绿地与城镇发展的生态耦合与系统优化，以达到城镇复合生态系统的良性循环与功能效益的最大化。

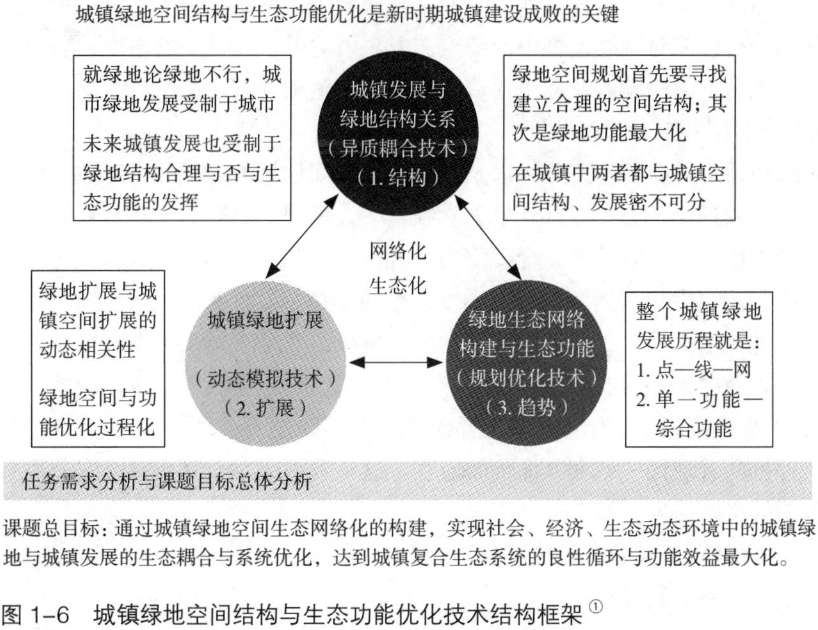

课题总目标：通过城镇绿地空间生态网络化的构建，实现社会、经济、生态动态环境中的城镇绿地与城镇发展的生态耦合与系统优化，达到城镇复合生态系统的良性循环与功能效益最大化。

图1-6　城镇绿地空间结构与生态功能优化技术结构框架 [①]

① 同济大学建筑与城市规划学院. 城镇绿地空间结构与生态功能优化关键技术研究报告 [R]. "十一五"国家科技支撑计划重点项目：城镇绿地生态构建和管控关键技术研究与示范. 2008：1.

规划及实践领域，在国家层面，中国林业科学院的彭镇华教授、江泽慧教授提出了基于"点、线、面"相结合建设中国森林生态网络体系工程的构想。在地区层面，尹海伟等人采用 RS 和 GIS 技术，模拟湖南省城市群的潜在生态廊道，构建湖南省城市群生态网络。在城市层面，马志宇（2007）以常州市为例，基于生态资源现状的分析，对市域和市区生态网络分别从景观斑块规划、生态廊道设计、生态网络的形成三方面进行了研究，并提出了城市总体规划相结合的建议。2010 年 9 月，上海市规划和国土资源管理局、绿化和市容管理局等部门组织编制了《上海市基本生态网络规划》，并于 2012 年批复通过，是国内首部获得批准的市域范围生态网络规划，规划通过多层次、成网络、功能复合的基本生态网络建设，确定形成以中心城区绿地为主体，周边地区以市域绿环、生态间隔带为锚固，市域范围以生态廊道、生态保育区为基底的"环形放射状"生态网络空间体系，并在这五类生态空间的基础上明确划定生态功能区块。继上海之后，武汉、沈阳等各大城市也相继进行了类似的实践探索。在分区层面，王海珍等（2005）应用网络分析法为厦门岛规划了多个绿地生态网络方案，并通过廊道结构和网络结构分析对其进行评价；同样，韩向颖（2008）也选取厦门岛作为研究区域，将景观格局分析和网络分析法引入到生态网络规划中，在提出多种网络预案的基础上，通过景观指数和网络指数的分析和比较进行了生态网络方案的优化；郭纪光（2009）以崇明岛为例进行了生态网络规划，对其林地生态网络和湿地生态网络进行了网络叠加和优化构建的分析，并对规划过程中的节点选取、引力分析、栅格的精度、阻力系数设定、阻力系数检验以及最小耗费路径的适用范围进行了讨论。

### 1.2.3　绿地效益与空间评价

绿地评价是绿地生态分析以及绿地生态空间规划的基础，是绿地生态网络规划设计的理论核心。在景观生态学领域中，传统、早期的生态规划核心，立足于景观生态特征以及人类合理使用，评价工作集中于自然度、敏感度、美景度、旷奥度、相容度、可达度以及可居度七个评价指标；而现代生态规划的评价则适应于现代城市社会、经济、环境发展的特征，立足于景观生态特征、人地作用特征以及生态系统持续发展能力等方面，评价工作集中于相容度、敏感度、适宜度、连通度、地方性(原生度)、持续度以及健康度七个评价指标。由传统"七度"评价向着现代"七度"评价的转变，这是景观生态研究与时俱进、适应时代发展的必然结果。[①]

1）绿地效益及生态系统服务功能

（1）国外研究现状

自 19 世纪 60 年代生态学科创立以来，Vogt（1948）第一个提出了自然资

---

① 傅强,宋军,王天青.生态网络在城市非建设用地评价中的作用研究 [J].规划师,2012,12（28）:91-96.

本的概念，并指出浪费自然资源就会降低美国的经济偿还能力，这一概念为自然资源服务功能的价值评估奠定了基础。20世纪50年代，Odum进一步发展了生态系统的概念并研究了以能量分析为基础的定量分析评价方法。[1]20世纪后半叶，绿地效益的研究进入全新阶段，集中体现于针对各类生态绿地空间而开展的生态系统服务功能的评价之中，生态系统服务功能作为绿地效益的集中体现，逐渐成为生态学的重要研究方向。Leopold（1949）提出了"土地伦理"观念，指出人类本身不能够替代生态系统的服务功能。SCEP（1970）在《人类对全球环境的影响报告》中提出了"环境服务功能"的概念，后来又逐渐演化为"生态系统公共服务"、"自然服务功能"。Ehrlich（1981）进一步确定了"生态系统服务"的概念，并对两个问题展开讨论：生物多样性的丧失将如何影响生态系统服务功能，另一个是人类是否有可能用先进的技术替代自然生态系统的服务功能。20世纪八九十年代以来，随着生态系统理论水平和实践能力的提高，绿地生态效益及生态系统服务功能的研究日益受到重视，并成为生态学研究的一个热点。国际上，如蒙特利尔行动、赫尔辛基行动、亚马逊行动、国际热带木材组织等几个大的行动和组织形成了一批标准和指标体系，并将生态系统过程、生态系统服务功能的机理与绿地生态效益及其服务功能价值评估结合起来开展关联性研究，且融合生态学、经济学领域进行了学科交叉综合研究。

1991年，国际科联环境问题科学委员会成立了由Costanza负责的专门研究组，研究核心内容为：生物多样性间接经济价值及其评估方法以及生物多样性与生态系统服务功能的关系。Turner（1995）进行了对生态系统服务功能经济价值评估的技术及方法的研究。Costanza（1997）在他的生态系统服务功能理论中分析了城市绿地的生态效益，并提炼了17项自然生态系统的服务功能。Daily（1997）认为生态系统服务功能是自然生态系统及其物种维持和满足人类生存，维持生物多样性和生产生态系统产品的条件和过程。De Groot（2002）提出将生态系统服务功能分为调节功能、承载功能、生产功能和信息功能。Naeem（1997）、McNeely、Pearce（2001）等也分别开展了绿地生态效益和生态服务功能的概念界定、分类工作和评价方法的探讨。联合国千年评估（2005）将以上生态系统服务功能经过整合、总结后定义为：生态系统服务功能是指人们从生态系统获取的效益，其来源既包含自然生态系统，也包含人类改造的生态系统，包括了生态系统为人类提供的直接的、间接的、有形的和无形的效益。

在界定概念的同时，很多学者开始将绿地生态空间的物理量和价值量相互结合进行分析研究，这些研究为生态系统服务功能的价值评估工作奠定了良好基础。Costanza（1997）在"Nature"杂志上发表文章，通过生态系统产品（Goods）

---

① 李文华等. 生态系统服务功能价值评估的理论、方法与应用 [M]. 北京：中国人民大学出版社，2008：16.

与服务（Services）两个方面分别表示人类从生态系统功能中直接或间接获取的效益，并分别按 10 种不同生物群区以货币形式进行了测算，首次得出了全球生态系统每一年的服务价值为 $16 \times 10^{12} \sim 54 \times 10^{12}$ 美元，平均 $33 \times 10^{12}$ 美元。这一研究中的评价方法以及结论在学术界引起了广泛热烈的争论，并一定程度上推动了全球范围内的绿地生态效益评价的进一步研究与应用。

20 世纪 90 年代以来，诸多国际组织相继开展了绿地生态效益的评价与生态服务功能评估工作，如联合国环境规划署（UNEP，1993）、经济合作与发展组织（OECD，1995）等分别公示出版了绿地生态效益评价指南；世界银行（World Bank，2000）将自然资产纳入经济发展的核算，更加明确了生态资本对于地区发展的重要意义以及保护生态资本的重要性；2001 年联合国环境规划署组织了来自 95 个国家的 1360 名科学家启动联合国千年生态系统评估，这项以面向决策者为目标的全球性评估工作于 2005 年正式开启，进一步全面探讨了生态系统服务功能的概念、内涵及其与人类福利之间的关系、变化的驱动因子、评价尺度、评价技术与分析方法以及评价结果与最终的政策制定，并在世界范围内开展了广泛的数据采集与案例城市的分析研究。在这些专家、学者以及国际组织的影响与带动下，绿地生态空间的生态系统服务功能受到了各国日益增多的关注，如在法国，生态网络依据法律规定必须在区域层面即得到实施，并列入当地土地规划及景观设计的考虑范围。[①]

此外，还有针对一些典型分类型生态系统功能价值展开的研究，如森林、湿地、农田、草地等。Woodward（2001）总结了湿地生态系统服务功能价值评估的案例与方法，并提出了复合分析的非市场价值评估方法。Tobias 和 Maille（2003）等针对热带雨林生态旅游价值进行了专项分析研究。Hanley 等对于森林生态系统的休闲、景观和美学价值进行了研究。日本林野厅（2000）对于日本的森林公益机能价值进行了评估。Bjorklund（1999）对于瑞典农田生态系统服务能力进行了研究。这些关于生态系统服务功能价值评估的研究，均采用了经济学的理论方法，包括了经济价值评估方法、以能量为基础的价值评估方法以及效益转换方法等。

（2）国内研究现状

自 1979 年以来，我国在城市绿地资源配置上明确了人均绿地面积、人均公共绿地面积、城市绿地率以及绿化覆盖率等二维空间上的绿地指标，在总量上规定了绿地面积及其比例标准，以此来保障城市中相对合适的绿地规模。在 2005 年出台的《国家园林城市标准》中，列出量化指标项目 37 项，其中基本指标为人均公共绿地面积、绿地率以及绿化覆盖率 3 项，有具体要求但没有量化的项目近 30 项，这些有关绿地空间的各项指标在城市快速发展过程中一定

①   Jacques Baudry. 法国生态网络设计框架 [J]. 风景园林，2012（03）：42–48.

程度上保障了城市的绿量，维护了城市生态环境质量。然而，在城市绿地生态建设的过程中，尚有一系列更加深入的问题值得审视，如城市究竟需要多少合理生态绿量，绿地生态空间结构是否科学，生态服务功能是否高效，是否能为市民提供良好的景观游憩服务，在生态、社会、经济、景观四大效益之间是否和谐统一，在城市内部如何融合绿地与其他用地之间的关系，建成区绿地如何与郊区的森林、农田、水域湿地等协调发展等更为综合的问题，而这些问题的判定，需要借助于一系列的定性指标与定量指标的衡量与指导。[①]

王木林、缪荣兴（1997）通过研究国内外的相关资料，根据城市森林的主要功能、区位、归属等因素，与城市规划相接轨，将城市森林划分为防护林、公用林地、风景林、生产用森林和绿地、企事业单位林地、居住区林地、道路林地和其他林地、绿地等子系统，为城市森林评价打下了基础。杨学军等（2000）对上海市园林植物群落进行了调查研究，将丰富度指数、多样性指数等引入了城市森林空间结构评价体系。王永（2000）在郑州市开展了类似的研究工作，并引入了树种单调度、均匀度等指标。叶镜中（2000）从森林调节气温、平衡大气中的二氧化碳和氧气含量、净化大气等方面综述了城市林业的生态功能。高峻（2000）利用景观生态学方法，对于上海市城市绿地进行了景观格局分析研究，引入了景观优势度、景观多样性、景观破碎度、景观分离度等评价指标。薛达（2001）从城市园林角度探寻城市园林绿化指标，借鉴国外园林绿化发展的有益经验，结合山西省城市园林绿化实际情况空间布局与绿化效能等的比较分析，提出了建立符合中国特色的城市园林绿化理论观念的指标体系和政策措施。韩秩等（2005）针对城市森林的效益评价，提出由群落空间结构评价指标、生态服务功能评价指标、景观游憩功能评价指标以及宏观布局评价指标共四项、二级指标所构成的评价指标体系，通过构建层次分析模型赋予指标权重，从而建立起完善、可量化的综合评价系统，并运用于包头市城市森林评价，提出了基于评价的森林建构的实践模式。

20世纪80年代，有关生态经济学、环境经济学的研究在我国逐渐开展，环境经济学为生态环境资源的市场化、价值化、经济化的分析提供了可行性的研究方法。经济学家许涤新首次将生态因素与经济因素结合起来考虑，由此而开始了我国在生态系统服务功能及其价值评估方面的研究工作。1983年中国林学会开展了森林综合效益的评价研究，1988年国务院发展研究中心进行了"资源核算纳入国民经济核算体系"研究，代表着生态学界已经开始利用经济学的方法来研究环境及生态问题。对于生态系统服务价值，近年来，国内对森林、草地、农田等一些典型生态系统的研究较多，如孔繁文（1994）、侯元兆（1998）、郭中伟（1998）、薛达元（1999）、蒋延玲（1999）、成克武（2000）、

① 韩秩，李吉跃. 城市森林综合评价体系与案例研究 [M]. 北京：中国环境科学出版社，2005：63.

肖寒（2000）、赵同谦（2004）等人分别针对森林生态系统的服务功能进行了评估；张新时（2000）、刘起（1999）、谢高地（2001、2003）、闵庆文与许中旗（2005）、赵同谦（2005）、于格（2005）等人针对草地生态系统服务功能展开了分析评估；韩维栋（2000）、吴玲玲（2003）、赵同谦与欧阳志云（2003）、蔡庆华（2003）、王晓红（2004）、吕宪国（2004）等人针对湿地生态系统服务功能进行了研究和评价；还有肖玉与谢高地（2004、2005）、高旺盛（2003）等人对农田生态系统的服务功能进行了评价。在城市生态系统服务价值的综合研究方面，宗跃光等人（1998、1999）针对城市景观生态价值的边际效用以及城市生态系统服务功能的价值结构进行了计量性分析；郭中伟（1999）、陈应发（1996）、李巍（2003）、孙纲（2002）、赵景柱（2000）等分别就城市生态价值的鉴别、量化以及货币核算方法等进行了探讨；苏筠等人（2001）则对大城市的生态占用进行了分析研究。欧阳志云、孙纲、李文华（2002）分别针对城市生态系统服务功能及其价值的概念、内涵和分类开展了研究；胡志斌等人（2003）利用影子工程法、机会成本法、市场价值法等方法静态计算了城市绿地的生态服务价值；徐剑波等人（2012）基于遥感技术的支持，提出了基于叶面积指数、植被指数、地表土壤水、地表反照率以及地表温度等生态参数的城市绿地生态服务功能评价方法，克服了传统计量法以点带面的缺陷，并以广州市为例更加准确地评价了绿地生态服务功能的空间差异性及其动态变化[①]；还有学者建构了能量生态学理论与景观生态学理论共同评价的平台，引进了生态能值的分析方法，以引导科学合理的生态空间建设。

以上均是针对绿地生态资源生态化价值的量化研究工作，目前我国关于绿地生态评价的研究中，绿地生态及环境效应的定量评价占据多数，而对于绿地其他价值的定量研究则相对薄弱。在综合经济价值方面，张迎春（2005）、董霞（2007）、寇怀云和朱黎青（2006）等人对于绿地除了生态价值之外的经济、社会、文化的综合价值开展了一些基础性的研究。除环境效益以及生态系统服务价值之外，关于以环境资产货币价值衡量绿地的宜人性方面的研究也成为了国内绿地空间研究的热点领域，经济学已经开展了一些专门用来核算此类环境资产货币价值的方法，常见的有享乐价格法、抽样的调查评价法以及旅行成本法等。

2）绿地空间格局评价

生态学家梅瑞埃姆（Gray Merriam）提出 CCC 模型来评价区域性绿地生态结构，CCC 即指绿地生态结构的构成（Composition）、布局（Configuration）以及连接（Connectivity）3 个要素。

车生泉、宋永昌（2009）选取了绿地景观构成、景观破碎度、景观多样性

---

① 徐剑波等. 基于遥感的广州市城市绿地生态服务功能评价 [J]. 风景园林，2012（03）：42-48.

指数、景观最小距离指数、景观连接度指数和景观分维数等景观生态学指标对上海市建成区范围内的 77 个公园进行了景观格局分析；张利权（2004）等基于 GIS 梯度分析与景观指数相结合的方法定量分析了上海市城市斑块网络连接度；张大旭（2005）等利用 Quickbird 卫星数据与 Mapinfo 平台，结合景观生态学原理和方法，从系统诊断和宏观层面分析完成了株洲市城市绿地系统景观连接度的现状调查；邬建国（2001）利用数学模型模拟了不同斑块间廊道数量与生物生存之间的相互关系；谢至宵、肖笃宁（1996）、田光进（2002）等人则利用马尔科夫模型模拟和预测了景观格局的动态演变。

### 1.2.4 综合评述及展望

综合关于绿地生态三个领域的研究及实践综述，国内外城乡绿地生态无论是理论还是应用方面均取得了大量成果，在空间结构、系统格局、效益评估等方面反映并呈现出 5 个特征趋势：① 绿地生态的关注视角从控制城市蔓延、改善城市环境、提升居民生活质量的单一关注，向着人与自然并重综合关注的方向转变；② 绿地生态的保护方式正由自然保护区的孤立保护，向着栖息地网络化保护的方向转变；③ 绿地生态的空间连接由基于结构与视觉连通的景观性网络，向着维护生态过程的生态性网络的方向转变；④ 绿地生态的空间评价由单一的空间评估向着与生态功能效益相结合的功能性评价转变；⑤ 绿地生态的规划组织由环境规划、动植物保护规划等单一的专项规划，向着与土地利用规划、城市规划的多元融合的方向转变，并呈现出多学科交叉融合研究的局面。

依据国内外研究评述与总结，以上研究特征及趋势适应了时代前进的需求，对于引导城市空间生态建设具有积极意义。然而，从目前的成果看，对于我国当前发展局面，尚且存在一些不足，可归结为总体思路、空间决策及技术方法三个方面。首先，城市空间生态理论尚未形成体系，绿地生态与城市依然存在"二元"割裂局面；其次，绿地生态空间及效益的定量分析方法仍显不足，评估过程中的价值目标与空间手段之间缺乏有机衔接；再次，绿地生态规划缺乏有效、系统的技术手段，对于空间规划及建设管理的指导性不强。

结合研究空白及缺陷，未来该领域研究重点及研究方向应放在以下几方面：

1）城市空间生态理论体系的构建。即突破"就绿地论绿地"的研究局面，建立生态视角下的全新城市空间生态系统，将绿地生态空间融合于整体城市体系的融合性研究。

2）绿地生态空间及其效益的对应性评估。即突破单一的空间评估或是效益评估，研究重在空间与效益间的内在关联因素，促进绿地生态效益评估在生态空间规划及决策过程中的应用。

3）绿地生态空间规划技术的拓展。即突破"重指标轻效益、重形态轻结构、重内部性轻外部性"等局面，以绿地整体功能效益为核心目标的绿地生态空间新技术、新方法的研究。

针对以上方向，城乡绿地生态空间的网络化发展，无论是在空间结构、格局还是效益上，均能够真正体现绿地生态与整体城市的相互关联以及系统融合，应该作为未来城市生态建设研究的重点。

## 1.3 研究目标与意义

本书是自1990年以来，刘滨谊教授课题组关于绿地生态空间研究的深化与发展，是"十一五"国家科技支撑计划重点项目"城镇绿化生态构建和管控关键技术研究与示范"的课题二"城镇绿地空间结构与生态功能优化关键技术研究"的组成部分与重要后续研究。基于现实背景与对形式、矛盾与困境的分析，本书探讨的核心问题是快速城镇化时期，如何将绿地生态空间融入到整体城乡空间当中进行正确的价值判断与科学的空间决策[①]，其研究目标、意义及拟解决的关键问题如下：

### 1.3.1 目标与意义

研究将绿地生态空间放置于复杂城市系统之中，重新对其进行角色定位、价值考量以及功能的评判，具体研究意义体现为三点：

1）基于新的研究视角——生态空间效能，开展新型"人"、"地"关系的研究，对于城市发展空间主体进行当前时代背景下的重新定位。

2）从现实问题出发，以需求为导向，追求绿地与城市和谐平衡的发展模式，转变"功能规划"为"效能规划"，在规划思路及方法上实现突破与变革。

3）通过对于绿地生态网络空间效能的研究以及空间增效途径的探索，探寻以绿地生态网络为引导的城市空间发展战略以及城市绿地生态空间建构、管控的方法，为城市生态建设提供科学、合理的空间决策体系。

本书的最终研究目标是寻求以绿地生态网络为导向的对于当今城市空间系统的规划、建设、管控的整体思路、技术、方法与路径。这一研究建立于以生态为核心、以绿地空间为手段、以城市中的生态价值与综合效能为目标的总体构思，以求促进城市空间综合效益的增长与复合生态系统的良性循环，并为城市发展提供"绿色"转型的发展思路。

### 1.3.2 拟解决的关键问题

快速城镇化背景下，如何将绿地生态空间融入到城乡整体空间管理当中，进行正确的价值判断与科学的空间决策？针对这一问题的提出，本书立足于如下三个关键问题的分析与解决：

1）在管理目标层面，明确城市绿地生态建设需求，从城市乃至区域范畴确立以绿网效能为核心目标的绿地生态空间管理。

---

① 同济大学建筑与城市规划学院.城镇绿地空间结构与生态功能优化关键技术研究报告[R]."十一五"国家科技支撑计划重点项目：城镇绿地生态构建和管控关键技术研究与示范.2008：1.

2）在管理对象及其评价层面，探讨绿网功能价值、效能与其空间结构、形态之间的相互影响的关联原理及作用机制，提出以效能作为衡量标准的绿地生态空间关联评价体系。

3）在空间决策层面，提出以效能为引导、以绿网空间效能提升即"增效"为目的的绿网空间优化支持技术与方法。

## 1.4 研究思路及内容

### 1.4.1 总体研究思路

1）核心哲学思想

本书研究的核心哲学思想基于风景园林三元论。风景园林三元论的思索始于 1994 年国家自然科学基金委员会的"人居环境与 21 世纪华夏建筑学术讨论会"；1995 年，刘滨谊教授以建筑学—城乡规划学—风景园林学"三位一体"的思想，提出了人居环境学的聚居背景—聚居活动—聚居建设的研究框架；1999 年，《现代景观规划设计》一书的出版标示着风景园林三元论初具雏形[①]；此后 15 年间的持续积累、扩展、验证，不断地从哲学认识论、方法论、实践论等方面进行了深入探索，风景园林三元及其相互之间的关系在研究中不断明确，三元论的理论体系也日渐明晰（图 1-7）。

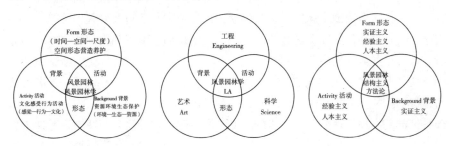

图 1-7 风景园林三元论示意图
资料来源：刘滨谊，2013

风景园林三元论实质上是一个从横向到纵向的研究体系，而并非仅就景观元素及规划设计的思考。依据三元认识论，将风景园林的所有"存在"形态概括为三元，即"园林"（garden）、"风景"（scenery）、"地景"（landscape），并将风景园林的"意义"归纳为三个方面：① 由自然、人工因素组成的物质环境和资源，简称"环境资源元"；② 人类等生命体的户外感受和行为，简称"感受活动元"；③ 环境和行为赖以存在的空间和时间，简称为"空间形态元"。风景园林的追求同样可总结为三元：① 保护物质环境资源与生态平衡；② 引导人

---

① 刘滨谊 . 现代景观规划设计（第 1 版）[M]. 南京：东南大学出版社，1999：7.

类的身心健康行为;③ 保护、组织、创造环境资源和感受活动的空间①。三元之间相辅相成、密不可分。

风景园林三元论在中国古典园林中的体现为"三境",即物境、情境、意境,在现代景观规划设计中,同样也蕴含着传统园林的基本原理和规律,体现于三个不同层面的追求及其对应的理论,分别是:① 景观感受层面,基于视觉的所有自然与人工形态及其感受的设计,即狭义景观设计;② 环境、生态、资源层面,包括土地利用、地形、水体、动植物、气候、光照等自然资源在内的调查、分析、评估、规划、保护,即大地景观规划;③ 人类行为以及与之相关的文化历史与艺术层面,包括潜在于园林环境中的历史文化、风土民情、风俗习惯等与人们的精神世界息息相关的文明,即行为精神景观规划设计。②

风景园林三元论蕴含着丰厚的生态环境哲学思想,这一思想深入贯彻并影响着本书的整体研究过程。

2)绿网管理体系

生态城市作为强调人与自然的和谐共存体,为城市发展的必然趋势。当前,景观生态学理论已被运用于各国的区域以及城市土地空间规划、管理政策等领域,并日渐产生深远影响。尽管生态、绿地、景观等相关学科理论业已大量涌现,但当其面临着城市快速的发展建设决策之时,理论与实践之间的鸿沟仍然难以跨越。城市绿地生态网络在何处建,怎样建,其运行及管理保障等一系列实施性问题均有待于在更加整体、更加宏观的层面上对其加以理性、客观的分析、评价,并最终作出科学决策。

荷兰瓦赫宁根大学著名生态学家保罗·奥普德姆(Paul Opdam,2007)认为,使绿地生态空间在生态上有效(Ecological Effective)、空间上支持(Spatially Sustainable),并且政治上可行(Politically Feasible)③,这是当前城市绿地生态建设、实施以及管理过程中的三个必要因素。这同样也是城市绿地生态网络发展的必要条件,既使得生态功能正常发挥,又可保障生态效益的持续获取。在三个必要条件当中:

(1)"生态有效",是城市绿地生态网络存在的根本与价值基础,主要体现为对于生物多样性的保护,对于完整生态系统的保持。

(2)"政治可行",体现了一种站立于城市发展立场上的决策力,这种决策力主要取决于绿网于城市当中的综合服务价值,如在"生态有效"基础之上的社会、经济、景观、环境等系统化、多元价值的体现。

"生态有效"与"政治可行"两个要素的结合,体现了生态绿地的自身内部

---

① 刘滨谊.风景园林三元论 [J].中国园林,2013(12):37–45.
② 刘滨谊.景观规划设计三元论:寻求中国景观规划设计发展创新的基点 [J].新建筑,2001(05):1–3.
③ 刘海龙.连接与合作:生态网络规划的欧洲及荷兰经验 [J].中国园林,2009(9):31–35.

效应及其拓展于城市的外部效应，是内、外部价值的叠加与综合反映。从管理学上看，两者所体现的综合价值可共同视为城市绿地生态网络的空间管理目标。

（3）"空间支持"，是空间管理的手段或途径，如绿网的空间规模、尺度、格局或形态，在城市生态空间研究当中，结合现有生态空间以及未来可挖潜的生态性用地进行土地空间可行性分析与探索。

3）空间决策思路

在城市绿地生态网络发展的因素及必要条件当中，将"生态有效"及"政治可行"定义为绿网空间管理目标，而"空间支持"作为空间管理手段以及途径，所以在目标与手段途径两者之间建立起来的，便是甚为关键的"空间决策"环节（图1-8）。

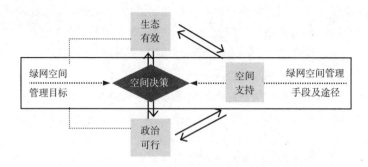

图1-8　绿网空间管理体系（管理目标与手段相结合）

"空间决策"是将管理学中的"决策"概念及内涵引入到空间规划领域，因此也是一种空间规划决策。所谓"决策"，即为达到一定目标而采用一系列科学技术方法及手段，制定并选取满意方案的分析判断、评估、择优以及调整提升的完整过程。空间规划决策，是立足于解决空间结构与功能中业已呈现或即将面临的问题，而进行空间优化的过程，是规划师为实现某种规划目标而对未来一定时期内开展的空间规划。[①] 空间规划决策整体过程包括三个步骤：首先，采用一系列科学技术、方法和手段对空间现象进行深入研究及分析，以发现存在的各种空间问题；其次，针对这些问题而展开连续、系统的分析以及论证；第三，立足于解决问题的发展方向、空间结构、功能布局、内容及方式的选择等一系列空间调整、优化的具体策略措施的探索。

不论面对何种空间，空间规划决策都以相应范围内的空间结构及功能作为其研究重点及核心，即针对于管理对象及目标之间的关系展开分析与研究。城市绿地生态网络的空间规划决策研究建立在对绿网管理目标即效能关注的基础之上，以绿网空间为管理对象以及手段，重点内容是针对空间形式与其生态服

---

① 宗跃光，张晓瑞等 . 空间规划决策支持技术及其应用 [M]. 北京：科学出版社，2011：7.

务功能、效用之间，也即是管理对象与管理目标之间的关联性进行分析研究。站立于核心生态观的基础上，它一方面强调的是空间管理目标的实现程度，也即绿网空间效能，它是绿网价值评判、衡量以及空间决策的依据；另一方面则是探讨以绿网效能提升为目标的空间可行性以及空间建构策略。

### 1.4.2 研究范畴与内容

基于对当前城市绿地生态空间在城市快速发展建设中所面对的现实，如绿地系统结构性欠缺、空间布局破碎、生态效益低下等一系列问题的分析，本书以用地最为复杂、矛盾最为集中的中心城区作为重点研究区域，并向外延伸至城市规划区乃至市域范畴展开探讨与分析，主要针对具有生态意义的绿地空间（泛指自然、半自然、人工建设的广义的生态以及绿化用地），展开从功能到结构、从生态服务价值到空间格局形态的探讨，并尝试提出以效能为引导的绿地生态网络空间优化的策略、路径与方法。本书研究共涵盖五个方面的主要内容：

首先，基于快速城镇化的发展背景，将绿地融合于整体城市，在物理空间层面界定城市绿地生态网络的空间层次、要素与广义空间构成。

其次，分别建构城市绿地生态网络的效能体系以及空间体系，提出绿网效能以及空间的构成要素及相应的各项指标，明确绿网的空间管理目标以及空间管理手段。

第三，展开绿网各项效能与绿网空间在要素及指标方面的内在关联性的分析研究，明确针对效能的绿网空间评价思路，建立绿网空间具体的评价体系、路径以及方法。

第四，将如上评价体系与方法应用于案例城市，运行绿网空间效能的实证评价，经评价指出绿地空间建设中所存问题与不足，进而提出空间增效路径以及具体的空间优化方法、策略，为绿网空间建设及实践提供明确指引。

最后，总结并展望，提出在绿地生态空间效能视角下的，以城市绿地生态网络为引导的城市空间发展模式的体系架构与发展展望。

## 1.5 技术路径与框架

### 1.5.1 研究技术路径

首先，明确绿地于整体城市中的效能、价值为绿地空间管理的目标及衡量依据，以绿地生态空间为管理对象及实现手段。

其次，对绿网空间与效能两大研究对象进行体系建构，同时深入研究城市绿地生态空间（空间规模、结构、形态等）发挥功能效益（生态效益、城市综合效益等）的科学原理以及内在机制。

继而，开展两大要素间的关联性分析研究，分别建构各自的指标体系，并探索指标体系之间的相互关系，进而开展关联机制的研究与分析，对绿网效能加以空间评价。

最后，通过科学的支持技术与方法提出绿地生态空间网络化及网络优化的引导、控制与管理措施，为城市绿地生态建设提供科学、合理的空间规划决策体系，最终实现绿网空间增效目标以及城市空间生态建设的总目标（图1-9）。

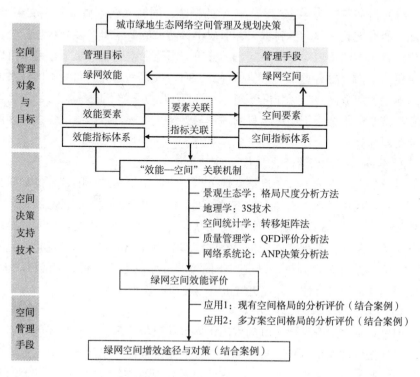

图1-9　基于绿网空间管理的技术路径与应用方法

### 1.5.2　程序与方法

关于城市绿地生态空间效能以及增效途径的研究，属于多学科领域交叉的学术范畴，是一个跨学科、综合性研究课题。研究既需理论性，又需极强的应用性，因此，科学的程序以及研究方法至关重要。本书立足于现实背景分析，经过系统的研究过程，至结论与展望的提出，整体研究采用理论研究→认知研究→思路研究→方法研究→实证研究的系统递进、逐层深入的程序及方法，将归纳、演绎和总结等贯穿于整体过程当中，并将创新思路作为研究的全局引导（图1-10）。

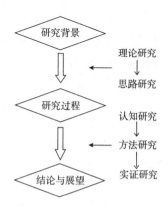

图1-10　研究主要程序

本书基于现有的城市绿地生态空间理论以及规划方法，综合了多种学科相交融的理论和方法，力求做到定性分析与定量评价相结合，理论方法与实践应用相结合，具体归结为下述三种：

1）多学科交融的研究方法

绿网研究首先为生态学、地理学的融合，同时又融入城市及人文因素，因此，研究突破了单一学科框架，形成学科交叉的新视野。多学科相互交融的优点在于不同角度对于同一问题的分析，由此在空间规划决策过程中可以提供更为全面、更有意义与价值的视野方向，或是创新的思路。本书针对城市绿地生态网络化的空间分析研究，运用了景观生态学、地理学以及管理学、社会经济学、复杂系统学等学科的理论与方法，力求进行多维度、多角度的综合判断与分析。

2）定量、定性相结合的方法

科学的空间决策过程一定是定性分析与定量评价相结合的理性规划研究过程，包括运用景观生态学中的格局尺度分析法及空间模型分析法、地理学中的3S技术、质量管理学中的QFD关联评价分析法、空间统计学中的转移矩阵法等，基于一系列空间分析、空间模型与矩阵分析方法，在定量计算的基础上充分结合定性分析，以进一步保障城市绿地生态空间决策的科学性，加强绿网建构的可行性，并促进城市空间规划设计目标的实现。

3）理论、实践相结合的方法

理论只有在结合具体实践的应用中方可加以检验与进一步的完善。通过针对具体案例的实证分析，将本书中所提的基于效能的空间评价方法运用于安徽省合肥市城市绿地生态空间的现状以及规划的评价之中，并对城市绿网空间的规模、格局、形态等进行定量比较与定性分析，进而提出具有针对性的建设指导以及城市绿网空间优化的具体措施与建议。通过将城市绿地生态网络空间规划决策的原理、程序、方法带入案例城市中的实践应用，使得本书所建构的理论及其技术路径得以更进一步的检验与完善。

### 1.5.3 研究框架

本书以研究背景、绿网解析、绿网研究维度及空间增效机制、绿网"效能—空间"关联系统、绿网"效能—空间"系统评价、绿网空间增效对策、结语与展望共7个部分来开展对城市绿地生态网络的理论、思路、方法的研究，并以安徽省省会合肥市作为例证，展开结合具体城市的绿地生态空间效能评价以及绿网空间增效策略及途径的实证研究（图1-11）。

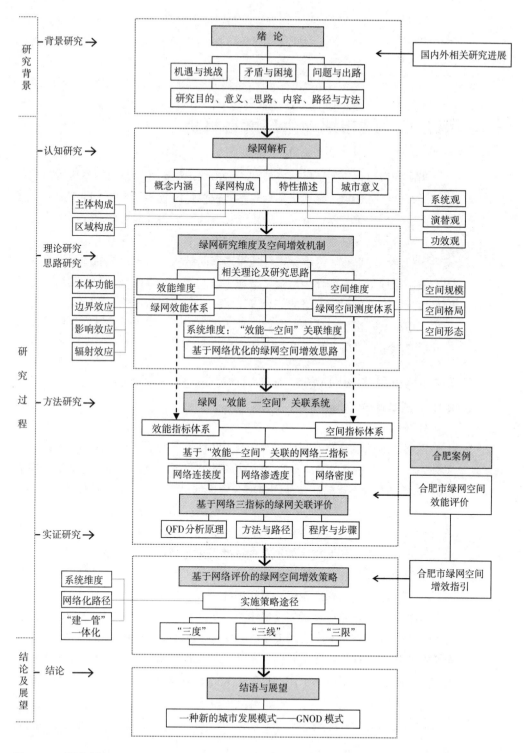

图 1-11 研究框架

# 第2章 城市绿地生态网络解析

当今的城镇化正处于极速发展期，城市绿地生态建设与发展不应脱离其所根植的社会经济环境。绿地生态规划不能仅仅是风景园林界的一厢情愿，其必须与城市发展一脉相承。[①] 因此，如何实现城市生态绿地与城市发展相互促进的优化耦合，则应从城市或是大于城市发展范围的区域空间着手，融入现代生态、园林绿地的思想，寻求城市绿地生态空间结构、形态建构的理论及方法。

城市绿地生态网络作为融合了绿地廊道网络、水系网络、游憩网络、交通网络以及各类基础设施网络的综合多元系统，是实现城镇化与生态化相结合的现代城市发展有机生态载体，本章对其从概念内涵、广义上的空间构成、功能特性以及城市意义等方面展开探索与解读。

## 2.1 基本概念与内涵

### 2.1.1 基本概念及研究界定

1）概念界定

网络，地理学科的解释是"由具有无结构性质的节点与相互作用关系构成的体系"[②]，《牛津字典》（1995）将其定义为"水平和垂直线相互交叉的排列组合结构，类似于网状结构"。从诸多概念中提炼出关于网络的一致理解，即"连接"、"体系"、"结构"与"相互关系"[③]，网络在其天生的结构特性中体现出其构成元素紧密连接的相互关系。在形式或概念上，网络是指类似网状结构的事物或是系统，尤指相互交叉或连接的线路及通道所构成的体系；与此同时，网络于社会学、信息管理等领域也拓展了其概念，如具有相似兴趣与利益的人类群体或是复杂社会、管理系统、因特网等。

网络结构运用于城乡空间格局中表现为一种空间组织形态。在早期的形态学研究中克里斯托弗·亚历山大（C.Alexander，1954）即提出城市不是一个树状结构而是一个网络，并试图在一个共同的、普遍的并相互依赖的网络中将各种利益重新组合，形成一个完整且吸引人的人居空间。如今的城市发展更是离

---

① 同济大学建筑与城市规划学院.城镇绿地空间结构与生态功能优化关键技术研究报告[R]. "十一五"国家科技支撑计划重点项目：城镇绿地生态构建和管控关键技术研究与示范.2008：1.

② 百度百科：网络[EB/OL].[2012-08-10].Http://baike.baidu.com/view/3487.htm.

③ 中国社会科学院语言研究所.现代汉语词典[M].北京：商务印书馆，2005：1408.

不开对于网络结构与系统特征的依赖，城市网络体现于两个方面：一是空间上相互连接和依存的物质性网络，典型如城乡空间中的基础设施网、道路网、水网、林网、绿道网络以及栖地网络等；二是社会及管理系统当中的非物质性网络，如各种虚拟性网络、社群网络等。

从最初出现于欧洲的景观轴线、林荫大道（1700 ~ 1930 年代），到早期欧洲的绿带、美国的公园路（1930 ~ 1960 年代），到之后美国的绿道及绿道网（1960 ~ 1990 年代），再到现今的绿地生态网络概念的明确提出，历经两个多世纪的演变，终于催生出绿地生态网络这一思想。[1] 生态网络，是由具有生态保护意义的生态斑块、节点和生态廊道所共同组成的生态设施。目前，国际上对于绿地生态网络的关注体现于对一系列相关概念的关注及研究中，其中包括了环境廊道（Environmental Corridor）、生态廊道（Eco-Corridor）、生境网络（Biotope Networks）、栖地网络（Habitat Networks）、野生生物廊道（Wildlife Corridors）、遗产廊道（Heritage Corridor）、绿道（Greenway）、绿色框架（Green Frame）、生态基础设施（Ecological Infrastructure）等。[2] 自 20 世纪 70 年代欧洲最早开始生态网络的实践，至 20 世纪 90 年代末，生态网络已作为一项重要的政策工具在欧洲 18 个国家被规划设计。

在有关生态网络概念的界定上，Hay（1991）将生态网络定义为连接开敞空间的景观链，并认为生态网络即是具有自然特征的生态廊道，将生态、文化、娱乐融为一体；Anem（1995）指出生态网络是由线型元素构成，经规划、设计和管理形成的网络体系，它兼备生态、自然保护、休闲、文化、美学、交通等多重功能。Rob H.G.Jongman（1995）认为，生态网络可以定义为由自然保护区及其之间的连线所组成的系统，这些连接系统将破碎的自然系统连贯起来，目的在于将其连接成为一个整体。相对于非连接状态下的生态系统，生态网络能够为生物多样性提供更多的支持。乔曼提出，生态网络由核心区域（core area）、缓冲区（buffer zones）以及连接两者的生态廊道（ecological corriddors）、局部生态恢复区域所共同组成。[3] 其中，核心区为整个生态系统、种群以及相关生态功能提供基本生境条件；廊道通过自然和半自然的空间，加强各斑块间结构及功能的连通，是动物迁移、植物种子传播以及基因交流的路径；缓冲区则分布于核心区与廊道周围，减缓来自于人类的负面干扰，有条件的情况下允许适度的人类活动以及有限的土地利用；恢复区域则指对既有栖地的保护性扩展或是新栖地的创造，以进一步改善生态网络功能。大部分的生态核心区域均由传统的自然保护政策来确定；生态廊道与缓冲带也正逐渐成为自然保护战略当中极

---

① 刘滨谊，王鹏 . 绿地生态网络规划的发展历程与中国研究前沿 [J]. 中国园林，2010（3）：1-5.

② 刘海龙 . 连接与合作：生态网络规划的欧洲及荷兰经验 [J]. 中国园林，2009（9）：31-35.

③ Jongman R H G, Mart Kulvik, Ib Kristiansen.European ecological networks and greenways[J]. Landseape and Urban Planning, 2004, 68: 305-319.

为关键的要素①－③。简而言之,生态网络即是指由各种类型的生态功能区、生态廊道及其节点所形成的生物种群互利共生的复合型网络(Jongman,1995)。

Paul Opdam(2008)将物种的空间过程与景观格局相联系,他认为生态网络是一系列通过生物流的运动联系起来的斑块体系,其与背景环境之间存在着紧密的互动作用。④在总结欧洲经验的基础上,刘海龙(2009)提出,生态网络本质上是面向可持续保护生物多样性的一种策略,是在空间规划中平衡生态、社会以及经济利益的一种工具⑤;张庆费(2002)认为,绿地生态网络是指除了建设密集区以及用于集约农业、工业与其他人类高频度活动以外的,依照自然规律而连接的植被稳定的空间,以植被带、河流和农地为主,强调自然的过程与特点。⑥

综合以上不同学者的观点,诸多概念对于绿地生态网络的理解建立在对其空间结构特性、系统特征以及功能的一致认知上。结合本次研究视角,本书将其概念界定为城市绿地生态网络(以下简称绿网),即以网络化城市绿地空间为依托的生态系统,是以城市范围内的自然生态用地以及具有生态意义的人工绿化用地为载体,致力于保护生物多样性、优化生态格局、提升景观品质、发展游憩活动、拉动经济消费等整体性目的的具有高度联接性与交叉特征的网络结构体系。⑦

城市绿网在空间上由具有生态意义的保护地斑块以及生态廊道所组成,它以绿色开放空间为基础,以景观生态学等理论为指导,面向城市生物多样性保护与自然整体性恢复,同时具有生态、美学、经济、社会等多方面功能。绿网的结构体系包括保护现存的绿地单元,恢复受损的生态系统,重建新的绿地网络并不断完善网络连接等。将城市内零散的自然、半自然以及人工建设的绿地景观通过结构、功能的连接进而组织成为有效的功能体,构建具有空间完整性的生物栖息地体系,从而在提高城市自然生态系统质量的同时保护了生物多样性,对于促进区域生态交流、迁移和散布,维持物种的生存繁殖和安全格局均具有重要意义。⑧因此,城市绿地生态网络是生态保护、环境规划以及改善提

① Jongman R H G.Nature conservation planning in Europe:developing ecological networks[J]. Landscape and Urban Planning, 1995, 32(3): 169-183.

② Jongman R H G.Ecological networks and greenways in Europe:resoning and concepts[J]. Journal of Environmental Sciences, 2003, 15(2): 173-181.

③ Jongman R H G, Gloria Pungetti. 生态网络与绿道——概念、设计与实施 [M]. 北京:中国建筑工业出版社,2011:26.

④ Opdam P, Steiningrover E. DesigningMetropolitanLandscapes for Biodiversity: Deriving Guidelines from Metapopulation Ecology[J]. landscape Journal, 2008, 27(1): 69-80.

⑤ 刘海龙 . 连接与合作:生态网络规划的欧洲及荷兰经验 [J]. 中国园林,2009(9):31-35.

⑥ 张庆费 . 城市绿色网络及其构建框架 [J]. 城市规划学刊,2002(1):75-78.

⑦ 刘滨谊,吴敏.“网络效能”与城市绿地生态网络空间格局形态的关联分析 [J]. 中国园林,2012(10):66-70.

⑧ 邬建国 . 景观生态学:格局、过程、尺度与等级(第二版)[M]. 北京:高等教育出版社,2007:45-70.

升城市中的自然生态系统服务价值的一种有效途径及趋势，是面向可持续的保护与发展并行的一种生态策略，同时也是一种平衡生态、社会以及经济利益的空间规划工具。在城镇化的进程中，如何实现绿地生态与城市建设的优化耦合，实现城镇化、生态化的相融共生，学界正极力探索其理论、技术与方法，城市绿地生态网络规划是迄今为止该领域的最前沿。

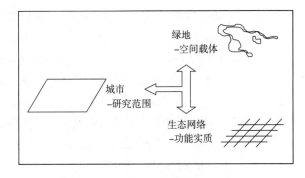

图2-1　城市绿地生态网络研究界定

2）研究界定

在城市绿地生态网络的基本概念中，"绿地"作为空间载体，泛指广义的生态以及绿化用地，它突破了传统的城市规划建设用地中的"绿地"（G类）的概念范畴，指市域范围内的自然、半自然、人工建设的具有生态意义的用地，这一广义"绿地"概念既包括非建设用地中的林地、园地、草地、水域等，同时也包含建设用地中的公园绿地、防护绿地以及道路、各类社区附属绿地等。"生态网络"作为功能实质，指具有生态功能的网络化结构体系。而"城市"则界定了研究的区域范围是一个以人为主体的高度综合的复杂系统，因此而决定了研究对象的多重属性以及研究内容的复杂性（图2-1）。

本书对于城市绿地生态网络的研究，是基于景观生态学，将生态网络的研究与城市生态绿化空间相结合，深入探索绿地空间格局、形态对生态服务功能及价值的影响与制约作用，探寻当生态环境面对着土地利用与绿地空间的发展变迁时所作出的反应，并将建构科学性、网络化的绿地生态空间作为城市快速发展期的积极的自然保护战略，以此开展城市生态建设。

本书以用地最为复杂、矛盾最为集中的中心城区作为重点研究区域，并向外延伸至城市规划区乃至市域范围，以此针对系统完整的城市绿地生态网络展开探讨与分析。

## 2.1.2　内涵及属性

网络的构造本质为节点、联系和分级，源自并对应于这种结构本质及内涵，城市绿地生态网络主要呈现出连接性以及分形细分等结构属性，并在其网络系统、功能单元及其功效等领域均呈现出强大的特征。

1）自然—文化属性

不同于纯自然网络，城市绿地生态网络作为城市复杂系统的子系统之一，它既包含生态元素，也包含文化元素，呈现出自然—文化的二重属性。

作为生态网络，它的存在一方面是为了维持生物物种的多样性，保护生态过程的完整性；另一方面，位居于城市当中的这种网络架构对于政策部门开展自然保护性工作具有重要意义。网络为城市以及人类社会提供了多项生态服务功能，因而引导着人类为了各种目的对其进行保护与利用、规划与设计，从而引导了一种可持续的土地利用方式，同时强调对于自然的利用需建立在尽可能地尊重自然属性、降低人工干扰的基础之上。自然属性与文化属性互为依存，只有两种属性兼具方可保证城市绿地生态空间系统的基本完整，孤立于其中任一方面都必然影响城市生态系统的整体性。

2）系统—单元属性

作为系统，网络兼具了相对稳态的整体、关联、协同和有机等特性以及相对动态的层次、竞争、流通等特性。一方面，城市绿网是在自构或被构双重作用下形成的高度复杂的系统，受系统的自组织与他组织影响，它具备相对稳固、有机的生态等级结构与一定的抗干扰、自净化能力；而另一方面，这又是一个位于人居环境中的高度开放化系统，在以人居活动为主导的城市空间中，往往面临着时空的高度复杂影响以及过度干扰下的损毁与紊乱。

基于系统结构的网络具有网格复制性，其整体结构可描述为由网格单元的反复叠加而形成。网络系统的单元构成反映了整体与个体的关系，单元是指网络系统中相对独立的单位，它可以是网络节点或廊道，也可以是网络中的独立网格单元，其中，网格单元是网络中具有分形特征的最基本单位。虽然在城市绿网实体空间当中，绿地网格单元与单元之间具有明显差异，呈现出千差万别，但从总体上看，任何一个网格单元均具备所有的网络空间要素以及所有网络结构属性（如连接性、交叉性、闭合性等）。因此，利用网络的分形特征，运用分形学研究法展开对于网格单元的探析与研究，将会有助于更加深入地认知和了解网络，并利于复杂问题的简单化。

3）战略—增强属性

网络的战略属性来自于其宏观层面的功能特性，目前很多国家已将绿网作为保护国家及地区生态安全、自然环境及生物多样性、文化遗产的空间战略，也可作为融合和发展区域及城市休闲游憩系统、绿色交通体系的有效空间战略等。绿网是一项可以跨越时间尺度、空间尺度的多元化战略，发展并创造相互联系的绿地生态网络，有助于高效利用城市生态空间，实现城市绿色可持续发展的宏伟目标。

网络的增强属性是不同于非网络结构的显著系统特征。基于"高度联接与交叉"的结构特性带来的网络功能强化或效益"外溢"，增强属性一方面体现于网络自身影响的强化，由此引发各项生态效应的增强；另一方面体现于其同时带来的网络所覆盖的城市区域与相邻地块上的外部增值效应，故而产生出超越其他城市区域的特殊功效以及融合社会、经济、环境等的综合效益。

4）稳定—成长属性

系统化和等级结构，连通性与延续作用，这些使得城市绿地生态网络具有较好的稳定性与优良的成长性。

从稳定性来看，战略性的生态节点是网络稳定的关键。一般来说，若是绿网边缘区域的节点或部分廊道遭遇故障，大多不会给网络带来太大冲击，但若具有高集结度的中心节点发生故障或堵塞，则会导致绿网系统的整体结构由点至面地遭受影响甚至面临瘫痪。

以成长性来看，城市绿地生态网络的复合化成长包括了自上而下和自下而上的双向增长过程。自下而上的增长是网络覆盖面积的增加，即规模扩张；而自上而下的增长则是提高网络的通达率与运行效率，也即网络结构的优化与改善，比如将一些关键性节点提升为网络的集散节点，或将一部分破碎区域增强并连接成局部网络等，从而提升网络的综合效益。[①]

### 2.1.3　网络描述

对于城市绿地生态网络的描述，应当置身于城市整体范围内，依据网络的复杂性于社会、经济、生态及系统等不同视角，分别从定性、定量两个方面对其进行描述，从而更进一步认识网络特征，更进一步厘清功能性网络与结构性网络的核心价值，并探寻其深层、内在的逻辑秩序。结合网络内涵及属性，通过绿网描述的深入研究，为下一步要开展的绿网功能效应、空间格局形态及两者的相互关联的分析提供思路（表2-1）。

网络描述　　　　　　　　　　　　　　　　　表 2-1

| 视角 | 定性描述 | 定量描述 |
| --- | --- | --- |
| 生态 | 共生<br>匀质<br>扩散<br>多样<br>有机<br>异质<br>弹性<br>互补<br>依赖 | 多样性指数<br>连接度<br>斑块密度<br>廊道宽度<br>形态指数<br>分维数<br>破碎度<br>分异度 |
| 社会 | 公平<br>开放<br>包容<br>可达<br>稳定<br>交流<br>共享<br>协调 | 连接度<br>通达度<br>密度<br>分散度 |

---

① 宗跃光，陈眉舞，杨伟等.基于复杂网络理论的城市交通网络结构特征研究 [J].吉林大学学报（工学版），2009（4）：910-915.

| 视角 | 定性描述 | 定量描述 |
|------|----------|----------|
| 经济 | 高效<br>交互 | 运作花费<br>固定投资<br>回报率 |
| 系统 | 层次<br>组织<br>结构 | |

1）定性描述

定性描述主要针对功能性网络，是对于城市绿地生态网络的功能、性质及特征等的描述，如社会学意义上的公平性、开放性、可达性、稳定性、交流性、共享性、包容性及协调性等，经济学意义上的高效、互动等，生态学意义上的共生、匀质、扩散、多样、有机、异质、弹性、互补、依赖等以及系统学的层次、组织、结构等描述。

2）定量描述

定量描述主要针对结构性网络，即通过反映绿网空间结构的一系列格局指数、形态指数，有效表征绿地生态空间及其演变的量化研究方法。这种定量分析研究法在网络研究中得到了广泛应用与不断发展，如空间格局指数有生态学视角中的多样性指数、连接度、斑块密度、廊道密度、形态指数、分维数、破碎度、分异度等，社会学视角以及社会使用意义上的连接度、通达性、密度、分散度等，经济学视角中的运作花费、固定投资、回报率等。

定量描述虽然表述的是结构性网络特征，但深层含义还在于其为功能性网络与结构性网络的复杂关联上的深入分析研究提供了一种间接的手段与途径。

### 2.1.4 与自然生态网络的异同

城市绿地生态网络是面向城市发展的，是一种基于快速城镇化时代背景的城市绿地生态策略，其对于自然保护与经济、社会的可持续发展同样关注。与纯自然的生态网络相比较，它既包含了生态元素也包含了文化成分，一方面它为某些生态系统及种群提供了必要的自然条件，另一方面，它将自然与人类环境相连接，是明显受着人类文化影响的连接系统，因此绿网兼具自然—文化双重属性。

面向城市发展的绿地生态网络的建构目标是发展一种自然与文化的二维平衡以及和谐共生，是经济、社会发展与生态保护的良性互动、循环促进以及融合共生，相比较自然生态网络，它呈现出如下特征：

——服务于人，服务于城市。城市绿网将城市中独立破碎的绿地空间连接为一个网状整体，将绿地生态区域延伸到人类生产、生活等空间当中，在提升其自身生态效益的同时，扩大了城市中的生态影响范围，提高了人居环境的生态质量。

——受社会、经济等驱动及干扰大。城市是快速发展与演变的人工系统，于高频度、高强度的人为活动的干扰之下，城市绿网较自然生态网络，在组织结构变化以及形态变迁上均与城市发展密切相关，呈现出明显受他组织控制与影响的特性，表现出演变的非自主性。

——空间快速演化的非稳定性。城市同时面临着外部扩张与内部更新改造，往往会造成区域生态环境的较大破坏，直接冲击到绿地生态格局及生态过程，使得城市绿网处于一种非稳定状态。

城市为一种典型的文化景观区域，自然栖息地与人类活动的相互联系、作用以及影响显著。因此，由于目标及对象的不同，使得面向城市发展的、基于复合生态系统的城市绿地生态网络在建构方法、评价标准以及管控重点上明显有别于自然生态网络，重大差异表现于如下方面（表 2-2）：

1）网络背景：城市绿地生态网络是一种基于快速城镇化时代背景的城市绿地生态策略，而自然生态网络则在所有发展时期的非城镇化地域均存在，两者的时代背景不同。

2）主要目标：城市绿地生态网络对于自然生态保护与经济、社会的可持续发展同样关注，提倡的是一种可持续、平衡的发展路径和模式，而自然生态网络更加关注自然本身的功能，如物种的多样性以及稳定性等。

3）核心对象：城市绿地生态网络建构核心在于斗争最为激烈的生态绿地与城市建设空间相交错的区域，如何建立绿地生态空间的相互连接以及向着城市各种功能领域的渗透，而自然生态网络则更加注重其生态的自身区域，如网络本体。

4）主要建构方法：城市绿地生态网络主张将生态网络与城市空间规划系统相融合，结合城市建设空间规划当中的控制、引导、利用等多种规划、实施、管理的手段及方法，而自然生态网络则强调对于生态系统结构的优化以及保护。

5）评价标准：城市绿地生态网络面向于城市以及人类，因此需要结合城市各项发展目标而进行多元价值评判，体现于社会、经济、文化以及环境质量等不同领域，自然生态网络相对单纯地以生态为核心的评价标准，如 LARCH 评价。

6）管控重点：城市绿地生态网络基于城市复合生态系统角度，提倡保护与适度利用相并重，提倡基于环境友好行为的生态保护性利用，强调生态环境对于城市以及人类的意义最大化，而自然生态网络则强调以保护为核心手段的管控方式。

城市绿地生态网络与自然生态网络的异同　　　　　表2-2

|  | 城市绿地生态网络 | 自然生态网络 |
|---|---|---|
| 网络背景 | 快速城镇化发展的时空背景 | 任何时期的非城镇化地域 |
| 主要目标 | 可持续、平衡发展 | 物种多样性及稳定性 |
| 核心对象 | 城市—绿地相交错区域 | 网络本体 |
| 主要方法 | 综合手段 | 优化和保护 |
| 评价标准 | 多样化的评价标准（社会、经济、文化、环境质量等） | 如 LARCH 等 |
| 管控重点 | 保护与利用并重 | 以保护为主 |

## 2.2　绿网构成与空间界定

网络构造本质为节点、联系与分级，因而探讨绿网的构成离不开对其结构特征即节点、关联性、层次性的深入理解。城市绿地生态网络基于绿地生态斑块与绿地生态廊道等网络要素的连接与交叉，同时因网络的结构性而带来这些廊道、斑块与城市基底之间的相互作用以及复杂化。[1] 网络的复杂作用同时体现于网络的内部以及外部空间中。

### 2.2.1　层级构成

网络作为内部联系紧密且错综复杂的整体区域，其可四通八达，却不会杂乱无章。网络在各种尺度上的关联形成了连贯性，这种连贯性使得网络及其网络基质成为一体。同时网络是一种分形结构，具有着分形细分的特性。所谓分形，其第一特性是在所有尺度上都有发生，对于城市而言，即是指在所有城市尺度上均有结构，当然，现实中，分形总会在某一个小尺度上停止重复；第二特性则是"自身相似"，即指分形的一部分与其他部分均保持着一定程度上的相似性（图2-2）。[2]

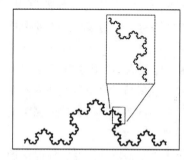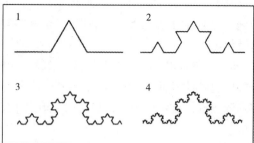

图2-2　冯·科克雪花分形的自身相似性及分形四步骤 [2]

---

① 邬建国. 景观生态学: 格局、过程、尺度与等级（第二版）[M]. 北京: 高等教育出版社, 2001: 36.
② 尼科斯·A·萨林加罗斯. 城市结构原理 [M]. 阳建强等译. 北京: 中国建筑工业出版社, 2011: 126.

城市绿地生态网络是具有一定自我组织能力的，且这种自我组织有序地呈现于不同网络的分形层次之下。不同层次的网络在城市中发挥着不同的功能作用，如同克里斯托弗·亚历山大（Christopher Alexander）的"城市网络"结构理论中所述：网络的层次组织遵循一定的规律，小尺度的结构层次往往保证着城市的居住适宜度，大尺度的连接则更加有利于更大范围内的流动以及交往。由此，运用分形特征对于城市绿地生态网络进行要素的提炼，可有网络节点与廊道、网络地块、网络单元、网络模块以及网络系统五个要素，继而基于要素加以层次与等级结构的划分，最终形成"系统—模块"、网络"单元—地块"以及网络"节点—廊道"三级层次。分别展开针对于各层次的研究必将有利于

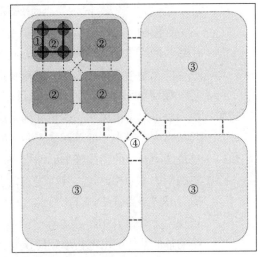

① 网络节点、网络廊道
② 网络单元（网格）、网络地块
③ 网络模块
④ 网络系统（城市）

图2-3　城市绿地生态网络分形图示

增进对于城市绿地生态网络复杂系统的了解（图2-3）。

1）第一层级：网络"系统—模块"

绿网的"系统—模块"层面属于网络的宏观层级，即第一层级。"系统—模块"层级由网络系统、网络模块两部分所组成。

网络系统是指整体城市或是区域的绿网系统，其通过各网络模块的相互连接而形成。

网络模块在网络系统中是指由大量内在连接的斑块或是单元所构成的网络层级。网络模块一般在模块内部产生更为紧密的连接，尽管模块中的许多节点也将连接至外部的其他模块。因此，内部相对于外部更加紧密关联是绿网模块的重要特征。当然，紧密关联的重点在于其内在的生态关联，而非等同于几何邻近，若相互间无功能关联，即便一组互为邻近的节点也无法形成统一模块。

模块之间的连接若是沿着比任何模块的内部联系都要弱的区域发生，则这种连接就是成功的。[①] 这表明，在网络系统中，对于网络模块的划分应依据网络系统凝聚力的强弱，网络系统中强大的内部力使得网络模块稳定且牢固，而系统中内部力较弱部位分开不同的网络模块。

---

① 尼科斯·A·萨林加罗斯. 城市结构原理 [M]. 阳建强等译. 北京：中国建筑工业出版社，2011：113.

2）第二层级：网络"单元—地块"

绿网的"单元—地块"层面属于网络的中观层级，即第二层级。"单元—地块"层级由网络单元、网络地块两部分所组成。

单元是指整体中自为一组或自成系统的独立单位[1]，如城市中的街坊单元等。绿网单元即是绿网中可自行完成生态过程的空间单元，它可以是大型斑块，也可以是由斑块与廊道共同组成的小型空间系统，结合网络结构特征，将其特指为绿网当中的单网格单元。网格是指由连接线路串接节点而形成的最小单位的闭合空间，网格单元即指被绿网网格所包络的城市景观空间，与通常熟悉的街坊单元相比较，其相同点在于同样划分的是城市空间，最大的不同在于后者以道路为骨架划分，而前者是以绿地生态斑块或廊道为骨架而划分的，在景观生态学研究中，亦可称"网格"为"网眼"。网络具有着网格复制性，网络的整体结构可由网格单元的反复叠加而形成。虽不同的网格单元与单元间存在差异，但从总体来看，网格单元具备了所有的网络空间要素（即主体、边缘、影响区、辐射区）以及所有的网络结构特性（即连接性、交叉性、闭合性等）。利用绿网空间单元即网格开展绿网空间效应的分析，有利于研究当中的复杂问题的简单化、纯化，便于研究的深入开展。

网络地块主要是指具有高度联接性的绿地斑块、廊道等绿网单要素连同其周边地块，典型如网络结点。网络结点是绿网系统中具有较强控制作用的、大型的、重要的汇聚性斑块节点，它对于绿网的形成可起到关键作用，通过主要结点间的连接，可初步形成城市或区域绿网系统的主干骨架。节点自身形成一般有两种情况：一是由绿地生态斑块通过多条廊道外向衔接，并在斑块处形成具有高联接性的网络结点；二是由多条绿地生态廊道相互交叉，并在交织点逐渐向外形成具有高度联接特征的网络结点。比较网络的其他地方，网络结点具有更高的物种丰富度以及生境适宜性，因而在多变的环境中通常具备更强的稳定性与适应能力。

3）第三层级：网络"节点—廊道"

绿网的"节点—廊道"层面属于网络的微观层级，即第三层级。"节点—廊道"层级由网络节点、网络廊道两部分所组成。

"节点—廊道"层级的研究工作重点在于两个方面：首先是针对于绿网的组成要素节点、廊道自身的研究，其在空间规模、尺度、结构及形态方面与其自身功能特性的关联性分析研究；其二便是对于微观尺度下的节点、廊道边缘的研究，因边缘的结构与形态的不同，而导致的绿网地带与网络外的城市基底之间的复杂关联以及绿网与周边地块之间的交互关系及功能渗透的差异性。

---

① Loring LaB. Schwarz, Charles A. Flink, Robert M. Searns. 绿道规划·设计·开发 [D]. 北京：中国建筑工业出版社，2009：41.

### 2.2.2 要素构成

站立于景观生态学的视角解析绿网本体构成，即是对其景观组成的类型、多样性及其空间分布关系的探讨，则必然离不开"斑块—廊道—基质"的模式表达。基于这种空间语言，绿网本体可认定是由具有重要地方或区域生态保护价值的、高度敏感性的生态枢纽及其间相连接的生态廊道两个要素所组成的（图2-4）。

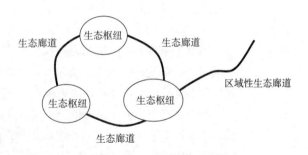

图 2-4　城市绿地生态网络本体要素构成

1）绿地生态枢纽（斑块）

绿地生态枢纽即指城市中各类型的绿地生态斑块。斑块泛指与周围环境在外貌或是性质上不同，并具有一定内部匀质性的空间单元。[①] 景观生态学界，依据不同起源及成因，Forman 和 Godron（1981，1986）将常见斑块划分为残留斑块、干扰斑块、环境资源斑块以及人为引入斑块4种类型，并另行讨论了再生斑块和短生斑块两种特殊斑块类型。

城市绿地生态网络当中的生态斑块，依据生境类型可划分为森林、草地、湿地、水体、农田等类型；依据空间属性，可划分为自然保护区、风景区、水源保护区、公共性绿地、防护性绿地以及道路、社区等附属绿地。斑块的划分方式在各类研究工作中应依据研究重点及目标进行科学选取。斑块结构特征对于绿地生态系统的生产力、养分循环和水土流失等过程都有重要影响，一般而言，斑块越小，越易受到来自于外围环境或基质的各种干扰，这些干扰的大小不仅与斑块面积规模有关，且与其形状、边界特征、空间分布、连通性等一系列因素密切相关。而这些对于斑块内部的物种、信息、能量等要素的扩散、移动等生态过程影响显著，对于绿网生物多样性具有决定性作用。

绿网中的生态斑块，可依据性质划分为生态"源"与生态"结点"。其中"源"斑块是绿网的物种、能量、信息以及服务功能的源头和汇集之所，其对于维持绿网生态功能具有促进作用。因结构特征，在网络中还较多地存在着另一种"结点型"生态斑块，其或原本为独立斑块，后经廊道的"联结"与"交叉"而形成，或是纯粹由交叉和联结的结点而形成的斑块。结点型斑块通过生态廊道起到连接相邻生态"源"的作用，一般具备多种选择路径，相比其他斑块具有较高的物种丰富度与生境适宜性，故而在多变的城市环境中更加稳定。

因此，绿网中的斑块的结构特征、形态特征带来了各异的生态学功能，其

---

① 邬建国．景观生态学：格局、过程、尺度与等级（第二版）[M]．北京：高等教育出版社，2001：23.

空间构型带给城市各异的生态效益，其间的反馈机制与运行原理等应作为城市绿地生态网络研究中的关键内容。

2）绿地生态廊道

绿地生态廊道是指呈现为狭长空间特征的绿色生态地带，或可看成是呈线状或带状的绿地生态斑块。依据形成原因，Forman 和 Godron（1986）将廊道划分为干扰型、残留型、环境资源型、再生型以及人为引入型共 5 种类型。

城市绿网当中的生态廊道是不同尺度的、在城市或区域中起生态连接作用的带状绿地要素，其中较常见的廊道类型有河流生态廊道、道路绿地廊道、输电线路绿地廊道以及各类防风、防沙或是工业隔离绿地廊道等。按照自然与文化等不同特性，佛罗里达州绿道委员会（Florida Greenways Commission）将绿地廊道划分为如下几种[①]：

景观连线：大型生态系统之间大块的线性保护区；

保护廊道：通常沿河流分布，受保护较少，多具有娱乐功能；

绿带：受保护的环城自然地区，以平衡城乡发展；

风景廊道：因其优美的风景而受到保护；

休闲廊道：娱乐功能显著的线性开放空间；

实用廊道：如运河、电力线，兼具实用功能、自然及娱乐功能；

游径：为徒步旅行者和户外休闲人员设计的路线，兼有自然廊道的功能。

与生态斑块类似的是，廊道的结构特征（包括廊道宽度、曲度、连通性、廊道的内部环境及其与周边斑块、基质间的相互关系等）对于绿网内物种、信息、能量等要素的扩散与运移等生态过程影响显著，尤以廊道的连通特性在绿网的空间连续、生态连接等方面起到关键作用。因此，对于绿地廊道空间结构与其生态过程关系的探索也是城市绿地生态网络研究工作中的重要内容。

### 2.2.3 空间构成

由系统论、区域观出发，结合城市绿地生态网络的空间界定，将绿网自身即内部空间定义为网络本体，将绿网外部空间结合其网络影响功能的外向化、区域性拓展，定义为网络区域。由此，城市绿网空间可划分为网络本体与网络区域两大构成部分。

依据生态敏感性程度，可将网络本体划分为网络主体以及网络边缘。依据受绿网本体影响的程度、深度与性质，又可将网络区域划分为网络影响区以及网络辐射区。据此，广义绿网范畴，是由网络主体、网络边缘、影响区与辐射区四个空间要素所共同构成的，并分别呈现出生态内部性与生态外部性的特征（图 2-5、图 2-6、表 2-3）。

① 罗布·H·G·容曼. 生态网络与绿道——概念. 设计与实施 [M]. 北京：中国建筑工业出版社，2011：21.

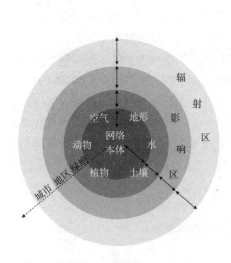

網絡主體（生態廊道）
網絡主體（生態樞紐）
網絡邊緣
網絡影響區
網絡輻射區

图 2-5　城市绿地生态网络空间图谱　　　　图 2-6　城市绿地生态网络空间构成

城市绿地生态网络空间构成及生态学意义　　　　表 2-3

| 构成要素 | | | 空间界定 | 生态学意义 |
|---|---|---|---|---|
| 绿网构成要素 | 网络本体 | 网络主体 | 生态核心区域 | 核心功能区；<br>生态效能以及绿网面向城市发挥生态系统服务价值的本源 |
| | | 网络边缘 | 边缘过渡地带（位于核心区外围） | 于绿网与城市间起到衔接与过渡作用；<br>本体面向城市不可或缺的生态屏障；<br>承载丰富人类活动 |
| | 网络区域 | 网络影响区 | 受网络本体直接影响的城市区域 | 因突出的景观环境具备超度空间活力；<br>承载多元社会经济活动；<br>对于整体城市生态环境、景观形象以及人居品质具重要代表作用 |
| | | 网络辐射区 | 受网络本体间接影响的城市区域（位于影响区外围） | 拓展且强化了绿网面向城市的整体生态效益 |

1）本体构成

本体即事物本身。本体定义源自于哲学领域，即指具有名称、时间、空间、价值等特殊规定，具有发现、界定、彰显、区分、抽象和产生各种事物的能力，并有别于天地万物的具体事物。[①]

本体哲学含义的核心即是事物的本源与根源，而从物质观上看，则指物质的空间实体。由此，可将城市绿地生态网络本体定义为城市中具有绿地生态属性的空间实体，即城市绿地生态的空间占有。从土地利用构成上，绿网本体是

———————
① 百度百科：本体 [EB/OL]. [2015-01-16]. Http://baike.baidu.com/view/6379240.htm.

指由城市规划区范围以内的各类型生态绿地综合而成的网络化空间系统，它包含了非建设用地系统内的依托自然山水格局的生态空间，也包含了建设用地系统内的各类城市绿地，总体可划分为生态引导型、隔离防护型、文化传承型以及市民活动型四大类型。其中生态引导型多为城市中重要的生态斑块，如自然保护区、风景区、水源保护区、湿地、林地等；隔离防护型主要为具有一定屏障与隔离作用的绿地区域，如道路防护带、防风防沙林带以及基础设施防护隔离带（高压走廊、垃圾填埋场隔离带）等；文化传承型主要是指一些具有文化保护、传承与宣扬作用的文化主题园或是文化遗产保护性绿地等；市民活动型则主要指分布于城市当中的休闲游憩型公园绿地，如绝大多数的综合性公园、滨水休闲绿化带以及街头绿地等（表2-4）。

城市绿地生态网络本体构成及空间界定　　　　　　表 2-4

| 要素构成 | 空间构成 | 绿地类型 | |
|---|---|---|---|
| 网络<br>本体 | 生态枢纽 ←→ 网络主体<br><br>+　　　　+<br><br>生态廊道 ←→ 网络边缘 | 生态引导型 | 重要生态斑块（如自然保护区、风景区、水源保护区、湿地、林地等） |
| | | 隔离防护型 | 道路防护带、防风防沙林带、基础设施防护隔离带（高压走廊、垃圾填埋场隔离带等） |
| | | 文化传承型 | 文化主题园、文化遗产保护性绿地等 |
| | | 市民活动型 | 休闲游憩型公园绿地（城市公园、滨水区、街头绿地等） |

从物质空间构成上，依据生态敏感性的差异，城市绿地生态网络的空间占有又可划分为网络主体、网络边缘两个组成部分。

（1）网络主体

网络主体，是依据生态敏感性的差异划分的，对于绿网、城市乃至区域均具有重要生态保护价值、高度生物多样性、高度敏感性的生态核心区域。它包括自然保护区、风景区、水源保护区、湿地、森林等大型生态斑块的核心区域，也包括了一些重要的自然性生态廊道，如动植物迁徙通道、自然性河流廊道以及山谷廊道的核心区域等。网络主体是绿网本体中最为核心的功能区，其生态价值是绿网生态功效的根源，也是绿网面向城市发挥其生态系统服务价值的最本源条件。

（2）网络边缘

网络边缘是指位于网络主体外围的边界缓冲区域，一般是指具有一定宽度、直接受边缘效应作用的过渡地带。网络边缘在绿网与城市之间起衔接、纽带与过渡作用。然而，一些特殊情况下，如斑块规模有限，或是城市中一些相对较窄的生态廊道，因受到城市人为干扰及影响程度较大而不具备稳定的内部生境条件，则这样的绿地生态空间可全部认定为边缘区域。由此可见，边缘的存在并非完全依附于本体，在城市中有大量的人工生境的塑造，因自身的生态性并不完善，使得这些区域均可作为网络边缘来看待。

网络边缘一方面作为本体面向城市的不可或缺的屏障，对于绿网生态核心区域起到过滤并降低外来影响的保护作用；另一方面，它对于城市的意义也极为关键，作为用以承载丰富的人类活动的户外休闲以及娱乐游憩的载体，其在自然、文化以及环境景观方面的优势与吸引力使之发展成为极受市民及旅游者欢迎的公共开放空间。

2）区域构成

由系统论观点以及区域观出发，城市绿地生态网络不仅仅涵盖各类型绿地空间，同时波及其外的城市区域。网络的系统性、渗透性、增强属性以及自然、文化的二重性都决定了绿网除了自身功能与结构特性之外，还呈现出其外部影响与拓展的特质，它同时具备了内部性与外部性的双重特征。

绿网的外部性特征发生于网络效应的外溢接收区域，表现在绿网周边受其影响的外部空间上，即依附于网络本体的网络区域。从广义绿网范畴来看，网络区域也是绿网的重要组成部分，尤其是在城市绿地生态网络的研究工作中，作为受网络影响的空间地域，网络区域体现出了不同于其他城市地域的诸多特征。依据受绿网本体影响的程度、深度与性质，又可将网络区域划分为网络影响区与网络辐射区。其中，网络影响区是指受网络主体直接影响的城市区域，网络辐射区是指接受网络主体间接影响的拓展性区域。

（1）网络影响区

网络影响区是指受网络本体直接影响的城市区域。对于城市而言，网络影响区是城市与绿网关联互动的前沿地带，也是两者生态联动与空间整合的纽带，因与绿地生态网络本体在位置上邻近、关系上紧密而接受着绿网的直接影响，是绿网面向城市发挥直接效益的波及区域。该类用地表征为紧邻绿网的城市开发建设空间，如滨水商业区、休闲娱乐区、文化展示区以及旅游设施等，或是濒临风景区、城市公园或开放性绿地的居住区、办公及商务区域等。

绿网影响区通常具备较为优越的生态环境条件与极其突出的景观异质性，因而蕴含着极高的空间"势能"，焕发出超度的空间活力。影响区因具备承载多元化的社会经济活动的能力，从而带来了远超出城市一般用地的附加价值，与之同时，其对于整体城市生态环境、景观形象及环境品质亦有着重要影响与极其紧密的关联。绿网作为一种城市的公共性环境资源，在很多城市当中常常会面临"公地悲剧"的威胁，由此，绿网影响区的土地利用方式关乎人们如何照管和保护城市当中的公共资源，可体现出人们对于生态环境资源的利用与管理的水平。科学合理地利用不但有利于绿网自身的良性生态循环，亦将惠及整体城市区域，而不合理、不适度地加以滥用则会直接殃及本体生态环境，其结果不仅仅是丧失生态效益，亦会导致城市因此而背负沉重的环境维护费用。

必须指出，影响区的存在是城市绿地的普遍现象，与网络结构并无直接关系，一般的非网络化绿地生态斑块或廊道也具备此种影响。然而，由于网络结构的优化而带来的网络效应的增值，都将导致影响区在影响强度及影响的空间广度上产生较大差异。

（2）网络辐射区

网络辐射区是指受网络本体间接影响的拓展性区域，一般是指受益于网络结构特征而形成影响的效益拓展区。与接受直接影响的区域相比较，辐射区为位于影响区外的受绿网间接影响的广泛城市空间。如一些虽不在用地空间上直接与绿网相邻接，但处于步行5分钟内即可到达绿网的城市中的居住、办公或是商业区域，或是某些具有较好视线通廊的观景性区域等。

作为因网络结构而形成的影响受益拓展区，网络辐射区在不同网络结构之下的差距较大，因而在城市当中具有较大的空间拓展的可能性。城市绿地生态网络结构的完善以及空间的优化，都将会大大拓展其辐射影响的覆盖领域，并对提升城市整体生态环境效益具有重要贡献。网络辐射区于城市及区域当中的覆盖率是绿网效能空间评价的重要因素之一。

## 2.3 绿网三大特性

在城乡绿地生态空间中，绿地生态斑块通过生态廊道的相互联接与交叉而形成网络结构，从而带来了绿地斑块、绿地廊道与其城市基底之间相互作用、相互关系的复杂化[①]，因而构成了除网络本体之外的网络区域。网络结构是系统结构的主要形式之一，对于这种结构的探索有助于认识其功能的复杂性以及系统的整体性。因此，对于城市绿地生态网络的全面、整体的认知需从其网络空间的一系列结构以及功能特性入手展开深入探索。通过对于城市绿地生态网络基本概念的界定、属性的挖掘以及绿网空间要素构成的分析，可以进一步提炼并高度概括绿网的三大特性，即结构性、功能性、系统性（图2-7）：

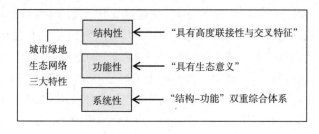

图2-7 城市绿地生态网络三大特性

① 邬建国.景观生态学：格局、过程、尺度与等级（第二版）[M].北京：高等教育出版社，2001：36.

### 2.3.1 绿网的结构性

空间属性以及结构特性为绿网第一大特性。网络结构为系统结构的一种主要形式，这种形式的最为直接、表象的特征即是网络化的景观空间格局，或可将这种关注角度下的网络称作为结构性网络。

在城市绿地生态网络的概念中强调了其在空间上具有"高度联接性与交叉特征"。这种"联接"、"交叉"等空间结构特性既作为网络系统的表象形式与识别特征，同时亦是网络功能的空间载体与空间支持。其中，高度"联接"为生物流的运动联系提供了途径与通道，而"交叉"所形成的绿地生态斑块以及节点体系又可塑造更加多样的生物栖所环境，因此可以认为，结构性网络是承载功能性网络的关键载体。

在城市绿地生态网络中，最具有代表性的结构特性表现为节点、连接性、层次性以及分形特征等。其中，节点及其之间的连接属基本的要素性结构特征，层次以及分形则属系统性结构特征。在如今快速演进的城市空间发展阶段，无论是要素性还是系统性的绿地生态结构特征，均被日益蚕食且呈现出日渐破碎化、残缺化的趋势。因此，以调整绿地生态空间结构为技术手段，以规划、设计、管控等为工作手段，以完善、提升和优化网络系统功能为目标的城市绿地生态网络空间建构工作意义突出。结构性网络的研究工作反映在一系列反映绿网空间结构的格局指数或形态指数上，如网络密度、连接度、聚集度、指状度等，其研究目标则是通过空间结构的优化、空间指标的合理确定，引导更加有利于绿地生态功能效益发挥的绿网空间建构，引导功能优化、效益提升的绿地生态网络，而这一目标的达成便需要在结构性网络以及功能性网络的复杂关联问题上进行深入研究。

基于绿网空间结构的角度，即围绕空间维度而展开针对结构性网络的空间测度体系的研究，是本书研究的主要手段及途径。

### 2.3.2 绿网的功能性

功能特性为城市绿地生态网络的核心本质特性，也是绿网结构存在的意义与价值所在。城市绿地生态网络的概念界定当中，强调是"具有生态意义"的绿地空间系统，明确了以绿网功能为首要的网络空间建构目标，即绿网的功能性。

网络特性重在物理性而非几何性，城市绿地生态网络结构，最重要的并不是它外在的几何形式，而是一些生物的活动场所以及它们之间的物理连接[1]。美国学者简·雅各布斯（Jane Jacobs）认为，网络将一个城市地区的复杂性有机地组织起来，网络系统理论提供了我们对于网络本体以及网络区域多维度、多元化以及多样性的思考方法。结构性网络的"联接"与"交叉"同时带来了绿地生态廊道、斑块与城市基底之间功能关系的复杂化。这种关注角度下的网

---

① 尼科斯·A·萨林加罗斯.城市结构原理[M].阳建强等译.北京：中国建筑工业出版社，2011：11.

络称为功能性网络。叠加、交织以及相互作用的复杂关系，对于功能性网络来说，关注的是绿网自身功能的强化以及绿网对外效益的影响及辐射。

因此，对于网络架构，从结构上是要求建立起网络连接，而从功能性网络方面来看，则应考虑如何建立连接，建立何种连接以及连接对于生态过程的意义怎样，带来的实质生态以及其他功能如何等一系列功能性问题。

绿网效益以及绿网功能是城市绿地生态网络存在的根本意义。其中，维护生物多样性以及保持生态过程的完整性，即生态功能，为绿网的核心功能。源自于绿网生态系统服务价值以及生态效益的外部化特征，其生态功能还体现并渗透于城市之中的优化生态格局、提升景观品质、发展游憩活动、拉动经济消费等一系列综合、多元领域，并且几乎涵盖了气候调节、环境净化、灾害避难、休闲娱乐、遗产保护、文化展示以及经济消费等城市功能的各个方面。因此，对于功能性网络的研究重点应放在其核心生态功能以及因生态功能而衍生于其他领域的一系列功能上。

基于绿网功能效益的角度，即围绕效能维度而展开关于绿网空间效能体系的研究，是本书研究的根本思路。

### 2.3.3 绿网的系统性

如城市绿网概念中所述，作为一种"网络结构体系"，城市绿网是叠加于城市土地空间之上的城市复合生态系统的子系统。研究范畴上，城市绿网的发展不可脱离其广大基质环境，即整体城市空间，视角的全局性以及层面的综合性强调了将之作为一个系统进行研究的必要。绿网结构与功能是相辅相成、缺一不可的，结构在一定程度上决定功能，同时结构的形成与发展亦受功能影响。绿网通过结构形式将城市或地区的功能复杂性有机地组织起来，因此，若不考虑绿网的生态功能效益以及生态学过程，而单纯研究其表象的格局形态、结构连接以及空间密度是欠缺实际意义和价值的。网络结构担负并承载着复杂的网络功能，由此带来了结构性网络与功能性网络的复合性，以至于它们无法被孤立和剥离。将一个简单的几何形式强加于城市绿网的做法只会抑制网络的强大功能。不考虑绿网生态学过程而单纯研究其表象的空间与结构是没有实际意义和价值的。通过对绿网结构的优化，调整景观要素的时空格局，是人们利用景观功能最为直接和自然的过程。

城市绿网系统建立于功能性网络与结构性网络相互叠合的基础上，是融合功能—结构二重特性的复合系统，为一种功能—结构复合型网络。结合对于绿网功能、结构双重维度的研究，绿网的系统研究将会是一个对其进行"效能—空间"的关联性分析、评价以及研究的过程。因此，依据"功能—结构"原理，基于绿地网络的空间要素构成，绿网的系统性体现于如下三个不同层面：

1）绿网自身系统

由绿地生态本体与本体自身所构建的完整绿网系统，即绿网的"本体—本体"系统。通过绿地生态廊道的联系串接起城市中破碎的绿地斑块，形成一个整体，保持生态过程在空间以及功能上的完整性与连续性。绿网自身系统与其内构成要素之间在形态结构以及功能上连接紧密。

2）绿网与相邻地块系统

由绿网本体与受绿网直接影响的网络影响区所构建，即绿网的"本体—影响区"系统。网络结构的外部增强特性及其网络生态功能的外溢化特征，使得与之相邻接的网络直接影响区在社会、经济、生态、景观等诸多方面呈现出有别于城市其他地段的差异化。绿网对于周边用地在生态、社会、经济、环境等多方面均产生深层影响与渗透，因此，绿网系统研究还应关注本体自身和影响区之间在功能—结构方面的作用与影响，并研究何以实现绿网于其外延区功能效益提升的目标，而这与绿网渗透于周边相邻功能区域的强与弱紧密关联。

3）绿网与整体城市系统

绿网本体面向于整体城市的间接辐射与影响覆盖，即绿网的"本体—辐射区"系统。城市绿地生态网络在城市当中维持和重建了自然的连续与相互作用，从而带来了城市各空间单元之间的物种、能量的沟通、交流与交换。绿网系统研究应该强调如何使这一辐射影响区域增大，即在城市中的影响覆盖面增加，这与绿网在城市当中的分布模式以及布局密度直接关联。

城市绿地生态网络通过如上三个层面的系统构建，从空间结构上表现出结构连通、格局架构及其与外界间在形态上的渗透；从功能上则表现出其在自然生态过程当中各要素间的关联以及相互影响作用。绿网系统广泛且密切地作用于城市整体土地空间布局当中，在确保城市生态安全格局的前提下，在引导城市整体空间结构、促进城市和谐社会环境、构建城市品质空间环境等方面起到极其重要的作用。

## 2.4 绿网的城市意义

从乌托邦到田园城市，从园林城市到生态城市，从朴素的自然直觉到系统的生态科学，古往今来，人们对于城市与自然和谐相处的人居环境作出了诸多不懈的探索。自然生态对于城市的意义在社会、经济、文化不断发展的过程中逐渐被人们全面地意识到。

城市将社会、经济、环境以及文化等冲突融为一体，形成复杂、多元的复合生态系统。然而，城市对不可再生资源的强烈依赖以及过于人工化的系统结构的单调特性等，决定了这是一个不稳定的人工生态系统。系统化、多样化以及具有较强连接与渗透功能的城市绿地生态网络，其较好的稳定性与优良的成长性对于城市生态系统的增补与强化意义重大。因此，随着城市"绿色革命"的兴起、城镇化的"绿色"转型从思路到实践的探索，面对支离破碎的城市绿地空间，重新建构一个具有生命力、充满活力的网络化绿地生态系统的需求日益迫切，网络化、生态化的命题又被重新提出，目的是积极地在人类影响区域探寻自然与文化的二维平衡，提倡的是人类与自然共生的可持续景观模式。

巨型的城市复合系统是城市绿地生态网络系统的上级层次，故而绿网的价值取向，必然取决于城市的发展目标。因此，城市绿网的意义不能仅局限于其自身空间范围内的讨论，而必须放置于整体城市乃至区域当中加以认知，并分别从网络与城市发展的空间形态演进、系统耦合关系以及价值驱动机制三个方面来分析研究。

### 2.4.1 空间联动——绿网与城市形态、结构的演进

远在人类尚未占据主导地位、尚未开展掠夺性发展的工业文明之前，自然造就的绿地生态空间，就曾经具有着极其原始的网络化特征。然而，这种原始的网络化在城市的生长、发展过程中受到了不同程度的干扰，且在过去的50年内，出现了空间组合以及资源配置上的剧烈变革，网络结构在城市发展地带逐渐被瓦解和稀释。

城市内、外部的绿地生态空间演变与城市的形态扩展、结构演化具有动态耦合与紧密的关联性，这在9种典型的城市空间形态、结构类型中被较为明显地显现出来了（图2-8）。绿地与城市的关联与耦合同时体现在两个层次上：城市外部空间形态的演变以及城市内部空间结构的变迁。两个层次的空间生长、演进与变迁，通过土地空间资源在城市社会、经济、自然各种要素配置之间的不断变换、流动来实现。

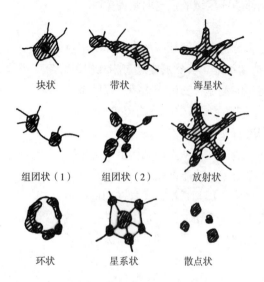

块状　　　　带状　　　　海星状

组团状（1）　组团状（2）　　放射状

环状　　　　星系状　　　　散点状

图 2-8　9种典型城市形态及结构类型

1）外部空间形态

在漫长的城市化进程中，从任何一幅城市空间演变历史的进程图中都不难发现，城市绿地空间被动地适应于城市建设发展，尤其是近20年来的飞速发展中绿地所体现出的不断侵移、突变、选择、竞争、适应与演替的过程（图2-9[①]、图2-10）。当前城市正值快速城镇化发展阶段，城镇化的过程实质上是城郊绿地生态空间逐渐被城市的人工建设空间所取代，连续、自然的城郊景观逐渐被城市的建设性景观所替换的过程。在这一快速发展过程中，许多城市外部空间以一种低密度、水平向的空间拓展方式无序蔓延，导致城郊生态空间逐渐被蚕食，山水生态格局遭受损毁，原有的广袤农田、植被覆盖的山体和自然保护区

---

① 合肥市规划局 . 合肥市城市总体规划（2010-2030）[Z]. 2012.

域被日渐侵蚀，原本自然、连续、完整的生态本底以及空间生态系统也在城市建设空间的外向演进中日渐断裂、孤立与消逝。

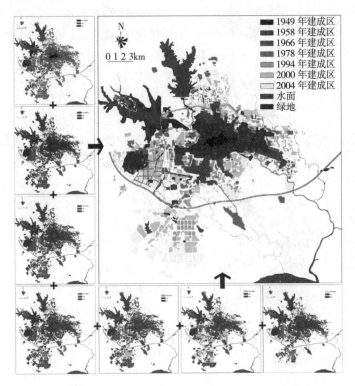

图 2-9　合肥市 (1949 ~ 2004 年 ) 城市空间形态演变图[①]

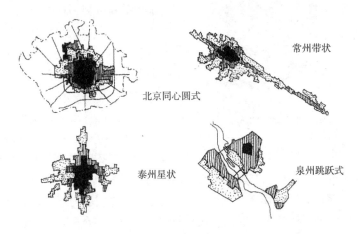

图 2-10　不同形态城市空间发展变迁图

① 合肥市规划局．合肥市城市总体规划（2010-2030）[Z]. 2012.

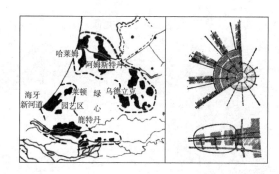

图 2-11 环状、指状城镇群与绿地生态网络
左：荷兰兰斯塔德城镇群与绿地空间的关系
右：丹麦哥本哈根城镇群与绿地空间的关系

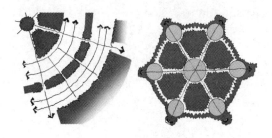

图 2-12 "田园城市"中的绿地生态网络
左：1/6 扇面城市内部空间和绿地的关系
右：中心城、卫星城和绿地的关系

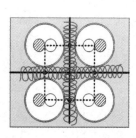

图 2-13 "有机疏散论"中的绿地生态网络
左：城市内部空间和绿地结构示意
右：基于理论的莫斯科城市空间结构规划

与之同时，有些城市的绿地生态空间却在引导健康有机、可持续的发展模式以及城市形态塑造等方面积极开展着颇有价值的探索，如兰斯塔德的环状城镇群结构以及哥本哈根指状城市形态（图 2-11）。

2）内部空间结构

与外部空间形态相对应，城市内部绿地空间在快速城镇化发展过程中被挤占压缩，自然区域无论面积还是数量均不断缩减，绿地的孤岛化、破碎化现象也日趋严重。为应对城市的无序发展所带来的生态困境，从学术思想到规划实践均开展了诸多探索，从莫尔的"乌托邦"，到霍华德的"田园城市"，从柯布西耶的"光辉城市"、赖特的"广亩城市"，至沙里宁的"有机疏散论"，无不蕴含着生态规划的思想和哲理，设想着如何通过绿地生态空间的组织而有机地引导城市结构格局（图 2-12、图 2-13）。

### 2.4.2 系统耦合——绿网与城市发展的互动关系

城乡空间可视为社会空间、经济空间以及自然生态空间的复合产物，是各类空间系统相互融合、相互作用的组合体，是人类各种活动与自然生态因素相互作用的综合反映。城市将自然、社会、经济交织在一起，形成了城市的整体人文生态系统的复杂运动。[1] 绿地生态网络与城市生态环境、社会人文、经济发展、景观形象、空间形态等紧密关联，体现出其与城市在时间、空间上呈高度相关的有机联动与动态耦合的关系。[2] "耦合"的物理学内涵是指彼此间具有交互作用的两个系统的内在联系。绿网与城市空间的耦合是自然生态系统和城

---

① 王云才. 巩乃斯河流域游憩景观生态评价及持续利用 [J]. 地理学报, 2005, 60 (4): 645-655.
② 刑忠等. 土地使用中的"边缘效应"与城市生态整合 [J]. 城市规划, 2006 (1): 88-92.

市系统之间的相互关系，主要表现为绿地与城市的空间位置的联系，因此而产生的空间内容上的关系以及功能上的相互影响这三个方面。

1）相互位置关系

将自然引进城市，把城市融入自然，已经日渐成为被人们广泛接受的理想城市空间模式，并日益体现于城市各类空间规划建设的范式之中。绿地与城市空间的相互位置关系是城市景观空间异质性的体现，其呈现为绿地和城市互为镶嵌所形成的空间镶嵌体。

在城市景观中，绿化地带与城市建设地带因为空间集聚而形成边界，且在边界处因为空间的明显中断而塑造了绿地与城市空间的镶嵌以及耦合模式。这种空间耦合从绿地与城市的相互位置关系上看，有邻接、邻近与区位三种表述类型（图 2-14）。[1]其中，在邻接关系区域产生绿地生态对于城市的直接性影响，在邻近关系地区显现出间接性影响，而区位关系地区则呈现出辐射性影响。

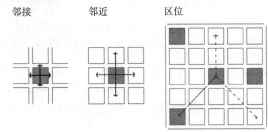

图 2-14　绿地与城市空间耦合的空间位置关系[2]

2）空间内容关系

绿地与城市空间的空间内容关系，体现在三个主要方面，即空间性质、空间容量以及使用强度：

（1）空间性质是指土地使用方式与使用性质，城市空间的不同使用性质和空间异质度会影响到绿地的使用，而同样，绿地亦会对其周边空间的使用用途产生积极引导与影响带动的作用。

（2）空间容量主要是对于人类活动的一种控制，将之干扰程度限制在自然可承受、可自行恢复的区间范围内。

（3）空间的使用强度则表示为单位面积内的城市开发建设强度，它划分为绿地以内的适建区域以及绿地以外城市建设空间的建设强度，应适当控制在绿地生态效益以及各项生态系统服务价值正常发挥的前提下。

3）功能交互关系

城市绿网促进人与自然和谐发展、统筹区域发展以及城乡发展，通过城市绿地生态网络的构建，串联起城市中各种类型的公共开放空间，对于城市乃至区域在保护生物多样性、恢复景观格局、保护生态环境并提供高质量生态服务、提升城镇景观品质与地景美学效果、增加城市经济效益等方面具有重要意义，

① 贺炜．绿地与城空间耦合评价研究 [D]．上海：同济大学，2012：91.
② 刑忠等．土地使用中的"边缘效应"与城市生态整合 [J]．城市规划，2006（1）：88-92.

是一种构筑完整连续的生态系统的重要方法。绿网功能效益在与城市整体空间的互动演进中运行与发挥，且日渐与城市的生态安全格局系统、公共开放空间系统、服务设施系统、基础设施系统、慢行交通系统、文遗保护系统、景观环境系统等密切关联，体现如下：

（1）绿网与城市生态安全格局系统。绿网通过生态斑块与生态廊道共建起维系城市生态环境和自然生命支持系统的关键性格局，维护了区域以及城市的生态安全，为城市提供了生物栖息地与自然迁徙的通道，在保护自然生态区域的同时，有效起到了防洪、蓄水与净水、降解有机废物、降低热岛效应等作用，是城市可持续以及生态安全的前提和保障。

（2）绿网与城市公共开放空间系统。绿网通过开放空间体系提供给城市居民充足的户外休闲游憩和交往空间，拉近了人类与自然的距离，在加强人们对自然的了解、体验、欣赏的同时带来了社会及心理愉悦感，强化了城市社会文化氛围。

（3）绿网与城市服务设施系统。绿网将城市中的重点公共服务设施，结合景观性的打造、利用，开发为多种文化、休闲、娱乐以及商业空间，绿网激发了这些公共服务设施区域的活力与吸引力，进一步提升了城市文化氛围，刺激了消费与商业增长，同时也带来了游憩以及旅游业的繁荣。

（4）绿网与城市基础设施系统。绿网具有绿色基础设施的属性，具有雨水汇流、污水净化、蓄洪排涝、消防防灾以及电力设施防护、各类污染防护、环境保护等诸多功能。因此，城市基础设施网络与绿地生态网络在空间格局以及功能上均具有着紧密的关联性。

（5）绿网与城市慢行交通系统。绿网与城市日益畅行的慢行交通体系密切相关，将自行车、步行系统以及交通换乘设施等纳入到城市绿地生态网络内，对于现代化城市中提倡的绿色慢行出行、缓解车行交通压力、降低交通环境污染、提升居民身体素质等方面意义重大。

（6）绿网与城市文遗保护系统。绿网将遗产保护区域纳归于其空间体系之中，同时对其周边土地的利用以及建设模式加以严格控制与引导，起到了对于宝贵的历史文化遗存的承载及保护作用。

（7）绿网与城市景观环境系统。绿网具备审美功能，通过景观形象的塑造强化了城市地方风貌特色，提升了居民生活环境品质，同时传递给人们视觉的愉悦感，营造出了一种极具吸引力的生存环境。

### 2.4.3 价值趋导——绿网与城市发展的动力机制

城市空间是人类社会、经济活动的载体，所以在历来的城市空间规划决策过程中，关于社会、经济的回报都受到极大关注，尤其是在经济效益与土地空间的匹配程度方面，比如区位条件、交通运输条件与城市经济空间即地价之间的关联等。

城市绿地生态网络将城市地区零散的自然、半自然以及人工建设形成的绿地斑块组织成有效功能体，它一方面保护了城市地区的生物多样性和自然景观，保护了生态系统过程的完整性，另一方面，它也保障了其面向城市乃至区域的生态系统服务的功能价值。因此，系统全面的绿地空间价值还应包含绿地生态系统可以为城市以及人类所提供的生态安全、资源利用、景观形象、休闲游憩空间等潜在的各种价值。在环境问题日益凸显、"生态文明"理念日益畅行的今天，这些价值逐渐成为城市建设过程中的各种发展动力。

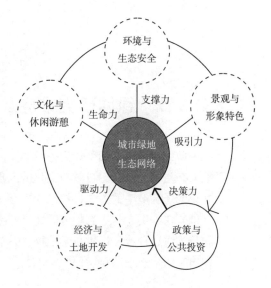

图 2-15　面向城市发展的绿网价值及动力

绿网的价值以及功能效益的发挥在与整体城市空间的互动演进中进行。面向城市发展目标的绿地生态网络的价值与发展动力分别体现于如下 5 个方面（图 2-15）：

（1）体现城市发展支撑力的环境与生态安全方面。这是维护城市生态系统结构和过程健康完整，支撑区域与城市生态安全，实现城市及其居民持续获得综合生态系统服务和健康生态环境的基本保障。[1]

（2）体现城市生命力与活力的文化与休闲游憩方面。

（3）体现城市吸引力的景观与形象特色方面。

（4）体现利益驱动力的经济与土地开发方面。

（5）体现政府决策力的政策与公共投资方面。

其中，政策的制定是基于其他 4 个方面，在对于绿地空间价值与功能效益的正确认识的基础之上的空间决策力，其在分配政府公共投资以及广泛吸引和带动民间各种投资方面具有着极为重要的决定性作用。

---

① 胡道生，宗跃光，等 . 城市新区景观生态安全格局构建 [J]. 城市发展研究，2011（6）：37-43.

# 第3章　绿网研究维度及空间增效机制

城市绿地生态网络作为一种典型的受人类社会、经济活动驱动和干扰的绿地生态空间，兼具着自然与文化的二重属性，因此，绿网研究实质上属于一种文化景观区域中的关于自然景观生存策略的探索。以景观生态学作为理论研究基础，在人类学与生态学之间建立起关联，从而为开展城市绿地景观的水平空间与垂直过程研究提供科学依据，并为绿地景观于整体城市中功能效应的发挥作出基于生态学的科学评价。

## 3.1　相关理论基础

景观生态学主要研究景观的三个特征[①]：一是格局，即不同生态系统或景观单元的空间关系；二是功能，即景观单元之间的相互影响及作用；三是动态，即斑块镶嵌格局与功能随时间的变化。三者之中，景观格局是功能与动态的主体，从而沦为景观生态学的基础性研究；功能是研究目标或是最终落脚点；而动态则为两者随着时间轴向的变迁与演化规律及其相互之间影响作用机制（包括内、外部运行机制）的研究。

依据城市绿地生态网络的结构性、功能性、系统性三大特性，从景观生态学所关注的格局、功能、动态三个层面出发，以整体城市景观作为研究对象，城市绿地生态网络的研究关键在于各生态空间要素的异质性、尺度性、镶嵌性，其相互间的作用、规律及其与生物活动、人类活动之间的相互影响。[②]

结合城市绿网研究目标，这里重点阐述基于景观生态学的生态流与生态过程原理、景观镶嵌性原理、空间格局与过程关系原理三个理论。

### 3.1.1　生态流与生态过程原理

生态系统间的物种、物质、能量、信息的流动被统一称为生态流，生态流是生态过程的具体体现。城市绿地生态网络中的生态流，如物种觅食、繁殖与交流，物质的循环与流动，能量与信息的传递运移等运动方式和过程，实现了绿地生态系统的生产、生活以及还原功能，是绿网运行机制的核心，它直接导致物种、能量以及养分的再分配。在城市中，因不同景观生态格局的影响，绿

---

① 邬建国. 景观生态学：格局、过程、尺度与等级（第二版）[M]. 北京：高等教育出版社，2001：13–14.
② 周廷刚，郭达志. 基于 GIS 的城市绿地景观空间结构研究 [J]. 生态学报，2003，23（5）：901–907.

网空间的变化必然伴随着生态流以及土地空间的再次分配，即一种城市空间再生产的过程。

绿网生态流主要通过 5 种媒介来实现运动及迁移：风、水、飞行动物、地面动物和人。不同性质的生态流有着不同的运动机制，或是若干种同时运行。景观生态学研究表明，绿地生态空间中的生态流在水平方向上具有扩散、传输和运动三种驱动力[①]（图 3-1）：

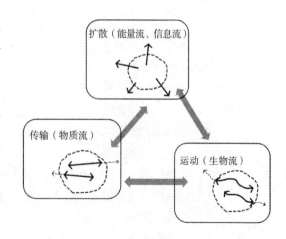

图 3-1　绿网生态流三大驱动力

一是扩散，主要是指能量、信息流的扩散，其与景观异质性关联密切，类似于热力学分子扩散的随机运动过程。生态流的扩散是一种较低能耗的过程，一般在小尺度上起作用。扩散运动发生在绿地生态空间内、外部之间，是致使景观趋向匀质化的最直接动力。

二是传输，主要是指物质流的传输，即物质在能量梯度方向上的流动。传输依赖于外部力量的推动，其物质流方向一般较为明确，如水分、$O_2$、$CO_2$、植物种子等物质通过风、水、重力流向着能量梯度下降的方向输送等。传输运动一般发生于绿地生态空间内部，为景观尺度上物质、能量、信息流动的主要作用力。

三是运动，主要是生物流（物种）通过消耗自身能量在绿网中实现的空间运移。运动是与动物、人类活动密切相关的生态流驱动力，其最主要的生态特征是促使物质、能量在绿网内部趋向于高度聚集的状态。

在绿网生态流的三种驱动力中，运动作用促使在绿网内部形成最为明显的聚集格局；传输作用基于能量梯度，在一定程度上导向绿网内部的匀质分布；而扩散作用突破绿地内部空间，在绿网及城市当中形成最少的聚集，并导致匀质分散格局。三种驱动力综合作用于城市绿地生态网络的生态流过程，由此构成城市中极为复杂的自然生态系统。

### 3.1.2　景观镶嵌性原理

镶嵌性在自然界中普遍存在，Forman 所提出的"斑块—基质—廊道"的景观生态结构即是对于景观格局镶嵌性的一种理论表述。景观镶嵌性是指研究对象在整体景观中形成明确边界，并与其他景观类型在空间结构上因集聚或分散而形成互为镶嵌的空间关系。[②]这种关系不仅于结构上体现了景观类型格局，

---

[①]　郑新奇，付梅臣.景观格局空间分析技术及其应用 [M].北京：科学出版社，2010：7.
[②]　Forman R, Godron M.景观生态学 [M].肖笃宁译.北京：科学出版社，1990：27.

而且于内涵上造成了景观与其基底功能之间的复杂关联，因此，景观镶嵌格局与生态过程关联紧密，研究镶嵌结构对于景观生态学过程以及生态效益的研究具有极其重要的作用。

城市绿地生态网络属于典型的人工与自然相耦合的复合性景观类型，它位于城市整体空间之中，并与城市基底呈耦合、共生的镶嵌格局。绿网各生态要素，如绿地生态斑块的规模、尺度、格局、形状、边界以及绿地生态廊道的宽度、曲直、连接度等，对绿网生态过程产生直接影响；与此同时，作为基质的城市空间阻力、孔隙度、聚集程度等间接作用于绿网生态过程，共同构成丰富多彩的绿网与城市的镶嵌体，并呈现出一定的异质性、重复性、规律性以及于不同城市之中的独特性。

### 3.1.3　空间格局与过程关系原理

景观生态学研究认为，景观镶嵌体格局一旦形成，构成景观的各类要素的大小、形状、类型、数目、空间分布、边界以及其间的排列与组合等，都必将对生态运动特征产生直接或间接影响，促进或是制约物质、能量、生物在绿地生态空间中的扩散、传输、运动等生态流过程，因而影响整体生态学过程，对于景观生态效能起决定作用。反之，空间效能信息亦将要求生态过程为之作出反应，即通过景观空间格局或形态的改造、优化等手段，加以维持、改变、扭转或创造。这便是绿网"效能—空间"研究的基本原理——空间格局与过程关系原理。

空间格局与过程关系原理主要研究景观空间的不同格局、形态与其生态过程之间的基本关联。景观空间格局及组合的差异带来不同的生态学过程与生态意义，景观的发生、景观状态与干扰间的关系、梯度变化、动态特征以及稳定性等内容，都是景观生态学研究的核心问题，也是认识并管理景观环境的基础知识。基于 Forman 和 Godon 等人关于景观生态学一般原理的研究，Dramstad（1996）按照斑块、边缘、廊道及镶嵌体 4 个部分总结出了 55 个详细且明确的景观结构特征及其功能关系原理，具体如下：

1）斑块原理

分别从生态斑块的大小、数目、位置等方面提出影响生态过程与效能的原理：① 斑块大小：边缘生境与边缘种原理、内部生境与内部种原理、大斑块效益原理以及小斑块效益原理。② 斑块数目：生境损失原理、复合种群动态原理、大斑块数量原理以及斑块群生境原理。③ 斑块位置：物种灭绝率原理、物种再定居原理以及斑块选择原理。

2）边界原理

分别从生态边缘区的结构、形状等方面提出影响生态过程与效能的原理：① 边缘结构：边缘结构多样性原理、边缘宽度原理、边缘过滤原理、边缘陡坡原理、行政边界以及自然生态边界原理。② 边界形状：自然和人工边缘原理、平直边界和弯曲边界原理、和缓与僵硬边界原理、边缘曲折度和宽度原理、凹陷—凸出原理、边缘种—内部种原理、斑块与机制作用原理、最佳斑块形状原理、斑块形状与方位原理。

3）廊道和连接度原理

分别从生态廊道、踏脚石及道路、河流等典型廊道的连接程度方面提出影响生态过程与效能的原理：① 廊道和物种运动：廊道功能控制原理、廊道空隙影响原理、结构与区系相似原理。② 踏脚石：踏脚石连接原理、踏脚石间距原理、踏脚石消失原理以及踏脚石群原理。③ 道路和防风林带：道路及槽形廊道原理、风蚀及其控制原理。④ 河流廊道：河流廊道及溶解物原理、河流主干廊道宽度原理、河流廊道宽度原理以及河流连接度原理。

4）镶嵌体原理

分别从生态网络、破碎生境等生态镶嵌体的角度提出影响生态过程与效能的原理：① 网络：连接度与环回度原理、环路和多选择路线原理、廊道密度及网孔大小原理、连接点效应原理、小斑块连接原理、生物传播及相连小斑块原理。② 破碎化和格局：总体与内部生境损失原理、分形斑块原理、外来种和保护区原理。③ 层域粗细：镶嵌体粒度粗细原理、动物的破碎化层域感观原理、确限种与广布种原理、多生境种的镶嵌原理。①

以上庞杂错综的原理体系，反映出了复杂的景观格局与生态过程之间的高度关联。总体上，这种关联呈非线性关系，表现为多因素综合反馈与时滞效应，一种格局往往对应多种过程，而多种过程之间又相互促进或是制约。因此，何种绿网格局能带来最佳生态过程以及生态效能，是一个复杂的研究课题。通过对绿网"空间—效能"的研究，深入探索空间结构与功能效益之间的运行原理及机制，以绿地空间调整、优化为基本手段改善城市绿地生态系统的生态功能，提升其生态服务价值及效益，控制人类活动对于环境的生态干扰并纳入良性运行机制，以此引导城市绿网的建构与管理工作。

## 3.2 绿网研究视角及维度

### 3.2.1 三个视角

广义城市生态学研究的是整体城市生态系统，这一系统中，城市绿地生态子系统与社会、经济、文化等各种因子有着高度密切与耦合共生的关系。城市绿地生态网络研究便是基于这种关系，本着系统观、演替观、功效观三个不同视角，将绿地生态网络放置于整体城市空间当中的探讨（图3–2）。

1）系统观强调整体与联动的关系。对应于第2章中网络系统性的三个层面，系统观重在研究"本体—本体"、"本体—影响区"、"本体—辐射区"三

---

① 郑新奇，付梅臣 . 景观格局空间分析技术及其应用 [M]. 北京：科学出版社，2010: 10.

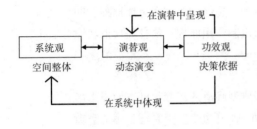

个子系统，进一步探索绿网自身、绿网与相邻地块之间以及绿网与整体城市之间的关系。

2）演替观反映了一种纵向的生态过程与动态演进的特征。城市绿地生态网络作为开放式的耗散系统，在其组成、结构及功能方面都必然随时间不断发生变化。演替观强调了绿地生态网络于整个城市生态系统当中，因空间自组织及人为建构等因素，随着时间轴而显现出的结果。[①] 绿网的动态演替反映了多种自然与人为、生物与非生物因素的综合影响，其研究重点在于绿网系统演替前因、后果的作用原理和内在机制的探寻。

3）功效观基于绿地生态子系统在城市中的价值的角度，重在研究与空间关联的绿网于整体城市系统中的功效体现以及动

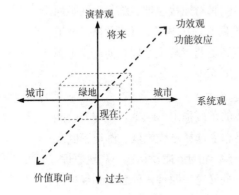

图 3-2　城市绿地生态空间研究三个视角

态变迁过程中绿网的适应、反馈、自组织恢复以及自身影响能力的呈现等。

以上三个视角的研究，实质上反映了绿网的空间、时间、效能三个层面。系统观侧重于绿网的空间整体层面，演替观强调绿网时间演变的动态性，两者涵盖了城市绿地生态网络的时间纵轴和空间横轴的研究领域。功效观则建立于空间系统以及动态演替综合交叉的基础之上，将人为决策体现于绿网的时、空过程之中，是城市绿地生态空间进行土地规划以及空间决策的决定性依据。功效观运用景观生态学原理，将水平向的绿地空间与垂直向的生态过程的研究相关联，将绿网放置于整体城市当中进行效能与价值的衡量，以此作为城市绿地生态空间管理决策的引导与依据。

### 3.2.2　绿网研究维度

维度，又称维数，是数学中独立参数的数目。在物理维度中，它是指一种视角，是判断、说明、评价和确定一个事物的多方位、多角度、多层次的条件和概念，而非一个固定数字。[②]

任何一种科学研究，在面对不同的研究目标时，都应当有不同维度的选择。绿网研究视角给研究提供了三个不同的维度参考，因时间维度作为一种贯穿于绿网研究过程始末的叠加维度，故本书将效能维度、空间维度作为重点研究内

---

① 杨培峰 . 城乡空间生态规划理论与方法研究 [M]. 北京：科学出版社，2005：17.
② 百度百科 . 维度 [EB/OL]. [2015-01-14]. http://baike.baidu.com/view/132974.htm.

容，同时，还重在探索空间、效能两个维度之间的相互作用原理与内在机制，进而提炼综合了两者的第三维度，即系统维度。

绿网效能维度的研究基于功效观，探究功能性网络实质，将城市绿地空间管理目标直接对应于绿网各项效能，其中涵盖生态效能及其因而来的其他各项城市效益。效能维度的研究重在通过绿网效能的空间解构建立起其效能结构体系与要素体系。

绿网空间维度的研究基于绿地空间系统，因网络结构具有可测性，故而研究表现为结构性网络的空间测度探索与表达，且这些空间测度对于网络效能的发挥影响显著。空间维度的研究重在建立起描述绿网空间规模、格局以及形态等的空间测度体系。

通过以上效能、空间维度的解析，进而提出综合并关联两者的更高层面的第三维度：系统维度（或称网络维度）。作为一种综合叠加维度，系统维度涵盖并汇聚着更多的信息，同时包含着对于功能性网络以及结构性网络的性能表达与空间描述。系统维度是基于"效能—空间"二重维度内在关联机制的探析，经高度浓缩、提炼而出，它在城市绿地生态空间的发展建设中发挥关键作用，为实现以空间为手段的绿网增效目标以及引导绿网空间建构及管控等工作提供直接指导。

## 3.3  效能维度

### 3.3.1  相关概念及界定

1）效能、效应、效益

效能，用以表达达到系统期望目标的程度或能力，或是系统预期达到一组具体任务要求的程度，可以表现为一种量值。效应，是指由某种动因或原因所产生的一种特定的科学现象，也指在有限环境下，一些因素及结果所构成的一种因果现象，多用于对自然或社会现象的描述[①]。效益，是指效果与利益，包括项目本身得到的直接效益以及由项目引起的间接效益，也指劳动占用、劳动消耗与所获得的劳动成果之间的比较。[②]

三个概念内涵各不相同，其中效益强调的是项目的成果对于项目主体所做的贡献，即主体的获益；效能则指主体所具备的获取正向效益的某种能力或程度，是组织实现目标的过程能力，因此，目标是效能存在的前提；而效应强调项目主体的行为与结果之间的关系，对于主体来说，效应有正也有负。三个概念既相互联系又各存差异，效能以效益为基础，效应为效能实现提供路径，其间既是传导关系，又是递进关系。

---

①  百度百科 . 效应 [EB/OL]. [2014–12–21]. http://baike.baidu.com/view/940367.htm.

②  百度百科 . 效益 [EB/OL]. [2014–12–23]. http://baike.baidu.com/view/861167.htm.

以上概念较多地被运用于企业管理术语，尤其是效能、效益，常存于企业经营管理体系和竞争过程当中，量化后的各项指标与数据，又通常是企业竞争实力与体质状况的重要反映。管理效能是指管理部门在实现管理目标时所显示的能力和所获得效率、效果、效益的综合反映，它是衡量管理工作的尺度，亦是管理系统的整体反映，目前越来越多的大中型企业在激烈的市场竞争中启动效能管理策略，以实施目标与绩效管理。效能反映了企业的管理水平，"增效"即效能的提升，是管理活动的核心和一切工作的出发点，是管理的生命所在。[①]

2）绿网效能

绿网效能，是指城市绿地生态网络所具备的获取效益的能力或程度。它包含绿网本身产生直接效益的能力，亦包含由此引发间接效益的能力，其由三个重要因素所决定：

一是绿网自身功能效应，其以核心生态效能为主；

二是绿网发挥于城市之中的种种功能效应与价值体现；

三是导致这些生态效应或城市各项效应强弱的诸多影响因素。

城市绿网的各种效应是其效能产生的原理与基础，而绿网自身的核心生态功能及效应是其面向于城市发挥外向性效应的前提条件。因此，探析网络效应呈现所蕴含的深刻的因果关系，是城市绿地生态网络"效能—空间"研究与空间增效途径探索的关键切入点。

当前，很多城市进行绿地空间配置时片面地以城市美化、卫生防护为主体导向，在建设规划过程中仅重视绿地景观的视觉观赏、植物造景、形象展示以及防护隔离，或是单一以人均绿地指标、绿地率、绿化覆盖率等量化指标作为衡量绿地环境质量的标准。与此同时却忽略了绿地的自然生态属性，淡化了生态机能引发的环境效应、游憩娱乐价值等一系列面向城市的生态系统服务功能，并且忽视了绿地空间结构对其各项效能的作用及影响等这种片面、短视的认知导致了偏重、缺失的价值观，带来了绿地空间配置过程中的盲目与低效。因此，系统、完整且正确地认识城市绿地生态网络的效能，对于科学决策生态空间资源分配，对于引导快速发展阶段的可持续城市建设来说尤为重要。

### 3.3.2 效能维度解析

绿网效能维度的研究指对于城市绿地生态网络效能的空间范围及其视角方位的分析、判断以及具体评价。城市绿地生态网络不同于纯自然的生态网络，与之相比较，它具有 4 个特征：生态本源性、服务于人和城市、受城市社会经济因素驱动和干扰、空间因快速演化而呈现非稳定特征。这些特征决定了城市绿网效能的研究有基于自然生态本源的思考，同时也有基于其产生广泛影响与关联的城市层面的思考。由此，这里分别对于绿网效能维度展开生态维、城市

---

① 百度百科 . 效能 [EB/OL]. [2013-11-08]. http://baike.baidu.com/view/478365.htm.

维以及时、空维度四个分维度的详细论述。其中，生态维与城市维为基本维度，可理解为基于不同主体、不同广度及不同空间范围的对于绿网效能的认知（图3-3）；时间维与空间维则为绿网效能的叠加维度，其叠加于任一基本维度之上，为绿网研究的必要维度。

效能的四个分维度既体现出了绿网的本源特征，亦体现出其外溢特征，并从空间广度以及时间跨度上分别体现了绿网效能的四维特性（图3-4）。本书根植于绿网效能的基本维度——生态维而展开研究，同时侧重于其对城市维度产生作用与影响的内在分析，并分别从时间、空间两个叠加维度，研究了何种绿网空间配置有益于绿网生态效能的发挥，及其于城市之中各项效益的拓展与外延。

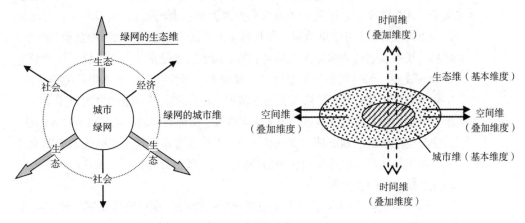

图3-3 绿网效能基本维度：生态维与城市维　图3-4 "四维绿网"——绿网效能维度解析

1）效能基本维度：生态维与城市维

（1）生态维：生态系统功能

生态维度上看，关注重点是绿网生态价值及其自身的生态效益，即生态系统功能。生态系统是由动物、植物以及微生物及其所依存的非生物环境所共同构成的综合体，它通过各组成部分之间及其与周围环境之间的物质、能量交换而发挥着多种多样的功能。城市绿地生态网络作为一种典型、完整的生态系统，具有物种的多样性、生态的稳定性以及生态过程的完整性三个方面的特性，这一生态系统在维系生物生命、支持自身系统、抵抗外界干扰以及与环境的动态平衡等方面具有不可取代的重要作用（表3-1）。

基于生态维度的绿网生态系统功能，是绿网生态系统结构的外在表现，

生态维：绿网的生态系统功能　表3-1

| 特性 | 功能 |
| --- | --- |
| 物种多样性 | 维系生命 |
| 生态稳定性 | 支持自身系统抵抗外界干扰 |
| 生态过程的完整性 | 维持环境动态平衡 |

是其固有的自然生态本质属性，不以人的意志为转移，并存在于人类出现之前，同时亦是绿网为城市以及人类提供各种产品与服务的基础与前提。

（2）城市维：生态系统服务

城市维度上看，关注重点是绿网面向于人类以及城市的各项服务功能，即生态系统服务。生态系统服务表现了生态系统的生境、物种、生态学形态、性质、过程中所生产的物质以及所维持的环境，且为人类提供服务的性能[①]，也称生态系统服务功能。联合国千年评估（2005）中将之定义为：生态系统服务功能是指人们从生态系统中获取的效益，来源于自然生态系统以及人类改造的生态系统，生态系统服务功能包括了生态系统为人类提供的直接的和间接的、有形的和无形的效益，便于进行生态系统评价与管理。依据评价管理的需要，联合国千年评估将生态系统服务功能划分为四大类：供给服务、调节服务、文化服务和支持服务。其中，供给服务是指从生态系统中获取的产品，如食物和纤维、燃料、淡水、遗传资源以及生物药材等；调节服务是指从生态系统过程调节中获取的效益，如空气质量的维持、气候调节、侵蚀控制、水净化及废物处理、疾病控制等；文化服务是指人类通过精神上的充实、感知上的发展、印象、娱乐与审美体验等非物质效益，如文化多样性、精神与宗教价值、知识教育体系、灵感与美学价值、地方感与文化传承等；支持服务指其他生态系统服务功能产生所必需的间接影响且长期显现的功能，如土壤形成和保持、营养循环、水循环以及栖息地的提供等。[②]

城市绿地生态网络是城市复杂系统的一部分，城市维度是其外部性以及网络效益向着城市区域"外溢"的特征体现。随着快速发展下生态问题的日益加剧，绿网与城市的相互关联性日渐深入，这种紧密的关联作用逐渐呈现出双向影响的特征：一方面，绿网的生态系统服务功能受到城市的经济市场、社会调控等多重因素的界定、影响、限制或推动；另一方面，城市的各项发展、结构优化、形象改善、品质提升等日益脱离不开绿地生态空间建设的支持。基于城市维度看城市绿地生态网络的综合效益以及生态系统服务价值，有利于实施城市空间建设过程中的目标管理，从而正确地开展生态系统的空间评价与决策。

绿网生态系统服务功能建立于生态系统功能与生态效益的本源基础之上。绿网面向城市提供多种功能，这是人类从生态系统的功能中直接或间接获取的产品及服务，体现了效能的城市维度（表3-2）。使用主体的变化，全方位体现于生态环境、社会游憩、经济消费以及景观形象等若干方面，而以往所关注的美学及防护等功能均只是其组成部分。然而，必须注意，这些城

<hr>

① 蔡晓明，蔡博峰. 生态系统的理论和实践 [M]. 北京：化学出版社，2012：38.
② 李文华等. 生态系统服务功能价值评估的理论、方法与应用 [M]. 北京：中国人民大学出版社，2008：2.

市维度的功能根植于生态维度，对于绿网生态系统服务功能的不当或过度利用必将导致系统结构的变化与功能的退化，因而，生态系统服务功能的研究与保护必须建立于生态系统保护的基础之上。

2）效能叠加维度：时空维

绿网效能的时空维分别以时间与空间作为描述和表达绿网功能变量的尺度，它们均属于叠加维度，是在分析绿网效能时叠加时空要素而形成，表明分析研究建立于多重时空尺度、等级特征的基础之上。网络效能关注城市绿地生态网络的生态过程，这一过程的动态性反映其各项效能指标作为一种变量的度量考察，因而于研究中必须考虑时间因素以强调过程的完整。同样，绿网的层次与尺度特征也决定了应当结合不同空间范围与区域层次对其各项效能指标进行全面探讨，即绿网空间维度的考量。时空维作为效能叠加维度，是开展绿网研究时的必要维度，从而保障绿网的生态系统功能及生态系统服务得以准确表达。

（1）时间维

基于绿网作为一种动态演变系统，从过程完整的角度，时间维研究的效能作为一种变量在生态演进、变迁过程中的内、外在的动态因素及控制效果。

绿网效能指标测定于某一时点，其本身并无时间维度，但于整体过程中的变量却是效能动态性与影响作用的重要反映。因此，时间维的分析是将绿网效能放置于一个完整过程中加以纵向的对应，而对单一时间节点来说，其并无太大意义。

对于一个尚未成熟的绿网区域来说，其生态系统各项功能效益与服务价值呈现出周期上的较大差异（表3-3）。生态环境效益周期最长，通常于10年之上才得以明显显现，且随时间的推移增长明显，而在短期内则较为薄弱；经济消费效益周期亦较长，通常是在区段生态环境改善、社会人气聚集到一定程度时方会呈现，一般需5年左右的时间，而若是在尚需进行大量改造或环境恢复的区域，短期内经济效益难以显现；景观形象效益周期最短，尤其是在较大人工措施改善之下，通常于3年之内的近期即可收获明显效果；而社会游憩效益居于两者之间。

城市维：绿网的生态系统服务　　表3-2

| 特性 | 功能 |
| --- | --- |
| 生态环境 | 环境保护<br>污染防治<br>水土保持<br>气候改善 |
| 社会游憩 | 旅游休闲<br>游憩娱乐<br>健身交流<br>文化传承<br>科普教育 |
| 经济消费 | 消费拉动<br>地价提升 |
| 景观形象 | 品质改善<br>形象提升<br>特色品牌 |

时间维：基于时间维叠加的绿网城市效能变量 表3-3

| 城市维度 ＼ 时间维度 | 短期（0～3年） | 中期（3～10年） | 长期（11～20年） |
|---|---|---|---|
| 生态环境 | ○ | ⊙ | ● |
| 社会游憩 | ⊙ | ◎ | ● |
| 经济消费 | ○ | ◎ | ● |
| 景观形象 | ⊙ | ◎ | ● |

注：○、⊙、◎、●分别表示从低至高的绿网城市效能。

从绿网效能周期分析及其时间维曲线来看（图3-5、图3-6），城市绿地生态空间决策过程中，在现有绩效考核体制及其目标的驱使之下，城市绿地建设关注重点容易导向对于短期效益的追逐，而忽略长远效益的考虑。这种"短效机制"突出表现在对于景观视觉效果、美学价值、空间形式感的过分关注上，而弱化对绿地生态空间本身的结构性、生态性的注重，由此沦为"城市美化运动"的产品，导致了现今城市中破碎的绿地斑块格局。同时，绿网生态、环境、经济消费效益的"长效机制"也是如今城市中绿地生态空间常沦为"弱势空间"而让位于城市开发的主因之一。由此可见，对于绿网效能，应基于不同时间维度建立起纵向的、理性的、全面的价值评判体系，从可持续角度加以科学决策。同时，还应注重时间维的单向不可逆特性，因错误的、追逐短期效应的绿网空间决策而导致的绿网生态机能的丧失，将会造成巨大的时间以及金钱的代价，因而，建立于客观、理性以及长效机制基础之上的对于效能时间维的研究，对于绿网空间具有决策意义。

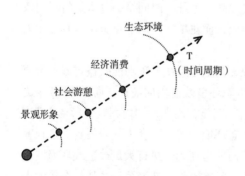

图3-5 各绿网城市效能的时间周期

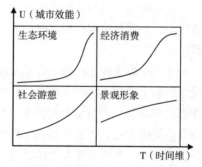

图3-6 各绿网城市效能时间维度曲线

（2）空间维

空间维可看成是基于绿网的层次性、尺度性，而从不同区域层次与空间范围内对于绿网效能的评价。

绿网效能的发挥不仅于绿地空间本身，并且辐射整体网络区域而呈现出"外溢"特性，再加上空间的不可割裂性以及网络自身的空间延续性等因素，应将绿网功效放置于城市以及区域整体环境中进行综合评价。本书对于城市绿地生态网络的研究大体划分为宏观、中观、微观三个空间层次（表3-4）。其中，宏观层面侧重于从绿网与城市乃至区域整体关联的角度研究其效能的发挥；中观层面侧重于研究绿网与其周边地块的关联方式对其效能发挥的影响；微观层面则侧重于绿网内部即自身空间关联方式对其效能发挥的影响。空间维体现了对于绿网效能研究的全局观与整体观。

空间维：基于空间维叠加的绿网城市效能研究内容　　　　表3-4

| 空间层次 | 空间效能研究内容 |
| --- | --- |
| 宏观层面 | 绿网与城市、区域整体关联模式对其效能发挥的影响 |
| 中观层面 | 绿网与周边城市地块关联模式对其效能发挥的影响 |
| 微观层面 | 绿网与绿网自身关联模式对其效能发挥的影响 |

## 3.4　空间维度

城市绿地生态网络的空间结构，指城市中相同或不同层次水平上的绿地生态系统的空间更替与组合。绿网空间结构的外在表现是城市绿地生态系统在空间上的纵向及横向连接、镶嵌、组合的表象及规律，而内在功能则体现为对于能量、物质、信息以及生物运移过程在系统内部以及内、外部之间的支持、促进或是抑制、阻碍等作用。

### 3.4.1　空间测量特性

绿网空间结构是其功能及动态研究的基础，而空间结构的可测性特征是开展绿网空间评价的关键。通过建立城市绿地生态网络的空间指标体系，可用以定量描述其空间特征。

指标体系的建立，首先应对绿网生态空间镶嵌体进行空间可测量特性的探析，这包括绿网的直接可测性特征，如空间规模特征（斑块及廊道的数量、大小等）以及空间形状特征（斑块及廊道的形状、边界等），同时也包括一些经运算或统计得出的间接可测性特征，如空间分布特征（类型分布、分布密度等）、空间对比特征（对比度、均匀度等）以及空间相关特征（相关性、连接性等）等。这里将常用的绿网生态空间可测量特征列于表格并加以描述（表3-5）。

绿网镶嵌体的空间可测量特征 表 3-5

| 可测特征类型 | | 可测指数 | 描述 |
|---|---|---|---|
| 直接可测性 | 空间规模特征 | 斑块规模 | 某种类型斑块的面积及总体斑块面积 |
| | | 斑块数量 | 某种类型斑块的数量及总体斑块数量 |
| | | 廊道规模 | 某种类型廊道的长度、宽度及总体廊道面积 |
| | | 廊道数量 | 某种类型廊道的数量及总体廊道数量 |
| | 空间形状特征 | 周长面积比 | 斑块的边界长度与其面积的比值,反映斑块形状 |
| | | 边界形态 | 边界的宽度、长度、曲折性与破碎性等 |
| | | 丰富度 | 某一地区范围内斑块类型的数目 |
| 间接可测性 | 空间分布特征 | 斑块类型分布 | 斑块类型在空间上的分布特征(如对数正态分布、均匀分布等) |
| | | 斑块走向 | 斑块相对于具有方向性的生态过程(如生物运动等)的空间位置 |
| | | 密度 | 斑块或是廊道的空间密度等 |
| | 空间对比特征 | 对比度 | 所有斑块及相邻斑块间的差别程度 |
| | | 均匀度 | 景观镶嵌体中不同斑块类型在数目、面积方面的均匀程度 |
| | 空间相关特征 | 相关性 | 生态学特征在其邻近空间上表现出的相关程度 |
| | | 连接性 | 斑块间通过廊道、网络而连接在一起的程度 |

### 3.4.2 空间测度方法及要点

空间测度分析方法是以数据量化方式分析空间结构多样性及其空间配置关系的研究方法。借助于 GIS 空间分析,基于地理学、几何学以及景观生态学等学科理论,本书针对空间测度分析运用了传统统计学方法以及以空间分析与动态模型为特征的格局指数分析法。

景观生态学领域中,最常用的空间测度与定量化研究方法即是以景观指数(或景观格局指数)描述景观的空间格局及其变化特征。景观指数是指能够高度浓缩景观格局信息,反映其结构组成及空间配置特征的简单定量指标。景观格局特征通常在三个层次上展开分析:① 单个斑块;② 若干斑块所组成的斑块类型;③ 若干斑块类型所组成的景观镶嵌体。景观格局指数法所研究的核心在于空间异质性,而体现这些异质性的格局指数结合以上三个层次可划分为斑块水平指数(Patch-level Index)、类型水平指数(Class-level Index)以及景观水平指数(Landscape-level Index)三种类型。其中,斑块水平指数作为最基本的统计计算指数,往往是进行各项景观格局指数计算的基础,如每一生境斑块的大小、内部生境数量或生境核心区大小对于研究物种存活率及种群动态的意义;类型水平指数主要指针对相同类型斑块的一些统计学指标,如斑块平均面积、平均形状指数、面积和形状指数标准差以及斑块密度、形状和相对位置的指数等;景观水平指数则主要指在更大范围内,由多斑块类型所组成区域的多样性、均匀度、优势度、破碎化、聚集度等指数。[①]

城市绿地生态网络空间测度分析，应包括对绿网中的个体单元形态以及总体布局形式的考察，开展对绿网组成特征、空间配置以及动态变化等的定量研究。据此，本书所提出的绿网空间测度分析结合效能评价需求体现如下要点：

1）规模、格局与形态

分别从绿网个体、绿网整体、绿网区域三个不同空间广度，即微观、中观、宏观三个不同空间层面来分析城市绿地生态网络的空间特征，包括对于系统规模、整体结构、空间格局以及平面形态等方面的测度和量化表达。

2）完整性与集散性

在研究绿网空间格局及形态的基础上，进一步对绿地生态空间于城市中的分布规模、分布数量、分布密度等开展量化分析描述，以反映绿地生态空间的完整与破碎、集聚与扩散、密集与疏散程度等特征。

3）静态分布与动态变化

规模、格局、形态以及空间的疏密、完整与集散程度等，均属于城市绿网静态分布分析研究内容。基于此，通过对静态分布测度指数在纵向时间轴上作出分析、比较与评价，则可寻求绿地生态格局动态变化的一般规律与发展趋势，有利于开展对绿网空间演变的内在机制与发展驱动力的研究。

## 3.5  基于"效能—空间"关联的网络系统维度

在上一章节中，针对城市绿地生态网络特性及其城市意义进行了解析与论述，结合本章相关基础理论可以得知：绿网通过规模、结构、格局及形态等空间特性来承载其生态功能，进而作用和影响着整体城市生态系统。

城市绿地生态网络作为一种网络化、高效能的复杂系统，它综合了"效能"和"空间"双重特征。城市绿网因其自身结构的复杂性以及功能的外向多元，导致以网络（高度连接与交叉）为特征的空间结构成为绿网效能产生差异的决定性因素。因此，空间构成要素（网络本体、网络影响区、网络辐射区等）及其空间测度特性（空间规模、空间形状、空间分布、空间对比、空间相关等），对于绿网的生态过程及其各项功能效应的发挥意义重大，而这些空间要素与效能各要素之间的内在联系，便是绿网空间增效研究的核心所在。

由此可见，基于绿网"效能"与"空间"二重维度的关联，即"系统"维度的研究是本书的关键。系统维度，或称网络系统维度，是一种更为高级的叠合维度，建立于绿网功能性与结构性相叠加的基础之上，探讨这种高度连接与交叉的空间结构体系与其功能效应之间的内在关联与作用机制。"效能"的提升必然建立于"空间"的完善及优化的基础之上，系统维度重点研究在绿网"系

---

① 邬建国.景观生态学：格局、过程、尺度与等级（第二版）[M]. 北京：高等教育出版社，2007：106.

统"内部,"空间"作为一种载体如何承载并影响"效能",而"效能"作为功能实质,反过来又如何驱动"空间",需要怎样的"空间"支撑,并进一步提出了基于这种关联的"空间增效"的系统策略、方法以及途径(图 3-7)。

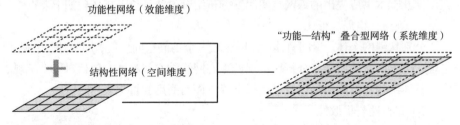

图 3-7 网络系统维度——"效能"与"空间"二重叠合关联维度

## 3.6 绿网空间增效机制

### 3.6.1 空间增效原理

基于景观生态学原理,建立于"效能—空间"关联维度的城市绿地生态网络,其空间特征及其与城市各类用地间的空间镶嵌程度等,均会对其内部生态流(物种、物质、能量、信息)的各种运动(扩散、传输)产生影响(促进、维持、扭转、阻碍、创造等),进而直接改变绿网各项生态效益(生物多样性、碳氧平衡、滞洪排涝、杀菌除尘、降温增湿、减少噪声、净化空气等),因而可以判定:绿网的空间载体,通过调节其内部生态过程,直接或间接地影响绿网的效能实质。作为城市空间系统的子系统,城市绿地生态网络为城市及人类提供多项生态服务功能,人类对其生态效益的需求也在持续提升。因此,在掌握自然运行规律、探索格局与过程关系的前提之下,便可以反过来运用这些规律、法则及原理,依据城市对于绿地各项效能的需求与目的来建构并优化绿网空间,对其加以保护与利用、规划与设计,从而引导一种促使效益增长的可持续土地利用方式,这便是绿网空间增效的原理以及机制。

关于绿网效能的研究可以更好地诠释城市与绿地、人与自然的关系,并可作为绿网构建及管控工作的目标、引导及决策的出发点;而关于绿网空间的研究是以规划为手段的城市绿地生态空间建构、管控工作的重要支撑技术。 个是空间载体,一个是功能实质,两个维度缺一不可。从城市土地空间资源管理的层面,在绿地生态空间配置过程中,将效能作为管理目标,将空间作为管理手段以及建构对象,则本书研究的关键技术便是如何通过"空间"管理手段或途径来实现"效能"管理目标。因此,基于对"效能"、"空间"以及"效能—空间"相关联的"系统"三大维度的解读,城市绿地生态网络的"空间增效"研究的思路体系为:通过对于绿网结构及格局等空间特性的基础分析,及其空间对于生态功效影响机制的深入探析,建立以城市绿网效能提升(即"增效")

78

为最终目标、以城市绿网空间系统优化为实施路径的思路体系，核心即"空间增效"。

### 3.6.2 空间增效研究程序及步骤

绿网"效能—空间"关联分析评价以及"空间增效"研究工作的过程、步骤及方法一脉相承，且整体紧密承接。在研究体系及总体路径上可以如下四个步骤来开展（图3-8）：

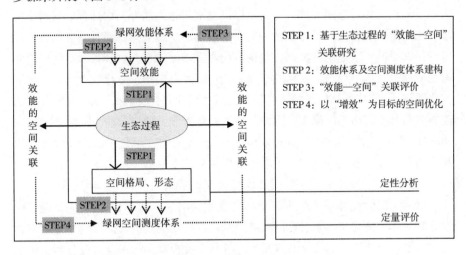

图3-8 绿网"效能—空间"关联评价体系及增效研究程序

1）STEP 1：基于生态过程的"效能—空间"关联研究

景观空间格局与生态过程关系原理为绿网"效能—空间"关联评价体系的研究提供了重要思路。绿网空间格局及形态（包括构成要素的大小、形状、类型、数目、空间分布等），制约或促进着生物多样性以及整个生态学过程，因而对于整体绿网空间效能具有决定性作用。空间效能信息的反馈亦将要求生态过程为之作出调整或反应，如维持、改变、扭转或是创造等，调整的方式手段即是绿网空间格局及形态的改造与优化（图3-9）。通过对于"效能—空间"内在关联原理及运行机制的分析研究，为下一步的关联评价提供可行路径。

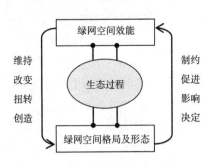

图3-9 "效能—空间"关联机制

2）STEP 2：效能体系及空间测度体系建构

展开对城市绿地生态网络的效能、空间两大维度的深入分析研究，并分别建构绿网效能体系以及空间测度体系。

首先，明确绿网空间管理目标，进一步解析绿网的各项功能效应。因效能具有不可测量性，故而需从空间系统的角度出发，结合绿网空间构成要素所对应的效能要素，架构起一个健全的绿网效能体系。这一体系既包括绿网自身生态效能，同时也反映其于城市中的其他各项功能效应。依据效能维度及其构成要素，遵照一定的指标选取标准，进而建构起一套完善的、用以衡量与评价绿网效能的效能指标体系。

其次，绿网镶嵌体的空间格局与形态，如绿地生态斑块或是廊道的数量、大小、形状、相对空间方位、分布类型以及空间相关性等，均具有空间测量特征，相对于效能指标的不可测性，它在定量描述景观空间特征时具备优势并且可行。针对城市绿地生态网络，建构空间测度指标体系，对其各项空间构成要素的格局、结构、形态、规模、空间相关性以及格局动态变化等进行量化测度与空间描述，提炼用以表述绿网空间的可量化空间测度指标，基于绿网各项功能效应与其空间格局、形态的内在关联的初步判断，通过效能指标体系的形态学转换，筛选并建构起一套具有较高质量与较高效能关联度的绿网空间指标体系，为下一步"效能—空间"关联评价提供基础条件。

3）STEP 3：基于关联的绿网系统及其效能评价

绿网空间测度体系为分析评价绿网效能提供了一种"空间语言"，通过探索绿网空间结构与其生态过程的关系及其在发挥功能效益时的影响，建立空间测度体系与效能体系的关联矩阵模型，并借助此模型建构一个通过空间指标来衡量绿网效能的关联评估方法。这一过程相当于将绿网空间格局与形态的评价通过关联模型转换为对于绿网效能的分析评价，并将空间数据转化为效能信息，由此突破绿网效能不可测的问题，克服无法度量、数据难以获取的技术难点，并结合案例城市，对该城市绿网效能展开关联性评价工作。

4）STEP 4：以"增效"为目标的绿网空间优化

针对 STEP 3 的分析结论，将效能评价结果反馈于绿网空间格局，经过空间转换分析总结空间规模、结构、形态等方面的缺陷及所存问题，并再度运用空间格局与生态过程关系原理，结合效能的空间关联机制，探索如何有效整合绿地生态资源，优化绿网运行过程，进而提升绿地生态效益及其于城市中的综合效益，即"空间增效"的具体策略、路径与方法。这需要从系统的增效维度出发，将网络效能放置于整体城市乃至区域中加以研究，以网络化以及网络优化的空间手段与路径为引导，并利用绿网建构与管控相结合的具体增效方法来实现，以确保绿网"增效"的最终目标的达成。

通过以上四个步骤的对城市绿地生态网络"效能—空间"的科学分析与转化评价，使得对于绿网效能的需求反映在绿网空间格局、形态等各项指标上，并建构起一个有着明确价值目标的网络系统指标体系，以此指标体系为标准依据，进而引导绿网空间规划建构、建设管控以及最终实施的空间决策体系（图 3-10）。

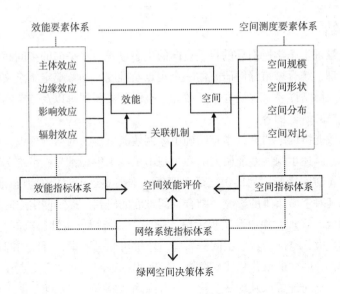

图 3-10　基于"效能—空间"关联的网络系统研究思路

### 3.6.3　空间增效研究技术

在本书研究的技术方法上，分别从空间数据与空间管理层面，依赖并借助于两个核心科学技术展开对于绿网空间的分析以及"空间—效能"关联评价工作：

1）空间数据分析技术

针对城市绿地生态网络空间的分析研究，随着地理学、地图学以及计算机科学的发展，尤其是空间遥感技术 RS（Remote Sense）与地理信息系统 GIS（Geographic Information System）技术的迅速发展，为绿网提供了重要的研究支持。

以遥感影像以及统计资料作为数据源，经过空间图像信息的获取、传输、校正和图形处理等环节，进而依赖于 GIS 技术所进行的数据信息采集、转化、存储、查询以及统计、分析、运算等工作，对于绿网空间格局指数开展数理量化分析，展示了其在数据显示和描述方面的技术优势。RS 与 GIS 相结合的空间分析技术为城市绿地生态网络的空间测度分析研究提供了长足的技术支撑，使得以空间分析及动态模型为特征的绿网定量研究成为可能。

2）空间管理分析技术

针对城市绿地生态网络"效能—空间"关联分析及其评价研究，依据管理学于质量控制过程中的质量功能展开（Quality Function Deployment，简称QFD）方法，采用效能指数与空间指数的转移矩阵进行转换性评价，有利于将空间数据转换为效能质量信息，从而突破绿网效能评价工作中效能数据难以获得的技术难点。

### 3.7 小结

基于景观生态学所引导的将垂直向的生态过程与水平向的空间相联系的基本生态原理，结合城市绿网研究的三个观点及维度，本章奠定了全文的整体研究思路以及脉络体系，并确立了"效能—空间"关联评价以及"空间增效"路径这两大核心研究内容。

结合效能维度的研究，本章明确了绿网效能应作为网络管理以及空间决策的目标。在阐述了绿网效能研究的两个基本维度（生态维与城市维）以及两个叠加维度（时间维与空间维）之后，明晰了本书立足于效能的生态维的观点，同时考虑其对于城市维的影响。结合空间维度的研究，提出网络空间作为网络的物质构成、管理对象以及实现手段，是对于效能起决定性影响的空间载体。通过空间规模、空间形状、空间分布与对比等可测量要素，可以对绿网空间实现准确的、分层次的量化描述与分析，同时提出绿网空间测度要点在于反映其组成特征、空间配置以及动态变化。结合绿网"效能"、"空间"两个维度的关联性研究，本章站立于网络"效能—空间"相叠合的"系统"层面，提出了探讨绿网空间结构体系与网络功能效应之间的内在关联以及作用机制的思路，指出通过针对绿网空间可测特征的量化研究，可间接实现对其效能的科学评价，进而依据评价结果的反馈，以空间手段优化生态运行过程，以实现绿网系统"增效"的最终目标。这一研究思路融合了绿网空间、效能两大维度的叠合评价，融合了绿网功能过程与空间形态的叠合研究，引导着下一步绿网"效能—空间"关联系统的建构及其评价，在绿网的空间措施与管理目标之间建立起了紧密联系，进而引导绿网空间"增效"模式，且将科学性、网络化的绿地生态空间构建作为城市积极的生态发展战略。

在研究技术方法上，基于空间增效的原理与机制，本章提出了绿网"效能—空间"关联评价以及"空间增效"研究的四个步骤与两种分析技术，从空间手段上实现"实体空间"向"效能空间"的转化，引导了一种效能策略的空间演进方法，从而更进一步地促使"效能"这一城市空间管理及决策目标明晰化。

# 第4章　城市绿地生态网络"效能—空间"关联系统

上一章节针对城市绿地生态网络开展了不同维度的研究分析，并提出了基于维度的空间增效思路与研究程序。本章将分别从绿网的三个维度层面（即绿网的目标需求—生态效能、绿网的物质实现—空间结构以及整体体系—网络系统），从要素以及指标构成方面建构绿网的效能体系与空间体系，同时依赖于效能、空间维度的双向关联研究，建构城市绿网的"效能—空间"关联系统，为下一步网络的系统评价提供技术平台。

## 4.1　绿网效能体系建构

效能作为城市绿地生态网络的空间管理目标及需求，是绿网建构的永恒价值与意义，因此，将绿网效能作为决策、引导绿网空间建设的准绳，是实现绿网价值并将其落实于城市土地空间用途的良好策略。

建构一套完善的、用以衡量效能的绿网效能体系是开展绿网评价工作的前提，也是城市绿地生态网络研究的关键技术与核心内容。本章提出的绿网效能体系由效能要素体系、效能指标体系两部分组成，对应于绿网空间构成展开效能的解构分析，提出了效能的两级结构与5个要素，继而提取绿网效能的各项指标。

### 4.1.1　体系建构目标

以效能作为绿地生态空间建构目标从而展开城市绿网研究，应当关注两个关键问题：

其一，将这一目标解构为一系列更为具体且便于评析的子目标，作为绿地空间管理的直接引导；

其二，研究这一目标与空间结构的内在影响与关联机制，即研究城市绿网空间配置如何作用于各项效益并产生影响，这是指导绿网空间优化、效能提升的决定性要素。

针对以上问题，基于绿网的基本生态维并结合城市维的考虑，对应于绿网空间构成要素，提出各项效能要素，进而提出具体的功效指标，建构城市绿网的效能指标体系。指标体系，一方面用以评估绿网自身功能效益，即内部生态效能，另一方面则评估绿网于城市当中所产生的影响价值与效益，即外部的社会、经济、景观、环境等效能。指标体系的建立为绿网生态系统效能评估提供了条件，旨在为不同时空尺度之下的，或不同结构、形态下的绿网效能的对比分析及量化研究提供路径，从而作出判断与衡量。

### 4.1.2　空间效能构成

网络有别于其他系统的重大特性在于其强大的功效领域，增强效应即是网络结构存在的关键意义。城市绿地生态空间在经绿地资源的网络化配置与系统整合之后，可充分体现出超个体价值的优化与增值效应。网络功效的发挥不仅于绿地空间本身，并且辐射网络区域而呈现出"外溢"特性，因此，效能解析当应放置于城市以及区域整体环境中进行。

绿网效能分析即是针对功能性网络的研究与探索，是对绿网功效能力的判断，绿网空间效能可看作是绿网各空间构成要素功能效应的总体组成。对应于空间构成进行效能的解构，提出绿网空间效能的两级结构体系及其效能要素体系（表 4-1）。

城市绿地生态网络效能结构及要素体系　　　　　　　　表 4-1

| 一级效能结构体系 | 二级效能结构体系 | 要素体系 |
| --- | --- | --- |
| 主体效能 | 本体效能 | 节点效应<br>流效应 |
| | 边缘效能 | 边际效应 |
| 区域效能 | 影响效能 | 影响效应 |
| | 辐射效能 | 拓展效应 |

1）效能结构体系

对应于空间构成，城市绿网一级效能结构体系由本体效能与区域效能两部分构成，可简单理解为绿网的内部效应以及外部效应。经进一步分解的绿网效能二级结构体系，由主体效能、边缘效能、影响效能与辐射效能 4 个部分所组成（图 4-1、表 4-1）。

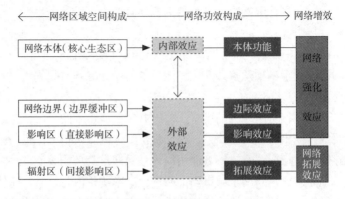

图 4-1　城市绿地生态网络空间功效体系

（1）本体效能

本体效能即绿网自身效能，又可划分为主体效能与边缘效能。

主体效能指网络主体的直接功能效益，体现为核心生态区的生态环境效益，属网络内部效能。它对于生物生存及运移、物质能量的流动等生态学过程具有决定性作用。主体效能是城市绿网效能发生的前提与基础，体现绿网功能效益的"本源"化、内部性与直接性。

边缘效能又称边际效能，发生于网络边缘的边界缓冲区域。因与城市建设空间相邻，交错地带生境条件的特殊性与异质性带来生态因子的互补性汇聚，从而产生出了超越自身的关联增值效应，显现出了明显有别于本体的边际化效益，同时赋予了网络之外的相邻腹地乃至整个区域综合生态效益的提升与增长。[①] 边际效能处于城市绿网本体与外部之间，兼具内部性、外部性复合特征以及混合功能。

（2）区域效能

区域效能即绿网在城市以及区域范围内所体现的效能，又可划分为影响效能与辐射效能，是网络效能向着自身之外地区外溢化的体现。

绿网向着城市区域的效益强化、提升以及拓展、扩散，体现在基于生态效益的社会、经济、景观效益等方面，如城市生态安全的保障、社会文化的协调、经济开发的推动以及景观形象的提升等。影响效能是指受绿网直接影响的外部效能，体现了城市与绿地相互交融及作用渗透的强度。辐射效能是指受绿网间接影响（也可称辐射影响、拓展影响）的外部效能，其高低是衡量城市绿地生态网络结构合理与否的重要标准。影响效能与辐射效能体现出了城市绿网功能与效益的"外溢"化、外部性与间接性。

2）效能要素体系

依据绿网效能的两级结构体系，提取基于不同空间构成的效能要素，以便于绿网效能构成的进一步分解。其中，构成本体效能的要素有节点效应与流效应，构成区域效能的要素有影响效应及拓展效应，而处于两者之间的绿网边缘部分则有边际效应。

（1）节点效应

节点效应源于绿网节点，即城市绿网中相对独立的绿地生态斑块。在网络系统构成中，节点对于网络的形成过程及功能运转起关键作用，一般来说，它比网络的其他地方具有更高的物种丰富度、更加良好的立地条件或是生境的适宜性[②]。斑块的面积大小、形状、结构特征以及数量等因素，直接影响绿网节点生物物种的多样性、生态稳定性以及各种生态学过程，从而对其在维系生物

---

① 刑忠. 边缘区与边缘效应——一个广阔的城乡生态规划视域 [M]. 北京：科学出版社，2007：12.

② 郑新奇，付梅臣. 景观格局空间分析技术及其应用 [M]. 北京：科学出版社，2010：20.

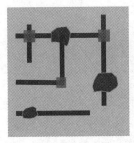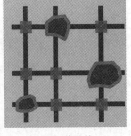

（a）非网络连接　　　　　（b）网络连接

图 4-2　城市绿网的"节点效应"

生命、支持自身系统、抵抗外界干扰以及与环境的动态平衡等方面的功能效应产生较大影响。由此可见，绿网的节点效应与绿地生态斑块的规模、格局与形态等密切关联。

景观生态学研究表明，在城市绿地生态系统中，不同规模大小的斑块往往同时存在，并具有不同的生态功能效应。Forman（1995）对大、小斑块的生态学价值作了研究与总结，认为大的生境斑块对于地下蓄水层和湖泊水质具有重要的保护作用，有利于生境敏感种的生存，为其提供核心生境与躲避场所，为景观其他组分提供种源并维持更加接近自然的生态干扰体系，且在环境变化时对物种灭绝过程有缓冲作用。小的生态斑块亦有重要的生态学作用，它可以作为物种传播或是局部灭绝后重新定居的生境和"踏脚石"（Stepping-stone），从而增加了景观的连接度，为许多边缘物种、稀有种以及小型生物类群提供了生境。由此可见，生境斑块是否具有稳定的内部环境，取决于整体城市景观镶嵌体的结构与功能，大、小斑块及其相互关系都很关键。[①]

作为网络本体的主要构成之一，绿网节点有两种类型（图 4-2）。一种为原本既已存在的生态枢纽或斑块，绿地生境斑块在经网络化连接之后，建立起的联系与交流、扩散与迁移，为物种生存、繁衍以及构建新的群落提供了多种可能，在解决环境破碎化问题的同时使得斑块中的物种多样性得以明显增强，斑块的生态稳定性亦得以显著提升。另一种为因廊道的相互交叉而形成的节点，通常为两条或多条绿地廊道交汇以后而形成的物种汇聚、集结的节点，从而大大增强了节点生态效应，并使之有别于单一的绿地廊道。

（2）流效应

流效应直接产生于生态通廊，即城市绿网当中具有生态连接功能的绿地生态廊道。从景观生态学上看，绿地生态廊道虽不是自然保护系统中的核心区域，却于更为广阔的景观范围内发挥作用，维持并重建了自然的连续性。

廊道最直接的意义便是建立生态连接，它具有连接与连通的双重特征，连接属于功能特性，而连通属于结构特性。通过廊道的结构连接而建立功能上的联系，可以帮助物种得以顺利扩散和迁徙，从而对物种的生存及繁衍产生重要影响，如维持物种的数量、扩大复合种群规模、避免基因变异、扩大物种觅食范围以及助其躲避天敌及干扰等。

---

① 邬建国.景观生态学：格局、过程、尺度与等级（第二版）[M].北京：高等教育出版社，2007：110.

城市绿网价值流（含物流、能流），是基于连通性的一种动态机能，它表现为斑块的内部环流、廊道的双向流以及网络的互通性环流等形式（图4-3），当独立、破碎斑块的斑块流外部受阻，则体现为内部环流，它随斑块规模的增加而增强。对于城市来说，廊道的形态越复杂，就越能够更好地为种群提供不同的功能，而网络结构更是为其中动态流动元素提供了多种选择路径，大大提升了生物移动、交流的机遇，生存与繁衍的机会，从而增强了物种多样性与生态稳定性。因此，提高景观的连接度、建立生态廊道和缓冲带、建立网络连接的绿地生态系统也已逐渐成为自然保护战略的关键要素。

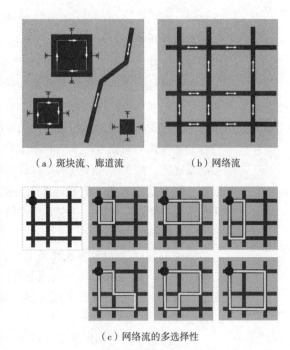

（a）斑块流、廊道流　　　（b）网络流

（c）网络流的多选择性

图4-3　城市绿网的"流效应"

从城市绿网效能的生态维度上看，绿网价值流功效体现于4个方面：一是扩散，即拓展种群活动范围；二是迁移，即躲避不利环境条件；三是觅食，往返于巢穴和食源地之间的运动；四是繁殖，往返于过冬场所和繁殖地之间的运动。从城市绿网效能的城市维度上看，绿网价值流功效主要体现在绿色休闲交通方面及其对于游憩交往、康体运动、社会和谐等的促进。连接度对于交通的实现十分必要，当绿地生态廊道与人行道系统联系起来时，其利用率及价值亦将大大提高。

（3）边际效应

边际效应又称边缘效应，产生于绿地生态网络边缘，指在绿地生态斑块或廊道的边缘部分因受外围干扰而表现出的与中心部分不同的生态学特征的现象。

生态斑块的中心与边缘部分，因气象条件（如太阳辐射、温湿度、风等）、物种组成、生物循环等的不同而导致了其效应上的差异，斑块周界部分常常具有更高的物种丰富度与初级生产力。生物群落中，需要较为稳定的环境条件的物种往往集中分布于斑块中心部位，称内部种；而另一些物种适应多变的或是阳光充足的环境条件，则主要分布于斑块边缘部分，称特有种或边缘种，表现出显著的边际效应；还有一些物种的分布则居于两者之间。边缘效应与斑块大小、相邻斑块以及基底特征密切相关。景观生态学的大量研究表明，斑块总面积、核心区面积、边缘面积间存在着一定的数量关系，一般而言，当生境斑块面积增加时，核心区面积的增加比边缘要快，同样，当生境斑块面积减小时，核心区面积也比边缘面积减小得快，而当斑块面积很小时，这种环境差异不复存在，因而整个斑块便全部为边缘种或对生境不敏感种所占据。[①]

城市绿地生态网络的边缘区域是指绿地生态斑块或廊道与人工建设区域之间的交接过渡地带，即生态交错带。本质上，绿网边缘也属于绿网，其与生态核心区直接关联。边缘区域最突出的空间特性便是异质性，表现为环境因子和物种的突变性与对比度。从空间角度看，边缘在绿网当中所占据面积比重较小，形态不确定，但其空间位置的特殊性决定了这一地带具有竞争程度高、复原概率小、抗干扰能力弱、空间运移能力强、变化速度快等特性，呈现出非线性、非连续性特征以及生物、功能多样性等一系列独特的性质。[②]

（4）影响效应

影响效应产生于绿网区域当中的直接影响区。这里是城市与绿网间互动的前沿地带，是生态关联与空间整合的纽带，也是承载绿网外部增值效益和多元社会经济功能的重要区域，影响效应体现了城市与绿地相互交融、渗透的强度。

通过生态节点与网络连接的科学建构，在绿网影响区域，因网络结构特征以及多功能要素的异质性、关联度而产生了超越其他城市区域的特殊功效与综合效益。城市绿地生态网络在强化自身强度的同时，其外部化影响效应亦得以强化，这同时体现于网络覆盖的整体城市以及网络相邻的周边地块上。

（5）拓展效应

辐射效应是指受绿网间接影响而产生的网络外部化效应，或可称拓展效应。拓展效应的高低是衡量城市绿地生态网络结构合理与否的重要标准。

通过网络建构，城市绿地生态网络在其影响效应增强的同时也积极拓展了辐射区，网络影响的腹地与范围随之增强，即显现出"网络拓展"或称"网络辐射"。拓展效应于城市中的覆盖率是衡量网络结构合理性的重要标准，基于合理的网络结构，可使原先处于网络之外的生态"盲区"或"盲点"，亦被纳入到效应拓展区以内（图4-4）。一般认为，理想绿网格局下的网状空隙应全部处于影响及辐射范围，达到网络影响的全覆盖，也即整体城市均

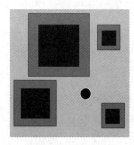

（a）斑块影响盲点

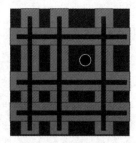

（b）网络拓展影响

图4-4　城市绿网的"拓展效应"

① 邬建国.景观生态学：格局、过程、尺度与等级（第二版）[M].北京：高等教育出版社，2007：112.
② 郑新奇，付梅臣.景观格局空间分析技术及其应用[M].北京：科学出版社，2010：20.

受益于绿网所带来的各种效应，此时，绿网整体效益显著提升，城市总体生态达到最优化。由此可见，拓展效应与网络格局以及密度紧密相关，它从网络影响的覆盖广度与深度上来显现网络的"增效"特性。

### 4.1.3 指标选取标准及要求

指标是反映实际存在的社会经济现象的数量概念和具体数值，指数为经济学当中的特殊相对数，用于测定多个项目于不同场合下的综合变动。在评估工作中，科学地选取评价指标（或指数）至关重要，因此，选择能够代表绿网核心效能的指标（或指数）是绿网效能评估工作的关键。评估过程中容易出现两种情况：一是盲目追求指标的全面性，导致对某些价值的高估，从而造成评价工作的实施难度大且不切实际；二是盲目从简，导致评估结果难以全面反映绿网整体效能。因此，应对城市绿地生态网络各项功效因子进行认真取舍，筛选并提取关键因子形成评估的核心指标。

1）指标选取维度

从生态维度上看，绿网作为复合生态系统，核心效能在于系统内部的各项物理、化学或生物功能，即网络化系统自身的生态机能。这项功能产生于绿网生态系统关键因子的自身提供和创造，所发挥的作用远超出其他系统的提供。

从城市维度上看，这一复合生态系统的功效因子必须是对于人类生活和社会、经济、文化发展具有重要意义与价值，即反映绿网面向城市提供各项机能的能力。由于绿网效益的公共外部性特征，各项外溢效能将无法清晰界定，故本书在指标选取上并不针对绿网于城市中的各项外部功效展开具体探讨，而侧重于谈论如何实现绿网与城市的互动、耦合及交融，进而推进绿网在城市中各项机能的开展。

2）指标选取重点

基于对绿网各项效能整体且清晰的认知，结合指标选取维度，在选取时还应对如下内容给予关注：

（1）各项子目标即各项效益的类型、内容、内涵及其具体评估手法、评判标准。

（2）各项效益的价值、地位、重要程度及其于总体效益中的权重比例。

（3）各项效益相互之间的作用，包括正、负作用。

（4）各项效益是否具有可替代性以及如何替代等。

### 4.1.4 效能指标体系

1）多样性指数与稳定性指数

节点的物种多样性、生态稳定性以及各种生态学过程是绿网生态效能的关键，衡量网络节点效应的两个重要功效因子为多样性指数与稳定性指数。

（1）多样性指数（Species Diversity Index）

物种多样性反映一定地区范围内物种的丰富程度，体现为动物、植物、微生物等生命物种在属、种、科等方面的复杂多样化。物种的多样性往往关联着景观的异质性，且随土地利用类型的丰富呈增高趋势，它一般与生态斑块的规模大小、形状、数目、比例等因素密切相关。Forman 和 Godron（1986）将斑块的物种丰富度即多样性指数与斑块结构特征及其他因素联系起来[1]，并表达为如下函数：

$$物种多样性 S = f（生境多样性，干扰，斑块面积，年龄，演替阶段，\\ 基底特征，斑块隔离程度，边界特征）$$

影响多样性指数的效能指标有丰富度、均匀度、优势度等，它们主要表达生态环境中的景观异质性（表 4–2）。其中：

丰富度反映一定区域范围内的生境斑块类型的多少，斑块类型越是丰富越能提供更加多种的生境并容纳更加多样的物种。

均匀度反映不同斑块在数目、面积等方面的均匀程度，体现分布的匀质与否。

优势度则指某一斑块类型在系统中所占份额及出现的概率，较高的优势度一般对应于少数斑块的主导地位。

节点效应指标 表 4–2

| 重要功效因子 | 效能指标 | 备注 |
| --- | --- | --- |
| 多样性指数（SDI） | 丰富度 | 一定区域范围内斑块类型的多少 |
| | 均匀度 | 不同斑块在数目及面积方面的均匀程度 |
| | 优势度 | 某一斑块类型的系统所占份额及出现概率 |
| 稳定性指数（ESI） | 敏感度 | 生态斑块对人类干扰活动反应的灵敏程度 |
| | 抗干扰力 | 生态系统对外力干扰就地抵制和阻抗的能力 |
| | 恢复力 | 系统遭外界干扰和侵袭之后的自我恢复功能 |

（2）稳定性指数（Ecological Stability Index）

又称生态稳定性指数，指生态斑块保持正常动态与自循环的能力，与其对抗外界的抵抗力以及自身恢复力紧密关联。影响稳定性指数的效能指标有敏感度、抗干扰力以及恢复力等（表 4–2）。

敏感度反映生态斑块对于人类干扰性活动反应的灵敏程度，用以表述生态过程于自然状况下的潜在能力以及外界干扰可能造成的后果。

抗干扰力是指生态系统对外力干扰就地抵制和阻抗的能力，即绿网抵挡和对抗人类破坏性行为的能力。干扰也可划分为自然干扰与人为干扰，在干扰作用下，系统的物种多样性不发生或是少量发生变化，则其抵抗力高，抗干扰能力强，生态稳定格局不易被打破，反之则系统易遭损害与侵袭。

① 邬建国．景观生态学：格局、过程、尺度与等级（第二版）[M]．北京：高等教育出版社，2007：49．

恢复力是指生态系统在遭受外界干扰、侵袭、破坏之后可以自我修复并调整的生态机能。生态恢复的结果是受损系统又重新恢复或是一定程度恢复到受干扰前的状态，重新达到一种新的生态平衡。

2）流通性指数

衡量网络流效应的重要功效因子为流通性指数。流通性指数（Liquidity Index）反映物质或能量等在网络当中动态流通的频率与强度，它与生态廊道及大型斑块的结构特征关系紧密，如廊道宽度、组成内容、形状的连续性、网络的复杂性及其与周边斑块或基底的关联等。流通性指数强调绿网中的连续性廊道作为一种传输通道所提供的生物或其他物质于景观中运动的机能。大量生物多样性研究结果表明，通过强化栖息地的联系程度，可以较大程度地提升物种保育的成效[1-2]，增强绿网的生物多样性，因此可见，连通性对于多样性、稳定性等均具有重要意义。影响网络流通性指数的效能指标有连通度、选择度、敏感度等（表4-3）。

流效应指标　　　　　　　　　　　　　　　　　表4-3

| 重要功效因子 | 效能指标 | 备注 |
| --- | --- | --- |
| 流通性指数（LI） | 连通度 | 生物扩散与迁移运行过程中的流畅与连续程度 |
| | 选择度 | 物种在穿越生态网络时扩散路径可供选择的程度 |
| | 敏感度 | 廊道对于外界干扰性活动反应的灵敏程度 |

连通度是指生物在物理环境当中运行（包括扩散与迁移）的流畅与连续程度，这些运行大多数发生于连续的生态廊道或大型生态斑块当中，也有少量发生于破碎斑块或非连续性廊道中并通过"踏脚石"完成的生态运移。总之，空间连续性、面积优势以及物种适应能力，三者构成了连通度的决定要素。

选择度反映物种在穿越生态网络时扩散路径可供选择的程度，网络相对于单一廊道与斑块而言，路径的可选择性大大增强，并为生物运行提供了更多通道及方向的选择。

敏感度是指廊道对于外界干扰性活动反应的灵敏程度。一般而言，选择度越强则稳定性越强，生态敏感度亦越低。

3）渗透性指数

网络边际效应体现了边缘于关联地域间的纽带作用，而这种纽带作用依赖于异质化区域之间的相互渗透来实现，因此渗透性指数（Permeability Index）

---

① Collinge S K. Spatial arrangement of habitatat patches and corridors:clues from ecological field experiments[J]. Landscape and Urban Planning, 1998, 42: 157–168.

② Pirnat J. Conservation and management of forest patches and corridors in suburban landscapes[J]. Landscape and urban planning, 2000, 52: 135–143.

是衡量网络边际效应的重要功效因子。影响渗透性指数的功效指标有过滤度、隔离度与渗透力，均用以表达改变价值流的强度与方向（表4-4）。

边际效应指标 表4-4

| 重要功效因子 | 效能指标 | 备注 |
|---|---|---|
| 渗透性指数（PI） | 过滤度 | 价值流试图贯穿而遭到过滤及筛选的程度 |
| | 隔离度 | 绿网对于生物或其他物质、能量在穿越其边缘地带过程中的拦截与阻隔作用 |
| | 渗透力 | 不侵害绿网生态稳定的前提下，网络内、外部间的价值流的相互渗透、交流、通过能力 |

过滤度反映绿网边缘地带面向城市的过滤器作用，网络内、外部价值流通于此，试图穿越而遭过滤及筛选的程度，它可综合反映在隔离度与渗透度共同影响下的网络功效于外向传递过程中的衰减程度。

隔离度反映绿网对于生物或其他物质、能量在穿越边缘地带过程中的拦截与阻隔作用，主要体现绿网面对外界消极干扰因素的应对策略。

渗透力与隔离度相反，指在不侵害生态稳定的前提下，网络内、外部之间价值流相互渗透、交流、通过的能力。

4）影响力指数

绿网的影响效应与拓展效应均属典型的网络外部效应，其中，影响效应指网络对城市产生的直接影响，拓展效应指网络对城市的间接辐射影响或直接影响的拓展。网络结构一方面强化了网络直接影响区的受影响强度与深度，另一方面则拓展了间接影响区域的广度与范围，使得原先处于网络之外的生态"盲区"或"盲点"也被纳入效应拓展区。基于绿网的城市意义在于其外部化影响，故影响力指数（Influence Index）是衡量网络影响效应与拓展效应的重要功效因子，同时也是衡量城市绿地生态网络结构合理与否的重要标准。绿网作为一种公共物品，其外部化效应反映在城市的社会、经济、环境、生态等各领域中，本书重点对绿网如何通过空间手段体现其与城市的交融耦合程度进行研究。影响绿网影响力指数的功效指标有镶嵌度、可达性、服务覆盖率等（表4-5）。

影响效应及拓展效应指标 表4-5

| 重要功效因子 | 效能指标 | 备注 |
|---|---|---|
| 影响力指数（II） | 镶嵌度 | 生态绿地系统与城市人工建设系统之间的空间交融耦合的程度 |
| | 可达性 | 居民到达绿网并享受其生态服务功能的便捷程度 |
| | 服务覆盖率 | 绿网服务范围与城市建成区总面积的比值 |

镶嵌度是指从景观异质性上看，生态绿地系统与城市人工建设系统空间交融耦合的程度。

可达性指居民到达绿网并享受其生态服务功能的便捷程度，与距离、路径、交通方式等相关。

服务覆盖率反映绿网面向城市提供的生态服务能力，是城市中受绿网服务的区域与城市建成区总面积的比值。一般认为，理想格局下的网状空隙应全部处于影响区范围内，即网络影响全覆盖，这时候，绿网整体效益显著提升，城市总体生态效能达到最优化。

## 4.2 绿网空间体系建构

### 4.2.1 空间测度要素

基于空间测度要点与要求，分别从城市绿网的个体要素、绿网整体、绿网区域三个层面展开定量测度分析以及空间要素、指标体系的探索。通过可反映过程变化的各空间要素与指标建立绿网空间测度体系，有利于研究中获得对于绿网空间格局的变化过程及空间特征的深入认识，据此，可将绿网空间测度体系划分为空间规模、空间形状、空间格局三个测度要素。

1）空间规模

规模即大小，城市绿网空间规模指其空间大小与尺度。空间规模测度为表达空间的最基本测度指数，是绿网空间的最直接表达与最固有特性。空间规模测度的分析研究建立于斑块尺度之上，属于绿网个体要素层面与整体层面相结合的综合测度，它以面积、周长、数量等为表达语言，同时作为其他测度的基础，决定着一切与面积、周长、数量相关的更为复杂的绿网空间测度指数。

在城市绿地生态空间中，空间规模测度即对绿网个体组成要素（斑块、廊道等）的规模、尺度、完整性等进行的直接表达，如斑块面积、斑块周长以及廊道长度、廊道宽度等，同时也包括经简单统计后的绿网整体及类型水平的间接表达，如绿地总面积、总边界长度、斑块数、廊道数、平均斑块面积、平均斑块周长、最大斑块指数以及平均斑块变异系数等指标，用以表征绿网总体规模以及平均规模水平。

2）空间形态

空间形态也称空间形状，空间形态测度主要用以表示构成绿网的斑块、廊道等要素在平面空间上所呈现的几何图形的复杂性、破碎化程度、集聚性程度。空间形态测度属于绿网个体要素层面的测度，其研究同样建立于斑块尺度之上，通常是面积与周长的函数或经数学转化之后的边长与面积的比例。景观生态学中，常以结构最为紧凑简单的几何图形（圆形、正方形）作为衡量空间形状的标准，从而使得各类空间在形状上具有可比性。一般来说，形态越是不规则越有利于边际效应的发挥，但同时生态受干扰程度也越高，所以应慎重对待。

空间形状测度包括用以描述斑块形状复杂度的圆度、分维数、内缘度、蔓延度等指标，也包括曲度、环度、闭合度等用以描述廊道复杂程度的指标。

3）空间格局

空间格局测度主要用以表示构成绿网的各要素之间，如斑块之间、廊道之间以及斑块与廊道之间的几何关联、空间对比、空间密度以及放置于整体城市当中的格局关系等。绿网空间格局测度用以描绘并表达绿网内部空间构成以及绿网与城市的外部结构关系。城市绿网空间格局是基于山水生态空间的整体性网络以及绿网主体架构，因此，空间格局测度属于绿网整体及宏观的绿网区域层面的指标。

空间格局测度可用以分析表达两个层次的结构关系。一是对于绿地自身层次结构与类型结构的表达与分析，如各级绿地（市级、片区级、社区级）在绿地总量中的占比、各类型绿地（斑块、节点、廊道）在绿地总量中的占比等。二是对于绿地的城市结构的表达与分析，如绿地总面积及其在城市用地当中的占比、网络密度、聚集度，还有斑块密度与间距以及廊道密度与间距等。从空间构成要素的关联来看，又可分别从空间相关、空间对比、空间密度以及空间可达4个方面综合全面地表述城市绿网的空间格局测度。

### 4.2.2 指标选取标准及要求

以绿网斑块以及廊道的规模、数目、周长等为基础数据或参数，通过数学运算与数理统计得出一系列反映空间格局及形态的测度指数，是绿网空间与动态模型建立并应用的基本形式。通过模型中反映生态过程变化的绿网空间要素的各项测度指数，共同构建绿网空间指标体系，有利于在分析研究中获得对于城市绿地生态网络格局的时空动态过程以及空间特征的深入认识，揭示空间演变的内在规律与驱动机制，并对未来发展加以预景分析。

空间测度指数是空间格局分析过程中的常用指标，它以空间几何特征为基础，对于城市绿网的空间格局、形态等复杂现象进行简单、定量或抽象的描述，其作用体现于三个方面：首先，使得城市绿地生态网络获得可加以定量描述的统计性质；其次，可借助于这些数据对不同时期绿网空间特征进行比较性分析，监测其随时间的动态变化及其变迁规律；第三，对于不同空间布局方案的优劣进行评价。

因此，结合城市绿网空间分析方法构建一套可明确表述其空间特征的空间测度指标体系，是对绿网进行空间评价和效能评价的基本前提。在已有表征绿网空间格局的诸多测度当中，指标的描述能力各有优劣，哪些为质量高、适应性好、描述性强的指标，其实用性、局限性怎样，反映景观格局与变化特征的能力如何，评判及衡量尺度有何差异等，目前尚未形成一个综合全局的统一评判标准。由于多数空间指标是对绿地生态要素的周长与面积进行的统计与处理，所以指标之间难免存在冗余，如何去除重复信息，协调其间的关联制约是一个相当庞杂的处理过程……因此，作为衡量与评价网络系统的标准，这套指标体系如何确立是一个需审慎对待的问题，城市绿地生态网络空间测度指标的选取，应建立于充分了解指标特点的前提下，根据不同的研究目的及内容，结合生态学过程择优选取，以便对研究对象进行更好的定量描绘。本书在指标分析及选取时，考虑对于如下四个方面要求的满足：

1）指标的生态学意义

不管何种绿网空间指标，当以生态学意义为基础，指标的提出应建立于完善的生态学理论的基础之上。生态过程和景观空间格局相互影响、作用与制约，指标的研究不应仅着重于描述绿地空间格局，空间格局对于过程的影响，即对于生态过程的敏感程度也应密切关注。将指标与现实空间当中的生态过程相联系，建立绿地空间与生境分布变化间的关联程度。

2）独立性与针对性

强调测度指标的独立描绘能力与针对性、适应性，要求指标在数据统计上相互独立。较多的空间格局指标度量绿网的相似或相同方面，指标间高度相近，因此，选取指标应注重有不同针对性。

3）宏观性及差异性

从整体指标体系上看，应从宏观总体上对绿网空间格局综合全面地展开描述，为空间规划设计提供全局指导和系统评价准则；对于单个指标要求，应从不同侧面与角度，呈差异性地展开对于绿网空间的测度及描述，指标间尽可能避免正交，从而可以有效表征绿网格局的异质特征。

4）测量性与可比性

为便于实施技术评价与控制，空间测度各项指标应具备空间量化计算的特性，具备较强的纵、横向比较的能力，既满足相同景观于不同时期的纵向对比，也便于开展不同景观于同一时期的横向对比，并可于对比中分析获取绿网空间格局与生态过程之间的内在规律与关联。这一要求同时蕴含着指标应体现出对于空间分辨率的低敏感度，避免由于分辨率的差异而带来测度值的较大误差，从而提升指标间的可比程度。

### 4.2.3　空间指标体系

在景观生态学研究中，将景观格局指数划分为研究单个斑块的斑块水平指数（Patch-Level Index）、由若干单个斑块组成的斑块类型水平指数（Class-Level Index）以及包括若干斑块类型的整个景观镶嵌的景观水平指数（Landscape-Level Index）三种类型来表达。据此，按照空间测度指标选取标准及要求，本章分别从绿网个体要素（侧重于绿网中的个体斑块或廊道）、绿网整体（侧重于由个体要素组成的绿网整体）、绿网区域（侧重于绿网及其所影响的城市区域）三个层面开展对绿网定量分析方法与空间指标体系的探索。

基于 GIS 空间分析技术，集成几何学、分形几何学、景观生态学等学科的测度方法与模式，将城市绿地生态网络空间测度体系划分为由空间规模指数（Dimensions Metrics）、空间形状指数（Shape Metrics）、空间格局指数（Pattern Metrics）。

1）空间规模指数（Dimensions Metrics）

空间规模即空间大小与尺度，空间规模指数为城市绿网空间最固有的特性与最直接的表达，是绿网最基本的空间指数，主要以面积、周长、数量等为表达语言，并作为计算绿网其他空间指数的基础。空间规模指数是建立于斑块尺度上的整体研究，属于个体要素层面与整体层面相结合的综合指标体系。在城市绿地生态空间中，它在个体层面上用以表征绿网的个体规模、完整性及相互间的差异化程度，在整体层面上用以表征绿网总体规模以及平均规模水平等。

空间规模指数包括对绿网个体组成要素规模的直接表达，如斑块面积（Patch Area, PA）、斑块周长（Patch Perimeter, PP）、廊道长度（Corridor Length, CL）、廊道宽度（Corridor Width, CW）4个斑块级别的基本指数，同时也包括经简单统计后的斑块类型级别以及景观级别水平的间接表达，如绿地总面积（Total Area, TA）、总边界长度（Total Edge, TE）、斑块数（Number of Patch, NP）、平均斑块面积（Mean Patch Size, MPS）、最大斑块指数（Largest Patch Index, LPI）以及平均斑块变异系数（Average Patch Area Coefficient of Variation, APA-CV）6个统计指数，在选取空间规模指数时，需明确各指标的生态意义（表4-6）。

绿网空间规模指数测度指标（10 项）　　　　　　　　　　　　　表 4-6

| 空间层面 | 级别 | 指标 | 缩写代号 | 描述 |
|---|---|---|---|---|
| 绿网个体单元 | 斑块 | 斑块面积 | PA | 单个斑块的面积。取值范围：PA > 0 |
| | 斑块 | 斑块周长 | PP | 单个斑块的周长。取值范围：PP > 0 |
| | 斑块 | 廊道长度 | CL | 单个廊道的长度。取值范围：CL > 0 |
| | 斑块 | 廊道宽度 | CW | 单个廊道的宽度。取值范围：CW > 0 |
| 绿网整体 | 类型 / 景观 | 绿地总面积 | TA | 公式：TA= $\sum A_i$<br>公式描述：绿网中所有斑块及廊道的总面积。取值范围：TA > 0，无上限。<br>生态意义：最基本的景观指数之一，是其他格局指数的基础 |
| | 类型 / 景观 | 边界总长度 | TE | 公式：TE= $\sum P_i$<br>公式描述：绿网中所有斑块及廊道的边界总长度。取值范围：TE > 0，无上限。<br>生态意义：最基本的景观指数之一，与面积规模等共同形成其他格局指数的基础，与生态干扰有较高相关性 |

| 空间层面 | 级别 | 指标 | 缩写代号 | 描述 |
|---|---|---|---|---|
| 绿网整体 | 类型/景观 | 斑块数量 | NP | 公式：NP=$N$<br>公式描述：类型水平上的某一类型斑块个数，或景观水平上的斑块总个数。取值范围：NP ≥ 1，无上限。<br>生态意义：反映景观空间格局，用以描述景观异质性与破碎性，数值与破碎度呈正相关性 |
| | 类型/景观 | 平均斑块面积 | MPS | 公式：MPS=TA/$N$<br>公式描述：类型水平上某一类型斑块平均面积，或景观水平上所有斑块的平均面积。取值范围：MPS > 0，无上限。<br>生态意义：反映景观异质性，对比不同景观的聚集程度与不同类型差异。同时指征破碎度，值越小表明景观越破碎 |
| | 类型/景观 | 最大斑块指数 | LPI | 公式：LPI=Max（$a_1\cdots\cdots a_n$）/$A$<br>公式描述：某一类型中的最大斑块占整体景观面积的比例。取值范围：0 < LPI ≤ 100。<br>生态意义：简单表达景观优势度，数值大反映少数斑块覆盖和控制整体区域景观 |
| | 类型/景观 | 平均斑块变异系数 | APA-CV | 公式：APA-CV=APASD/APA<br>公式描述：斑块面积标准差除以平均斑块面积的百分率。取值范围：APA-CV ≥ 0，无上限。<br>生态意义：表达景观异质性程度，与破碎度呈一定程度的正相关关系 |

2）空间形态指数（Shape Metrics）

空间形态指数用以表示构成绿网的斑块或廊道在平面空间上所呈现几何图形的复杂性，它一般通过绿地的空间破碎程度以及空间集聚程度两个方面来表达。空间形态指数分析主要建立于斑块尺度与景观尺度上，多数是面积与周长的函数，表现为经过一定数学转化的斑块边长与面积的比例。景观生态学中，常以结构紧凑、形状简单的几何图形（如圆形、正方形）作为衡量标准，从而使得空间在形状上具备相对可比性。

绿网空间形状各指标间的关联性往往较大，因此在进行空间形态评价时应依据具体评价目标与关键功能择优选取，以避免冗余信息的重复统计。本书选取了 4 个空间形态指数，其中包括用以描述斑块形状复杂度的形状指数（landscape shape index，LSI）、平均边缘面积比（Perimeter-Area Ratio，PARA-MN）等指标，也包括曲度（Curvature，CU）、环度（Ring Degree，RD）等用以描述廊道复杂度的指标，其描述及生态意义如表 4-7 所示。

| 空间层面 | 类型 | 指标 | 缩写代号 | 描述 |
|---|---|---|---|---|
| 绿网个体／绿网整体 | 斑块／类型／景观 | 景观形状指数 | LSI | 公式：$$LSI = \frac{0.25E}{\sqrt{A}}$$ 公式描述：通过计算斑块形状与相同面积正方形间的偏离程度以测量形状的复杂程度。式中：$E$ 为斑块边界总长度，$A$ 为斑块总面积。取值范围：$LSI \geqslant 1$，无上限。生态意义：反映斑块的形状规则程度、边缘复杂程度。数值越高则形状越不规则，偏离正方形方向，反之则形状越简单，当景观中只有一个正方形斑块时，其值为 1 |
| | 类型／景观 | 平均斑块边缘–面积比 | PARA-MN | 公式：$$P = \frac{1}{m} \sum_{k=1}^{m} \frac{E_k}{A_k}$$ 公式描述：所有斑块的边缘面积比的平均数。式中：$m$ 为总斑块数，$E_k$、$A_k$ 分别为 $k$ 斑块的边缘和面积。取值范围：$PARA\text{-}MN > 0$。生态意义：度量斑块边缘效应的重要指数，同时表达其形状复杂程度。数值越大，表明同等面积下的斑块边缘越长，形状越是复杂 |
| | 斑块／类型／景观 | 曲度 | CU | 公式：$$CU = \frac{L}{D}$$ 公式描述：反映廊道的弯曲与蜿蜒程度，为网络中廊道的实际长度与节点间直线连接长度的比值。式中：$L$ 为廊道实际长度，$D$ 为直线距离。生态意义：与廊道中生态流的运移相关，一般来说，廊道越通直、距离越短，生物于其中移动速度就越快，反之越慢。 |
| | 类型／景观 | 环度 | RD | 公式：$$RD = \frac{L - V + 1}{2V - 5}$$ 公式描述：网络中独立环数的实际数与其所存最大可能环路数的比值。[①] 生态意义：为网络复杂度的重要指标。为生态流提供可能性，反映物种穿越网络时扩散路径的可选择程度，对于物种多样性及整体生态效益有重要意义。 |

---

① 王原等．面向绿地网络化的城市生态廊道规划方法研究 [A]．和谐城市规划——2007 中国城市规划年会论文集：1665-1671．

3）空间格局指数（Pattern Metrics）

空间格局指数主要表达构成绿网的各要素之间，如斑块之间、廊道之间或斑块与廊道之间的几何相关、空间密度及其放置于整体城市当中的可达关系等。空间格局指数描绘绿网的内部空间构成以及绿网与外部城市结构的关系。城市绿网空间格局是基于山水生态空间的一种有机组织的整体性网络，为绿网主体架构，分析研究建立于宏观的绿网整体尺度之上。因此，空间格局指数多属于类型级别或整体景观级别的指标。

空间格局指数一方面表达绿网自身结构，如层次结构与类型结构等，包括各级绿地、各类型绿地在城市绿地总量当中的占比等，另一方面也表达了绿网的城市结构，包括绿地于城市建设用地中的占比、绿地要素间的相邻关系、斑块密度、廊道密度等。基于绿网空间构成要素，可分别从空间相关、空间密度、空间可达三个方面表述城市绿网空间格局（表4-8），具体如下：

（1）空间相关指数多数属于类型级别及景观级别层面的指标，研究各绿地要素类型或是整体景观空间的延续与联系程度。空间相关指数由平均邻近指数（Mean Proximity Index，MPI）、聚合度（Aggregation Index，AI）2个指标构成，其描述及生态意义如表所示。

（2）空间密度指数以景观级别为主，同时涵盖类型级别层面的指标，研究建立于绿网整体以及区域尺度之上，具体分析绿网各要素于空间分布上的集散程度。空间密度指数由绿地率（GreenLand Ratio，GR）、斑块密度（Patch Dimension，PD）、廊道密度（Corridor Density，CD）3个指标所构成，其描述及生态意义如表所示。

（3）空间可达指数主要用以描述区域层面的绿地影响程度，故而属于景观级别指标，分析研究建立于整体城市或区域尺度之上。空间可达指数可以服务覆盖率（service coverage，SC）来表达，其描述及生态意义如表所示。

绿网空间格局指数测度指标（6个指标）　　　　　表4-8

| 空间层面 | 类型 | 指标 | 缩写代号 | 描述 |
|---|---|---|---|---|
| 绿网整体<br>空间关联指数 | 类型/景观 | 平均邻近指数 | MPI | 公式：<br>$$MPI = \left[ 1 + \frac{1}{2\ln(n)} \sum_{i=1}^{n} \sum_{j=1}^{n} p \cdot \ln(P_{ij}) \right] \times 100\%$$<br>公式描述：斑块类型 $ij$ 的面积除以其到同类型斑块最近距离的平方之和，再除以此类型拼块总数。取值范围：MPI ≥ 0，上限由搜索半径与斑块间最小距离决定。<br>生态意义：用以度量同类型斑块的空间邻近程度及破碎度，对于斑块间物种迁徙等生态过程有重要影响。值越小，则斑块离散度越高，绿网破碎度越大；反之则同类型斑块邻近度高，绿网连接度高；当 MPI 为0，说明给定半径内无同类型斑块出现 |

| 空间层面 | 类型 | 指标 | 缩写代号 | 描述 |
|---|---|---|---|---|
| 绿网整体空间关联指数 | 类型/景观 | 聚合度 | AI | 公式:<br><br>$$AI = C_{\max} + \sum_{i=1}^{n} \sum_{j=1}^{n} p_{ij} \ln(P_{ij})$$<br><br>公式描述:式中:$p_{ij}$ 为生态斑块类型 $i$ 与类型 $j$ 的相邻概率;$C_{\max}$ 为 $P_{ij}$ 的最大值;$n$ 是绿网中生态斑块类型数量。取值范围:$0 \leqslant AI \leqslant 100$。<br>生态意义:反映斑块的延展趋势和聚集程度。数值高表明集聚性大、结构紧凑,或景观由少数团聚的大斑块控制;数值低则表明呈离散状分布,景观由诸多小斑块组成,数值为零时,表明同一类型斑块最大化分散 |
| 绿网整体空间密度指数 | 景观 | 绿地率 | GR | 公式:<br><br>$$GR = \frac{TA}{A_u}$$<br><br>公式描述:单位面积城市用地内的绿地面积所占比重。式中:TA 为绿地生态面积,$A_u$ 为城市建设用地面积。取值范围:$100 > GR > 0$。<br>生态意义:反映景观的面积占比程度,GR 值越大,表明绿地生态空间占有城市空间比重高;反之则比重低 |
| | 类型/景观 | 斑块密度 | PD | 公式:<br><br>$$PD = \frac{\sum_{i=1}^{m} N_i}{A_u}$$<br><br>公式描述:类型水平上,指单位面积城市用地内某一类型斑块数;景观水平上则是单位面积城市用地内斑块的总数。式中:$m$ 为绿网斑块类型总数,$N_i$ 为第 $i$ 类绿网生态要素的斑块数,$A_u$ 为研究区范围总面积。取值范围:$PD > 0$,无上限。<br>生态意义:反映景观的破碎化程度。PD 值越大,表明景观被分隔程度越高,破碎化程度越高,斑块越小;PD 值越小则斑块越大,生态稳定性越高 |
| | 景观 | 廊道密度 | CD | 公式:<br><br>$$CD = \frac{\sum_{i=1}^{m} L_i}{A_u}$$<br><br>公式描述:单位面积城市用地内的绿地廊道总长度。式中:$m$ 为绿地廊道总数,$L_i$ 为廊道 $i$ 的长度,$A_u$ 为研究区范围总面积。取值范围:$ED > 0$,无上限。<br>生态意义:反映景观的连通性,与廊道间距紧密关联。合理的间距与密度有助于绿网生态功能及其外向综合服务功能的发挥 |

| 空间层面 | 类型 | 指标 | 缩写代号 | 描述 |
|---|---|---|---|---|
| 绿网区域<br><br>空间可达指数 | 景观 | 服务覆盖率 | SC | 公式：<br>$$SC = \dfrac{\sum\limits_{i=1}^{m} A_i}{A_u}$$<br>公式描述：绿地所服务城市面积（按照城市级 800m、社区级 500m 服务半径计算）占城市总用地面积的比例。式中：$m$ 为绿网斑块类型总数，$A_i$ 为第 $i$ 类斑块的面积，$A_u$ 为研究区范围总面积。取值范围：100 > SC > 0。<br>生态意义：衡量绿地为城市提供服务的能力，体现资源配置的合理性与均好性 |

## 4.3  基于"效能—空间"关联的网络系统及三指标

### 4.3.1  网络空间系统

从"效能—空间"相关联的层面，前文已经构建了基于城市绿地生态网络空间各要素的网络空间系统，由"本体—本体"系统、"本体—影响区"系统以及"本体—辐射区"系统所构成。

1）"本体—本体"——连接系统

"本体—本体"系统即指绿网自身连接系统，是由绿网中的斑块、廊道等空间要素相互连通而形成的完整的绿地生态空间。绿网自身系统的建构强调其构成要素在形态、结构及功能上的相互连接程度，利用廊道串接起城市当中破碎的绿地斑块为相对的整体，从而保持生态过程在空间及功能上的完整性与连续性。故而，"本体—本体"系统又可称为绿网的连接系统。

连接系统对于绿网本体生态效能具有决定性作用，进而决定其边缘效能、影响以及辐射效能。

2）"本体—影响区"——渗透系统

"本体—影响区"系统即指绿网与相邻地块系统，由绿网本体与受绿网直接影响的网络影响区所共同构建。因网络外部增强特性及其生态功能的外溢特征，其对于绿网周边的直接影响区域在生态、社会、经济、环境等多方面均产生深层影响与渗透，导致其呈现出有别于城市其他地段的差异化。因此，绿网与相邻地块系统的建构应强调在绿网及影响区间的功能、结构、形态等方面的作用及相互影响，而这些又与绿网渗透于周边相邻功能区域的强弱程度紧密关联。故而，"本体—影响区"系统又可称为绿网的渗透系统。

渗透系统对于绿网本体面向其周边地区的生态效能外溢极其关键，是体现生态空间增效的重要途径。

3）"本体—辐射区"——密度系统

"本体—辐射区"系统即指绿网与整体城市系统，是本体面向于整体城市的间接辐射与影响覆盖。绿网在城市中延续了自然的力量，从而带来了城市各空间单元之间的物种、能量的沟通、交流与交换。在绿网与整体城市系统的建构研究中应强调通过何种布局使得这一辐射影响区域最大化，即于城市中的影响覆盖面增加，这与绿网的整体格局、分布模式、布局密度等直接关联。故而，"本体—辐射区"系统又可称为绿网的密度系统。

密度系统对于绿网本体面向于整体城市的生态效能的外溢以及辐射至关重要，同时也是体现生态空间增效的重要途径。

### 4.3.2 网络指标体系构建

1）指标体系建构原则

影响城市绿地生态网络的因素复杂，可用评价因子诸多，因而在针对绿网系统开展调查评价时，应筛选其中对于网络生存及运行起最关键作用的因子。通过空间、效能二重维度的拟合分析，从大量空间及效能指标当中提取优质信息，在高度融合、科学提炼的基础上，最终提取出具有高度信息综合特性的网络指标体系，并符合以下原则：

（1）信息综合反映能力强，通过高度浓缩的精英指标的提炼，即保障评价体系的完备，又能去除指标间的冗余信息，保障评价的有效合理。

（2）前瞻导向性。评价结果对于绿网生态空间分布具有适应当今时代趋势的较强的指导意义。

（3）针对性强。具体体现绿网空间要素在某一或多方面的空间效能及作用。

（4）数据易于获取。各指标可查、可量化，便于建立评价模型并开展数理分析，评价结果应具有可比性。

2）指标研究前提

综合"效能—空间"相互关联的本质内涵、度量方法以及评价手段，指标研究基于三点前提：

首先，源于图论（Graph Theory）原理以及方法，研究对于绿地生态空间（包括绿地生态斑块、生态廊道及其连接）的功能、结构的表达。

其二，重点针对景观水平层面的指数，同时展开斑块水平、类型水平层面的分析与探讨。

其三，基于矢量和光栅数据运行指数的统计和运算，并假定任何形式的图式元素均可对其进行赋值，以便评价。

3）网络系统评价三指标

依据指标体系建构原则，从系统叠合维度出发，对应于绿网三大空间系统，提出衡量及评价城市绿网的综合指数，建构以网络连接度、网络渗透度、网络密度三个指标为构架的城市绿网"效能—空间"关联评价体系，即网络系统评价三指标（以下简称"网络三指标"）（图4-5）。三个指标高度浓缩了绿网的规模、格局、形态等空间信息，同时反映绿网内部生态流过程及其面向城市发挥生态效益的能力，是兼具功能性、结构性双重属性特征的指标体系。

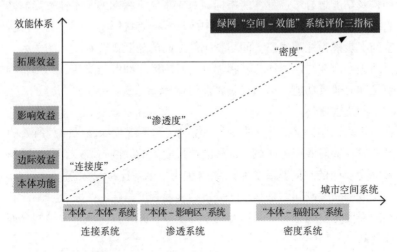

图4-5　网络空间系统及网络系统评价三指标

（1）网络连接度

　　无论是传统绿地系统所强调的"点、线、面"相结合，还是景观生态学的"斑—廊—基"提倡的生态连通，城市绿地生态本体空间，即"本体—本体"系统，关注重点都在于其空间体系化，也即生态连接。生态连接基于空间连通对于绿网生态效益，如生物多样性保护、生态流运移、生态环境的改善以及人类休闲游憩的可达等方面的发挥至关重要。因此，在城市生态保护、重建以及修复工作中，生态连接日渐被作为一种极为关键的空间措施。

　　网络连接度是衡量城市绿地生态空间自身连接程度的指标，对应于绿网"本体—本体"系统，采用网络连接度来表达绿地自身的生态连接关系，对于生态本体效能（主体效能以及边际效能）意义重大。网络连接度指标在空间上表现为绿地生态空间系统的布局连接或邻近关系，在功能上，则反映了物种、能量、信息等生态流在绿网本体内部流通、扩散和生存的能力，同时兼有功能性、结构性二重属性。

（2）网络渗透度

　　在城市绿网空间系统中，"本体—影响区"系统是绿网面向城市发挥生态效能的关键的前沿阵地。这一地带中，绿网与周边地块间无论是结构还是功能上都更为紧密关联，并较为集中地体现于其空间镶嵌及功能耦合的程度上，也即生态渗透。生态渗透除在一定程度上决定了绿网生态效益的体现之外，同时对于城市生态环境的改善、景观形象的提升、社会游憩的促进以及经济消费的拉动等方面也影响重大。因此，在强调城市与绿地、人与自然相互融合的城市空间之中，生态渗透被用作一种极为关键的空间措施。

网络渗透度主要表达绿地生态空间与周边相邻地块间的镶嵌关系，是衡量其间结构及功能融合渗透程度的指标。对应于城市绿网的"本体—影响区"系统，它决定了绿地生态空间于城市之中所形成的直接影响效应。网络渗透度指标在空间上表现为绿地生态空间与影响区之间的相互耦合和嵌入的关系，功能上则反映生态流在绿网本体与其相邻近的影响区之间渗透交流、作用影响的能力，也是同时兼具功能、结构二重属性的指标。

（3）网络密度

在城市绿网空间系统中，"本体—辐射区"系统是绿网面向其所处的广大城市基质发挥辐射效应的区域。这种区域尺度下的绿网与城市，是一种与纯自然区域完全反向的空间基底关系，绿网在建立生态连接及生态渗透的基础上，于这一尺度中的关键问题是其空间分布的集散程度与疏密关系，也即空间密度。绿网空间密度是空间分布均匀程度的重要衡量，亦是其于城市中结构合理与否的重要反映。

网络密度对应于绿网"本体—辐射区"系统，主要表达绿地与城市或区域的关系。网络密度是衡量生态空间于整体城市中分布疏密程度的指标，对于城市生态空间于整体城市及区域中所形成的间接影响效应具有决定性作用。网络密度指标在空间上表现为绿网生态空间在城市中的布局疏密关系，功能上则反映了辐射区内的城市绿网可达性以及享受绿网服务的能力。

具有"效能—空间"关联特征的城市绿地生态网络三指标的分析、评价及研究，将原先单一针对空间格局的评价方法推广至功能—结构关系以及过程研究领域。通过对于空间结构和生态过程之间关系的探索，融合了技术分析、经济及社会评价方法，在绿网空间研究的基础上综合了效能运行影响，为生态环境保护、区域绿地生态格局优化提供了科学依据，为方便、高效地评定绿网空间并运用空间手段实现其增效目标提供了有效方法与路径。

### 4.3.3　网络连接度

1）连接度内涵

连接度概念的提出与应用，对于生物多样性保护以及生物资源管理具有重要意义。[①] 自然景观中，连接度对于动物的迁移、扩散、繁衍等生态过程以及野生动物保护影响广泛；在人工干扰日益强烈、生境日渐破碎化的城市当中，维持较高的连接度对于保护动植物栖息地、提供物种扩散和迁徙环境等意义重大，并于不同时间尺度上影响着基因、个体、种群及物种的运动。

连接度一词引自于景观生态学，而景观生态学的研究重点在于景观结构

---

① 陈利顶，傅伯杰.景观连接度的生态学意义及其应用[J].生态学杂志，1996，15（4）：37-42.

及过程之间的关联，因此，针对连接度的研究侧重从其功能、结构两个方面展开。

（1）功能连接度

连接度最早于 1984 年由 Merriam 提出，是一种测定景观生态过程的指标，它反映一定区域内部物种特性及景观结构对种群运动的综合作用，并用以描述景观结构特征与物种运动行为间的交互作用。[①] Forman 和 Godron 依据拓扑学中的数学概念，将景观连接度定义为描述景观中的廊道或是基质在空间上如何连接并延续的一种测定指标。[②] Schrelber 将连接度概括为生态系统内部及其之间关系的整体复杂性，它包括群落内部生物间、不同生态系统之间以及生物与非生物单元之间的生态流等共同组成的复杂关系网络。[③] Taylor 等人则将之定义为景观中促进或阻碍生态过程于斑块之间运动的程度[④]，这一概念便于进行连接度的定量描述，从实质上反映了景观要素对于水平运动过程的抑制程度[⑤]，并综合考虑了整体景观过程的影响，扩展了连接度的应用范围。目前，Taylor 关于连接度的定义已被广泛运用于国际景观生态学领域。

尽管上述概念表述各不相同，但形成了一致共识：连接度是表达景观空间单元相互间生态连续性的一种度量，它侧重反映景观功能的有机联系，属于描述生态过程的参数。对于生物群体而言，连接度的意义表现为：当连接度较大时，生物群体迁徙、觅食、交换、繁殖和生存较容易，受到的阻力较小；而当连接度较小时，生物群体以上运动将受到更多限制，阻力较大，且生存困难。通过连接度建立起连续生态过程，景观中的生物群体得以相互影响、作用而形成有机整体，不仅促进了物种交流，同时也推动了景观元素间物质、能量的直接交换与迁移。

（2）结构连通性

连接度与连通性之间存在差异。Baudry 在 1988 年即对两个概念加以区别分析，认为连通性是指景观中各元素在空间结构上的联系，而连接度则指各景观元素在功能以及生态过程上的联系。

Janssens 和 Gulinck 将连通性定义为空间可接近性。Haber 认为连通性为区域内景观元素空间关系的一种评价，它强调邻接性及相互间的依赖。Forman 将连通性定义为廊道、网络或是基质空间连续性的度量。Taylor 则将之定义

①  H. G. Merriam. Connectivity: A fundamental characteristic of landscape pattern. J. In Brandt J and P. Agger editors. The First International seminar on Methodology in landscape ecological research and Planning[M]. Denmark: Roskilde University Center, 1984, 5–15.

②  Forman R T T, Godron M.Landscape Ecology[M]. New York: JohnWiley and Sons, 1986.

③  Schrelber K F. Connectivity in landscape ecology[J]. Proceedings of the 2nd International Seminar of the International Association for Landscape Ecology. Munster: Munstersche Geographische Arbeiten, 1987, 29: 11–15.

④  Taylor P D, Fahrig L, Henein K, Merriam G[J]. Connectivity is a vital element of landscape structure. Oikos, 1993, 68(3): 571–573.

⑤  吴昌广等 . 景观连接度的概念、度量及其应用 [J]. 生态学报，2010, 30（7）: 1903–1910.

为景观斑块间生态运动的便利或阻碍程度。With 等人将之描述为栖息斑块之间由于空间蔓延以及生物体对空间结构的运动反应所产生的一种功能关系。Madenoff 等将景观连通性定义为在景观单元中动物迁徙或植物传播运动的平均效率。Haggett 和 Choriey 通过数学推理构造出了景观连通性模型，基于该模型，生态学家 Foroan 研究证明了景观连通性与生物多样性的正相关关系。

综合以上概念可知，连通性测定景观的结构特征，可从景观空间分布中得到反映；而连接度测定的是景观的功能特征，这一抽象概念通常难以直接量化，其与生态空间的分布、生态行为及过程紧密相关，需将区域格局分析和过程研究联系起来。表征结构的连通性连同景观基质的连接阻力同时对表征功能的连接度起作用。具有较高连通性的绿地空间并不一定具备较好的连接度，而与此同时，某一特定生态过程具有较高连接度的景观单元，对于其他生态过程来说其连接度也许会呈现出较低水平。因此，结构连通性以及功能连接度，反映的是景观特征的两个不同方面，其中结构连通性对于功能连接度具有重要影响意义，但并非起决定作用。

（3）绿网连接度内涵

城市绿地生态网络的连接度是一个抽象、相对的测定指标，是关于空间连续、生态过程及功能联系的度量。

绿网连接度表达"本体—本体"系统的自身连接关系，表达生态过程在不同绿网单元之间进行的顺利程度。其描述的不仅仅是绿网的自然结构特征，还有与之相联系的生态过程及生态功能，重在表达生物于绿网中的活动、生存能力以及绿网空间要素对它的抑制程度。

因而，绿网连接度应综合、全面地反映网络连接特征及其基础上的生态行为、生物迁徙以及生存状况，它同时涵盖了结构连通性以及功能连接性两个层面的含义。

2）连接度影响因子

影响绿网连接度的因素众多且关联复杂，取决于具体的研究目的、空间连续、廊道质量以及基质构成等。由"效能—空间"二重维度出发，结合绿网自身特性及其放置于城市基底中的综合考虑，本书将绿网连接度决定性因素归纳为空间层面的连结性、邻近性以及非空间层面的延续性3个方面（图4-6）。

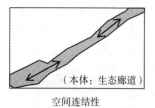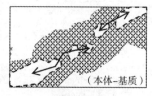

图4-6　城市绿地生态网络连接度影响因子

（1）空间连结性

大量研究证明，较多空间联系而成的绿地网络与较少联系的绿地空间相比较，连接度明显较高，这表明连接度与空间结构的连通不可分割。城市绿网通过网络结构将不同生态系统相互连接，进而控制其功能及变化，网络空间结构的演变亦将产生新的绿网形态及功能，因而，连接度与绿网要素空间分布密切关联。

空间连结性即是指绿网本体空间的直接相接和连续，其与绿网本体的规模、结构、形态等密切相关，如斑块的数量、大小、形状、距离、类型比例以及廊道的数量、长度、宽度、空间排列、物质组成等。在受人类严重干扰的建设区域，廊道因其典型空间形态而成为空间连结的一种重要方式，在生物栖息地斑块之间建立合理的生态廊道将会起到积极作用，并于绿网生态过程中发挥重要意义。

（2）空间邻近性

廊道对于物种生存以及绿网的连接性固然重要，然而不同生物体对于廊道的要求并非完全相同，廊道对于连接度的贡献取决于生物体对于廊道的不同反映。Merriam 通过研究证明了廊道只是连接度的空间具体形态，但并不可单向直接地反映连接度水平。由此可见，廊道并非绿网连接度的必要条件，仅依此来衡量连接度并不全面[①]，只有结合生物学的研究才可真实反映绿地廊道对于绿网连接度的影响，其他绿地生态元素以及基质对于连接度也有显著影响。

空间邻近性强调非直接连接的空间邻近，指并不依赖于连通渠道，而是提供"暂栖地"或是"溪沟"等间接连通地带，这对于物种的迁徙、繁殖与栖息具有关键作用。

空间邻近性对于绿网连接度的意义在于：在绿地生态斑块与相邻绿网要素之间，若在能量可及范围内具有功能的相似性，则即使空间不直接相连，其连接度同样具有一定水平。但不可否认的是，生境斑块间的距离与网络连接度存在着显著的负相关关系。由此可见，绿网连接度可以有多种表现形式，除廊道之外，斑块间的距离只要限定在某些物种、物质和能量可以到达的阈值范围内，生态连接功能就依然存在。

（3）功能延续性

生物群体能否顺利地从一个绿地生态斑块到达另一斑块，很大程度上取决于斑块之间的人工介质，即城市基质。城市基质对网络连接度水平意义重大，主要体现于其对绿网生态过程的支持程度上。

功能延续性是连接度存在的必要条件。除了研究绿网本体，绿网区域格局还包括生态斑块间的基质构成成分、空间配置等，都将对网络的功能延续产生

---

① 吴昌广等.景观连接度的概念、度量及其应用[J].生态学报，2010，30（7）：1903–1910.

较强的影响。

城市绿地生态网络居于高度人工组织下的城市复合系统中，不同性质的人工景观对于生态过程的连接以及功能的延续将起到阻碍或促进等不同作用。若城市地段由易于生物运动的基质组成，则连接度较高；反之则连接度较低。因此，对包括城市基质在内的绿网区域格局的研究对于网络连接度具有必要性。功能延续性与研究对象、生态过程同样关系紧密。在生物群体中，即使同一绿网空间中的不同物种，如陆生生物与水生生物以及飞禽等，因环境适应能力不同，冲破基质阻力到达目的地的能力也不同，故而所具有的连接度存在较大差异。同样，同一空间结构绿网的连接度水平在面临不同生态过程时也会呈现较大差异。

3）研究及度量方法

因具有重要的生态学意义，连接度现已被纳为城市土地可持续利用以及区域生态保护领域的重要指标。针对生态连接度的评价为自然保护区规划、区域生态安全格局设计以及城市绿地生态网络建构等工作提供了科学的决策依据。

（1）研究方法

网络连接度是描述绿网"效能—空间"二重维度的参数之一，其研究主要是采用不同手段量化网络功能及结构的变化，并综合考虑绿网空间以及生态的动态过程。[①]

目前，景观生态学界常用的研究方法有实验研究法、模拟特定生态过程的模型研究法、景观格局指数研究法等。其中，实验研究法基于对生物体运动及分布的数据测定来获取最直接的功能连接度，然因研究生态功能与过程所需数据量巨大，时间周期长，故此方法局限性较大。模型研究法利用有限数据将真实系统抽象化、简化，其中，迁移扩散模型能够较好地将生态过程与景观格局相联系，运用模型简化了数据量过大的问题，反映了迁移的范围与强度，并运用最小耗费距离分析了生态功能间的变化和联系，这种方法广泛运用于生态过程的研究领域，并已呈现出较好的前景。景观格局指数研究法是通过一系列具有空间及生态连接意义的景观格局信息与指标来展开连接度的研究，综合反映了景观功能结构的变化，极大地简化了连接度的研究方法。

上述研究方法优点、局限各异，因而在绿网连接度度量以及评价的实际应用中，应依据研究目标选取适当方法。本书采用距离阈值与最小耗费距离相结合的研究法，路径为：采用图谱理论研究网络连接的薄弱环节，构建绿网的可能情景，采用最小路径法定量表征潜在的连接体系，并基于重力模型对绿网要素间作用强度以及网络结构进行定量分析评价，从而识别出重要的绿地生态单元以及最具潜力的连通性廊道。这种方法运用于实践的意义在于：首先，分析

---

① 岳天祥等.景观连接度模型及其应用沿海地区景观 [J]. 地理学报，2002，57（1）：67–75.

评价现状及规划的绿网空间格局；其次，指导绿网空间规划及其实际建构；再次，提出基于"空间增效"引导的绿网空间优化及建构策略。

（2）度量方法

连接度可进行结构性度量，也可开展功能性度量，Goodwin 将连接度度量方法归纳为 10 类[①]：① 基于廊道是否存在；② 基于空间距离，结合斑块间的生态过程计算加权距离；③ 基于景观中的生境数量；④ 基于聚集度或渗透性；⑤ 基于图论；⑥ 基于扩散成功，即成功迁入的个体与最初释放的个体总数的比值；⑦ 基于斑块间平均移动的概率；⑧ 基于搜索时间，即随机放置的个体找到全新生境所需花费的时间；⑨ 基于迁徙个体再度被发现的频率；⑩ 基于物种迁入率。Kindlmann 和 Burel 针对上述 10 种方法进一步划分，并将前 5 种归为结构连接度，后 5 种归为功能连接度。[②]Minor 和 Urban 认为图论是兼可量化结构连接度与功能连接度的一种方法[③]，且目前常被用来度量物种的功能连接度。Calabrese 和 Fagan 又将连接度度量方法归纳为最近距离法、空间格局指数法、尺度—面积比例法、图论方法、缓冲半径与关联函数模型法、扩散率法 6 类，并对每种方法的数据要求、优缺点均作了详尽总结。[④]

在以上关于连接度的度量方法中，总结出易于操作且最为常用的几个指标：一是连接性指数 CI（Connectivity Index），主要通过测定绿地生态空间的结构连接度反映景观的动态变化，可用于识别较大范围内具有重要结构连接度的区域。二是综合连通性指数 IIC（Integral Index of Connectivity）和连通性概率指数 PC（Probability of Connectivity），两指数均基于图论，通过结构测度来反映生态连接，将空间结构与空间性质、生态过程阈值等要素关联起来定量化、动态化地描述绿网连接度，可用于识别具有重要生态连接度的区域及组分，具有较强的适用性，局限在于其对基质影响考虑的欠缺[⑤]。三是生态连接度指数 ECI（Ecological Connectivity Index），以最小耗费距离模型反映生态功能间的变化与联系，作为直接测定生态阻力的量化指标，主要研究绿网功能阻力与连接度，并用以识别具有重要生态连接度的地区。将最小耗费距离模型经数学变换之后的 ECI，较为全面地考虑了绿网所处的基质要素（即城市）对其生态过程的影响，是表达绿网功能连接度的重要指标。

针对城市绿地生态网络，连接重在建构连续的空间及功能的联系，因此，研究重在自内向外地探索绿地生态斑块及廊道与其他绿地生态要素连接的可能

---

① 吴昌广等.景观连接度的概念、度量及其应用 [J].生态学报，2010，30（7）：1903-1910.

② Kindlmann P, Burel F. Connectivity measures:a review[J]. Landscape Ecology, 2008, 23: 879-890.

③ Urban D, Keitt T. Landscape connectivity: a graph-theoretic perspective[J]. Ecology, 2001, 82: 1205-1218.

④ Calabrese J M, Fagan W F. A comparison-shopper's guide to connectivity metrics[J]. Frontiers in Ecology and the Environment, 2004, 2: 529-536.

⑤ 富伟等.景观生态学中生态连接度研究进展 [J].生态学报，2009，29（11）：6174-6182.

性与途径。结合空间连结性、空间邻近性、功能延续性三个影响因子，其度量建立于三个假设条件的成立上：首先，直接的空间相邻或距离阈值为连接前提，即最大扩散距离；其次，距离阈值内的连通性概率与距离呈反向比例关系；再次，斑块间功能距离为欧式距离加权生态流阻力系数之后的阻力加权距离，即最小消费距离。据此，本书采用距离阈值、最小耗费距离、贯通度三个度量来共同度量网络连接系统（表4-9、图4-7）。其中，距离阈值研究建立于IIC与PC两指数基础之上，基于网络当中的生态"源"表达绿网的破碎化，并通过识别垫脚石斑块以发掘其潜在连接功能；贯通度重点表达基于生态"源"的生态扩散能力于城市基质空间中的分布；而最小耗费距离则建立于ECI的指数基础之上，考虑绿网所在的城市基质对其生态过程的阻力影响。

绿网连接度指标度量表 表4-9

<table>
<tr><td colspan="2">度量方法及指标</td><td>内涵</td><td colspan="2">相关研究指数</td></tr>
<tr><td rowspan="6">绿网连接度</td><td>距离阈值<br>Distance Thresholds</td><td>最大扩散距离<br>（欧式几何距离）</td><td>综合连通度指数<br>连通性概率指数</td><td>Integral Index of Connectivity（IIC）<br>Probability of Connectivity（PC）</td></tr>
<tr><td>贯通度<br>Traverse</td><td>最大扩散面积<br>（域 – 面）</td><td>贯通度指数</td><td>Traverse Index（TI）</td></tr>
<tr><td>最小耗费距离<br>Least-cost Distance</td><td>最小费用路径<br>（费用距离）</td><td>生态连结性指数</td><td>Ecological Connectivity Index（ECI）</td></tr>
</table>

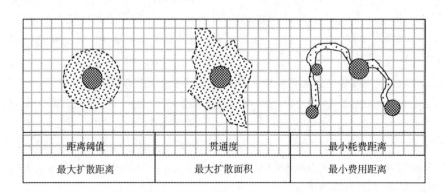

| 距离阈值 | 贯通度 | 最小耗费距离 |
| --- | --- | --- |
| 最大扩散距离 | 最大扩散面积 | 最小费用距离 |

图4-7　城市绿地生态网络连接度度量指标

① 距离阈值

在生境破碎化过程中，异质性的人工斑块（即城市基质）会对生物体运动行为产生干扰及风险，从而影响生物体在斑块间的扩散能力。若物种有能力穿透基质实现于不连续斑块间的扩散，则绿网仍然存在着功能延续，这是除空间连接之外的一种潜在连接度的重要表现，距离阈值即是针对这一潜在连接度的研究方法。

针对某一特定物种设定不同距离阈值是生态学界的常见测定方法。距离阈值对于生态流意味着最大扩散距离，为物种、能量、信息脱离生态"源"斑块后能够达到的临界距离。然而，不同物种的扩散能力差异较大，因此，在分析绿网距离阈值时利用生境可利用性特点，利用综合连通性指数（IIC）、连通性概率指数（PC）来进行绿网连接度的测定以及绿地生态斑块重要性的分析。

（a）综合连通性指数 IIC（Integral Index of Connectivity），算式（4-1）如下：

$$\text{IIC} = \frac{\displaystyle\sum_{i=1}^{n}\sum_{j=1}^{n}\frac{a_i \cdot a_i}{1+nl_{ij}}}{A_{\text{L}}^{2}} \qquad (4-1)$$

式中：$a_i$ 和 $a_j$ 分别为绿地生态斑块 $i$ 和斑块 $j$ 的面积；$nl_{ij}$ 为斑块 $i$ 与 $j$ 之间最短路径上的链接数；$A_{\text{L}}$ 为景观总面积。$0 \le \text{IIC} \le 1$，当其为 0，表明绿地生态斑块之间无任何连接，当其为 1，则表明连通性最大，即整个景观均为生境斑块[1]。

（b）连通性概率指数 PC（Probability of Connectivity）又称潜在连通性指数，其算式（4-2）如下：

$$\text{PC} = \frac{\displaystyle\sum_{i=1}^{n}\sum_{j=1}^{n}a_i \cdot a_j \cdot P_{ij}^{*}}{A_{L}^{2}} \qquad (4-2)$$

式中：$P_{ij}^{*}$ 为绿地生态斑块 $i$ 和斑块 $j$ 之间所有路径概率乘积的最大值，$0 < \text{PC} < 1$。

两指数中：IIC 为二位连接模型，即只有连接或不连接两种情况，当斑块间距离小于距离阈值，则为连接，大于距离阈值，则为不连接；PC 为概率模型，指连通的潜在可能性，其与斑块间距离呈负相关的关系。为了与二位模型具有可比性，实际应用中，通常将生态斑块距离等于距离阈值时的连通性概率设为 0.5，即 50%。[2] 基于二位连接以及概率模型的 IIC 与 PC 指数，适宜距离阈值的选取极为关键。若采用阈值过大，一般难以发现连接度的薄弱环节；而若阈值过小，则不能明示连接度有待提升与改善的区域。距离阈值与不同生态过程发生的尺度密切相关，因而实际研究需从满足不同层次目标的角度设置不同距离梯度值。

作为绿网连接度的重要评价指标，在城市之间或是同一城市的不同时期之间，适宜距离阈值的不同反映了绿网连接度的区域差异以及动态变化，一般来

① Lucia P H, Saura S. A new habitat availability index to integrate connectivity in landscape conservation planning: Comparison with existing indices and application to a case study[J]. Landscape and Urban Planning, 2007, 83: 91–103.

② Lucia P H, Saura S.Impact of spatial scale on the identification of critical habitat patches for the maintenance of landscape connectivity[J]. Landscape and Urban Planning. 2007, 83: 176–186.

说，适宜距离阈值越小则表明连接度越高。[①] 距离阈值方法通过生态斑块的欧式距离间接衡量连接度，在不考虑扩散阻力的情况下，这种欧式距离为各向均等（图4-7）。虽然对于连接度的表达并非直接，也并未考虑不同基质对于扩散阻力的差异，然而当分析仅仅针对于绿地生态单要素时，距离阈值在连接度的评价过程中就极为关键，通过不同阈值设定的图形分析，可针对位居城市中的破碎化绿地生态空间连接度作出正确认识、判断与评价。

②贯通度

距离阈值方法通过欧式距离衡量连接度的高低，并未考虑不同基质扩散阻力的差异，而实际上，即便互为邻近，若斑块间基质阻力系数值偏大，功能连接度也会较低。因此，绿网连接度水平还取决于城市基质的组成及其空间配置，取决于生物体于基质中的适宜性与渗透性。

贯通度（Traverse Index，TI）综合考虑了原斑块的扩散临界距离以及物种于扩散时的基质阻力问题。贯通度采用阻力加权算法，确定从某一中心斑块出发所能到达的范围，即最大扩散面积，这种范围因考虑了扩散阻力而呈各向非均等（图4-7），计算原理是假定生物离开中心栅格向着四周运动，于过程中所经过的每一个栅格均赋以阻力权重，每一个斑块都依据阻力矩阵确定一个消耗值，则在阻力最小的情况下会有一个基于一定能量消耗的最大扩散面积。[②]

贯通度的计算等于绿网中所有栅格最小损耗环绕面积的平均值与最小损耗环绕面积最大值的比值，并转化为百分比，算式（4-3）如下：

$$TI = \frac{\left(\sum_{i=1}^{z} t_r\right)}{Z} \times 100 \tag{4-3}$$

式中：$t_r$ 为绿地生态网络中第 $r$ 个栅格单元的最小损耗环绕面积；$Z$ 为绿网中的栅格单元总数；$t_{max}$ 为 $t_r$ 的最大值。

贯通度的单位是%，取值范围为 $0 \leqslant TI \leqslant 100$。当绿网中的栅格单元都是独立生态斑块，且被阻止任何生态连续的敌对斑块或是介质所环绕时，TI的值为0；若是所有栅格单元周围全部都是阻力最小的斑块或基底介质之时，则TI为极限值100。贯通度的计算依赖于对生物及生态学过程的深入了解以及科学合理的连通阻力系数的建立。

③最小耗费距离

不同生态源之间的生态流需克服一定阻力方可实现其空间运行。在这一运行过程中，能量必然随距离的增大而衰减，而不同基质类型对其造成的空间阻

① 刘常富等. 沈阳城市森林景观连接度距离阈值选择 [J]. 应用生态学报，2010，10（21）：2508–2516.
② 郑新奇，付梅臣. 景观格局空间分析技术及其应用 [M]. 北京：科学出版社，2010：7.

力是有差异的，即功能耗费成本不同。传统的欧式距离不可体现这种差异，基于最小耗费模型的费用距离弥补了这一缺陷，其结合生态性，考虑了实际生态过程中不同基质及阻力层对于物种运动适宜性的程度差别，从而可有效度量物种于绿网中的功能连接度。费用距离是考虑生态流通过不同基质单元的阻力而计算得出的距离，反映的是一种"加权距离"。[1] 最小耗费距离是指从生态"源"斑块经过不同阻力的景观组分（其他斑块或城市基质）所消耗的费用或是克服阻力所做的功[2]-[4]，是对城市绿网实现结构及功能二重连接的难易程度的抽象表达。耗费距离越大，说明消耗的功就越大，生态连接度则越低，反之则越高。

最小耗费距离模型研究法，结合了城市基质对于物种运动的阻力，为城市绿地生态网络的布局以及生态安全格局的建构等提供了科学路径。基于图论原理的模型可表达每一景观单元距离最近"源"点的最小累积耗费距离，并通过GIS 程序包实现运算过程，为绿网随格局变化的连接性分析提供依据[5]。在模型应用中，首先，输入"源"点、目标点以及耗费阻力层；后利用"节点—链接"方式，基于 Cost-Path 功能，由功能累积耗费表面得到"源"点的最小功能耗费方向及其与目标点之间的最佳路径，由此生成绿网中不同斑块间的阻力面和最小费用路径（Least-cost Path）。[6] 最小费用路径为生物体在"源"斑块与目标斑块之间迁徙时具有最大生存概率的廊道，它以图形方式描绘绿网潜在连接度和物种扩散的最小耗费方向及最佳路径。其中，"源"点是指功能耗费中心、物种扩散和维持的原点，即生态"源"斑块，其具有内部同质性、向着四周扩散或是向着自身汇聚的能力；目标点即是希望与"源"点间建立生态连接的目的地斑块；各阻力层则指"源"点与目标点之间的城市景观要素，即城市基质对于生态过程的障碍与阻力。

生态学中通过明确阻力系数来表达不同类型城市基质对于生态斑块间实现功能连接的相对阻隔程度，也称障碍影响指数 BEI（Barrier Effect Index）。[7] BEI 表达了不同介质的障碍系数与阻力值，描述了实现某种生态过程的潜在可能及趋势。明确 BEI 并依据最小耗费距离模型，计算在人工障

[1] Adriaensen F, Chardon J P, et al. The application of 'least-cost' modeling as a functional landscape model[J]. Landscape and Urban Planning, 2003, 64: 233-247.

[2] Adriaensen F, Chardon J P, et al. The application of 'least-cost' modeling as a functional landscape model[J]. Landscape and Urban Planning, 2003, 64: 233-247.

[3] Simberloff D S, Wilson E O.Experimental zoogeography of islands:The Colonization of Empty Islands[J]. Ecology, 1969, 50: 278-286.

[4] Li J H, Liu X H. Research of the nature reserve zonation based on the least-cost distance model[J]. Journal of Natural Resources, 2006, 21(2): 217-224.

[5] 张小飞等. 流域景观功能网络构建及应用——以台湾乌溪流域为例 [J]. 地理学报，2005，60（6）：974-980.

[6] Knaapen J P, Scheffer M, Harms B. Estimating habitat isolation in landscape planning[J]. Landscape and Urban Planning, 1992, 23: 1-16.

[7] 武剑锋等. 深圳地区景观生态连接度评估 [J]. 生态学报，2008，28（4）：1691-1701.

碍、距离效应、相邻土地利用类型等多方面综合影响下的生态连接性指数 ECI（Ecological Connectivity Index），其算式（4-4）如下：

$$\mathrm{ECI} = 10 - 9 \frac{\ln\left(1 + \left(x_i - x_{\min}\right)\right)}{\ln\left(1 + \left(x_{\max} - x_{\min}\right)\right)^3} \qquad (4\text{-}4)$$

式中：$x_i$ 代表每个像元合适的耗费距离，$x_{\max}$ 和 $x_{\min}$ 分别为给定区域耗费距离的最大、最小值。ECI 表达某种生态过程在两个绿地空间单元间运行的顺利程度，取值范围为 $0 \leqslant \mathrm{ECI} \leqslant 1$。0 表示要素间在功能上无任何联系，1 表示功能联系达至最佳。

生态连接性指数 ECI 充分考虑了城市基质在绿网生态连接过程中的作用及影响，这种通过距离模型以及最小费用路径对于绿网连接度的研究，结合了城市基质对于物种运动的阻力，从而为区域绿地生态网络设置方案提供科学依据。

### 4.3.4　网络渗透度

渗透，即渗入、透过，指当两种不同浓度溶液以半透膜隔开时，浓度较低的溶液将自动透过半透膜流向浓度较高的溶液，直至化学位平衡为止的现象[1]。渗透是自然界中一种极为常见的现象，如水体渗透、土壤渗透等，渗透理论常用以描述胶体、玻璃类物质的物理特性，于化学、物理学界运用较多，现今也被广泛运用于生态学、社会学、经济学等其他学科领域。

渗透要点是当媒介密度达到某一临界值时，渗透物能够从媒介的一端到达另外一端，或是流体通过多孔介质发生渗透性流动。因此渗透一词也常用来比喻事物或势力逐渐进入其他方面的现象。景观生态学领域中，景观组分的密度存在一定阈值，因而支持特定生态过程的渗透性流动[2]，即渗流。渗流依赖于相邻景观要素，发生于生态斑块之间或是斑块与基质之间，其前提是景观要素之间的媒介具有生态透性，即媒介的质地、孔隙度、传导性等能够支持物种、信息、能量的渗透性运移。渗透理论运用于景观生态学科的研究核心即是生态渗流以及渗流于城市介质中如何运动。

#### 1）渗透度内涵

城市是一个复杂、互为影响、相互渗透的系统，网络化结构更进一步地强化了绿地生态空间与城市其他景观组分间的关联及渗透影响。绿网渗透发生于绿地生态空间与城市基质之间，为自然生态系统与人工生态系统两者相互间的融合与渗入。从绿网及城市发展的空间形态演进、系统耦合关系以及价值驱动机制等方面来看，网络已经深度渗透入城市生产与生活，且由此为城市带来了环境品质、社会活力以及经济价值。

---

[1]　百度百科 . 渗透 [EB/OL]. [2014-07-08]. http://baike.baidu.com/view/919338.htm.
[2]　富伟等 . 景观生态学中生态连接度研究进展 [J]. 生态学报，2009，29（11）：6174-6182.

渗透程度高低同时取决于结构性渗透与功能性渗透两个层面，绿网渗透度研究是基于"效能—空间"关联维度的对于绿网空间生态流以及效能作用的研究。绿网系统的生态流渗透不仅促进了内部不同组分间的生物流、能量流、信息流的相互扩散，更重要是向着城市基底的外向性渗透与扩散。本书对于网络渗透的研究侧重于外向性渗透，即绿网面向城市的功能效益的发挥以及"外溢"程度。

（1）结构性渗透

结构性渗透取决于景观空间格局，体现为绿网以及城市空间所构成的景观镶嵌体在布局上的融合程度。结构性渗透与绿网本体分布的集聚或离散的程度以及绿网于城市空间中的嵌入程度相关。渗透发生于绿网本体与城市交界部位，因而交界面越长、交界区域规模越大，则渗透度越高。因此，在不影响绿网生态功能的前提下，适度离散格局对于绿网的城市渗透是有益的。

依据绿网与城市的空间渗透方式，可将结构性渗透划分为无渗透、凸凹型渗透、孔隙型渗透三种类型。当界线长度最短即呈直线时，即为无渗透；当界线呈现出一定弯曲度，空间上表现为绿地与城市基底的互相嵌入，则为凸凹型渗透，曲线界面的长度越大，则渗透性越强；当界线两侧出现一些脱离基地环境，而呈飞地形式嵌入的碎片性用地时，城市与绿地呈现出碎片状、孔隙状的异质融合，则为孔隙型渗透（图4-8）。结构性渗透度可通过绿地与城市交界面边线的实际长度与其直线距离的比值来体现，通常认为比值越大，渗透度越高，反之则越低，也可以通过绿网的指状度、嵌入度、孔隙度等具有重要生态学意义的景观格局指数来加以表达。

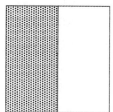 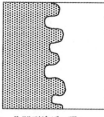 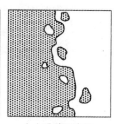

|（a）无渗透|（b）凸凹型渗透（弱）、凸凹型渗透（强）|（c）孔隙型渗透|

图4-8 网络结构性渗透三种类型

（2）功能性渗透

结构性渗透依据空间格局测定渗透程度，但实际生态过程中即使是绿地与城市以直线划分交界，相互间也是可以有物种、能量或信息的渗透发生的；同样，即便是在结构上呈现出凹凸型渗透，而若相交界面呈阻力极大值，如一堵高墙或一道鸿沟，则渗透度依然降至极低，甚至为零。所以，结构性渗透虽然对于渗透功能意义重大，但因未考虑渗透阻力问题，故而存在着不可避免的缺陷。

功能性渗透体现绿地生态空间与周边地块或城市在实际生态功能上相互耦

合的程度，体现了作为城市组成部分的绿地与城市共生、互动的理念。在绿网与城市建设区相交接的边缘地带，由于渗透带来生态因子的互补性汇聚，产生出明显的边际增殖效益，从而带来并强化了边缘区、相邻腹地乃至整体区域综合生态效益[①]，这是良性互动的结果，是积极外部效应的具体体现。一般来说，功能性渗透越强，则绿网"外溢"效益越明显，其带给城市的环境、社会、经济等综合效益就越强。但必须强调，功能融合渗透的前提是能够维持绿网正常的生态可持续性，且可以保障绿网自身生态过程不受到过多的人工扰乱。

（3）绿网渗透度内涵

城市绿地生态网络的渗透度可理解为用以衡量绿网与其之外的城市景观组分关联性的度量，它表达了生态功能效益在绿网及城市之间进行融合、交流的程度。随着城市"绿色革命"的兴起，绿网渗透功能极大促进了在城市当中积极探寻自然与文化的二元平衡，引导并带动绿地与城市基底间的交融互动，共同建构集聚生命力、活力的网络化城市生态系统，并推进可持续发展。

与网络连接度相似，渗透度是一个抽象、相对的测定指标，它同时强调空间上的延续性以及功能上的连接性；与之不同的是，本书研究的渗透度强调的并非生态过程本身的延续，而是因生态过程而带来的绿地与城市的关联及影响，这同时体现于空间结构镶嵌、功能效益渗透两个不同层面。

绿网渗透度的意义体现于两个方面。首先，它是绿网面向城市发挥其生态系统服务价值的关键所在，另外，当外界干扰超过一定阈值时，它也是保障生态稳定，利用生态穿透阻力对生物流运动进行调控的一种重要手段，因此，为建构城市生态安全格局而提供科学的方法与路径。

2）渗透度影响因子

（1）空间镶嵌格局

绿网的空间分布格局与形态对于生态渗透产生重要影响，这表现在绿网生态流的扩散、渗透作用与其空间镶嵌性的紧密联系上。镶嵌性在自然界中普遍存在，表现为研究对象的聚集或是分散特征。空间镶嵌是渗透作用的结构前提，绿网与城市的空间镶嵌致使在交界地带形成线性边界，连续的空间实体在此中断或是突变。[②]

渗透作用有赖于异质空间的镶嵌程度，如边界的形状、曲直程度以及城市基底孔隙度等。绿网空间镶嵌体现于不同城市尺度与领域：从宏观系统层面来看，绿网可呈环状、枝状、环枝状相结合或混合状等多种系统格局；从中观地块及单元层面看，绿网可呈自然生态型、人工规则型等多种地块形态；从微观边界层面看，绿网又可呈直线型、凸凹型、孔隙型等多种边界形式。不同绿网

---

① 刑忠. 边缘效应与城市生态规划 [J]. 城市规划，2001（6）：44-48.

② 郑新奇，付梅臣. 景观格局空间分析技术及其应用 [M]. 北京：科学出版社，2010：7.

空间分布格局与形态体现出的渗透度、可达性以及"城—绿"交融互动性等方面均各不相同。

（2）生态边界

绿网与城市相交界的边缘地带，对于绿网渗透可起到过滤作用，类似于半透膜地对穿越其间的生态流的类型、流向、流速、流量等发挥着重要调控作用。这一边缘地带或过渡带对于网络功能性渗透的研究至关重要，又可称生态边界。生态边界体现了生态渗透原理，是一个能够较好地表达渗透性功能结构的概念，城市绿网生态边界是指绿地基于网络化空间结构向着城市延伸的弹性边界区域，是绿网与城市相邻接的，即不同于绿网本体也不同于城市的边缘地带，实质上可以看作是在绿网与城市边界的基础上，结合了网络渗透理论，将单薄的线性边界演变为具有一定腹地宽度的带状边缘。这一边缘强调基于生态平衡的渗透与交流，且高度汇聚了绿地—城市的交融特性与自然—人工二元特性，是一种柔性、模糊的边界概念，体现了建设用地与绿地网络的生态整合功能。

绿网与城市区域在结构与功能上构成了具有镶嵌特征的丰富的变化格局，生态边界面向于城市有如生态半透膜，其与城市基底间的镶嵌特性对于绿网生态渗透具有决定性作用。生态边界的意义同时体现于渗透与隔离两个方面，均用以表达改变价值流强度。其中隔离为网络功效在外部传递过程中的衰减，反映边缘的过滤器作用；而渗透与之相反，指在不侵害绿网生态稳定的前提下，网络内、外部之间的价值流相互渗透、交流、通过的能力。通过渗透及隔离的调控，生态边界在生态流的流通度、流速、流向等方面施加影响，它根据城市环境状况适度调整或控制渗透度的强与弱、高与低，从而作为一种有效调节渗透度高低的手段，体现于两个方面：

一方面，生态边界可以有效加强向着城市空间的生态渗透，以强化生态环境的积极影响与城市正效应。一般来说，良性发展的城市区域应尽量提高渗透度，以促进绿网效应的外部化发挥，提升绿网的综合影响力。但另一方面，在环境不相容或有恶性干扰的地段，如有安全威胁或是环境污染的地带，则可通过生态边界的阻力设置来降低渗透度，相当于在交融耦合地带强化生态屏障，从而发挥如同栅栏一般的作用，有效阻挡、降低或过滤城市带来的负面干扰。

生态边界为绿网核心区生态效应渐次通过边缘区、生态边界区向着城市建设区域穿透、传递、消耗与持续折减的过程。因此，掌握绿网的功能渗透原理与机制对于挖掘绿地生态空间的边缘效应与外部效应意义重大。在绿网及城市建设空间规划建设过程中，应遵循生态法则的基本前提，积极发挥生态边界的渗透作用，实现以城市综合效益为核心的生态空间管理。

3）渗透度度量方法

针对生态渗透度的研究目前国际、国内均较少，但在一些景观格局及生态功能指数的研究中也有涉及相关内容。渗透度的度量方法体现于结构性渗透、功能性渗透度量两个方面。

结构性渗透的度量与景观格局指数紧密关联，通过反映结构关系的景观格局指数可以实现对于结构渗透程度的度量，如嵌入度、蔓延度、指状度、形状指数等，从空间镶嵌程度方面直接表达绿网与城市的结构渗透关系，而分维数、聚合度、曲度、孔隙度则通过形态的不规则程度间接地反映结构渗透度。一般情况认为，在保障生态过程良性、健康、持续的前提下，绿地形态越是不规则，相同面积的绿地周长则越长，与城市交界面越大，渗透度也越强。功能性渗透的度量考虑在结构镶嵌基础上的生态功能的实际渗透能力。功能性渗透是绿网边缘效应的内在机制，与生态边界的生态阻力紧密关联，其在度量上取决于生态边界的景观组分、质地、规模形态等。

经过指数相关分析且结合渗透度影响因子的考虑，本书在衡量和测度绿网渗透度时，分别利用格局、形态、功能层面的三个指数来加以表达，即蔓延度、分维数、渗透阻力（表 4-10、图 4-9）。其中，蔓延度属于绿网格局指数，主要表达绿网要素的空间集聚程度；分维数属于绿网形态指数，主要表达绿网要素在空间形态上的不规则程度及其相对于正方形的比较函数；渗透阻力则属于功能指数，主要表达生态边界对于生态流渗透的阻力程度。

绿网渗透度指标度量表 　　　　　　　　　　表 4-10

| | 度量方法及指标 | 指标内涵 | 相关研究指数 | |
|---|---|---|---|---|
| 绿网渗透度 | 蔓延度<br>Contagion | 格局指数<br>（空间集聚程度） | 蔓延度指数 | Contagion（CO） |
| | 分维数<br>Fractal Dimension | 形态指数<br>（空间不规则程度） | 平均斑块分维数 | Mean Patch Fractal Dimension<br>（MPFD） |
| | 渗透阻力<br>Permeability resistance | 功能指数<br>（空间阻力程度） | 生态渗透性指数 | Ecological permeability index<br>（EPI） |

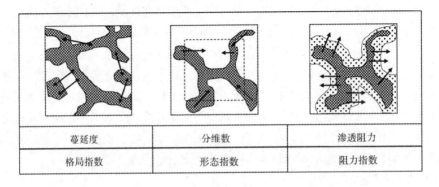

| 蔓延度 | 分维数 | 渗透阻力 |
|---|---|---|
| 格局指数 | 形态指数 | 阻力指数 |

图 4-9　城市绿地生态网络渗透度度量指标

（1）蔓延度

蔓延度（Contagion，CO）是指生态绿地在空间分布上的集聚趋势，即集聚成面积较大、分布连续的整体。[1]

蔓延度指数是被广泛用来计算景观空间聚集及空间离散程度，或是景观类型间镶嵌程度的景观格局指数，它同时包含了离散与混合两方面信息。以不同类型间相邻边界为计算参数，如聚集度、相邻百分比、分离度、分割指数等。[2]其中，聚集度与分离度均为描述景观质地的度量，聚集度（Aggregation Index，AI）反映空间相邻程度，表现为景观类型内部的团聚程度以及不同斑块类型的聚集程度。相邻程度越高则越团聚，聚集度越高。与聚集度相反，分离度（Landscape Division Index，DIVISION）反映景观于空间上的分割程度以及不同类型斑块的混杂程度，其衡量值与聚集度呈反向比例关系。

绿网蔓延度是表达绿网空间集聚程度或与基底镶嵌程度的格局指数，用以反映绿网组成元素的空间分布特征及其与城市的混合状况。蔓延度描述了绿网的构成质地，对于绿网生态过程非常重要，其计算基础是随机选取的两个栅格单元分属于不同斑块类型的概率。算式（4-5）如下：

$$CO = \left\{ 1 + \frac{\sum_{i=1}^{n} \sum_{j=1}^{n} p \cdot \ln\left(p_{ij}\right)}{2\ln(n)} \right\} \times 100 \qquad (4-5)$$

式中：$p_{ij}$ 为生态斑块类型 $i$ 与类型 $j$ 的相邻概率；$n$ 是绿网中的生态斑块类型数。蔓延度指标的单位为 %，取值范围为 $0 < CO \leq 100$。当所有斑块类型最大化地破碎和断裂时，其值趋于 0；而当斑块类型最大限度地集聚时，其值达到 100。

绿网蔓延度反映的是绿网总聚集度，考虑斑块类型间的相邻状况，表达的是景观组分的空间配置关系，而并非反映斑块自身。受斑块类型离散及间断分布影响，其与边缘密度呈现出明显负相关关系。若绿网由众多小型离散斑块构成，则蔓延度较低；反之，若绿网由少数大型斑块组成或是同类型斑块呈高度连接时，则蔓延度值较高。

（2）分维数

自然界中普遍存在着杂乱无章、不规则、随机的景观分布现象。然而大量研究发现，这些相对不稳定或是具有高度复杂结构的土地利用存在着空间近似或统计意义上的自相似性，即分形特征。美国数学家 Benoit B.Mandelbrot 于 1975 年提出的分形理论，补充了传统欧氏几何分析法仅适用于描述简单、规则物体的局限性，对于解释自然界中的不规则、复杂结构的事物具有显著效

① 郑新奇，付梅臣.景观格局空间分析技术及其应用 [M].北京：科学出版社，2010：125.
② 布仁仓.景观指数之间的相关分析 [J].生态学报，2005，25（10）：2764-2775.

果[1]，据此可从更深层次上描述、研究和分析绿地生态景观，适合研究自然和人类双重作用下的复杂景观类型[2]。城市绿地生态网络由具有空间异质性的绿地生态斑块和廊道所组成，它们在形态上呈现出不规则且具有自相似的分形性质[3]，这种分形特征可通过分维数指数来加以表征和描述。

分维数（Fractal Dimension，FD）是表示不规则几何形状的非整数维数，是一种反映景观元素形状复杂性的景观空间格局指数。分维数在绿网中用以表示和测度绿地斑块形状的复杂及不规则程度，揭示了斑块及其组成的景观在形状与面积大小之间的相互关系，反映了一定观测尺度上斑块与景观格局的复杂程度[4]。分维数在城市绿网格局分布中具有重要的生态学意义，其能够较好地反映各土地利用类型的复杂程度及稳定状况，为度量土地利用是否科学合理提供了定量化指标和参考。

从空间几何层面看，分维数反映了某种土地利用类型的边界曲折性，其大小影响着该类型斑块的复杂性和稳定性。景观生态学中，通常采用面积—周长法来测定分维数，因而属于周长与面积的函数，在分维几何中其与面积—周长关系为（4-6）：

$$P = k \left( A^{\text{FD}/2} \right) \tag{4-6}$$

式中：$P$ 为斑块周长，$A$ 为斑块面积，常数 $K$ 代表几何图形的边长数量，此式反映的是以正方形为母版，故 $K$ 取 4。分维数为斑块水平或类型水平指数，其算式（4-7）如下：

$$\text{FD} = \frac{2\log(P/4)}{\log(A)} \tag{4-7}$$

式中显见，分维数随绿地生态斑块周长面积比的增加而提升。一般而言，斑块周长面积比与长宽比呈正相关关系，但随长宽比的增加，其增加幅度越来越小，且无限趋近于平均宽度的 1/2。这表明景观要素的长宽比以及分维数在增加的过程中存在着一个生态阈值，或称临界分维数。[5]FD 的理论取值范围为 $1 \leq \text{FD} < 2$。当 FD 值为 1 时，表示其为正方形斑块，越趋于 1 则斑块形状越是简单规则；当 FD 值趋近 2 时，则为同等面积之下最为复杂的斑块形态。

在城市绿网渗透度研究中，常以平均斑块分维数 MPFD（Mean Patch

① 赵萍 . 基于遥感与 GIS 技术的城镇体系空间特征的分形分析 [J]. 地理科学，2003，23（6）：721-726.
② 刘纯平，陈宁强，夏德深等 . 土地利用类型的分数维分析 [J]. 遥感学报，2003，7（2）：136-141.
③ 付晓 . 基于 GIS 的北京城市公园绿地景观格局分析 [J]. 地理科学，2006，20（2）：80-84.
④ 常学礼，邬建国 . 科尔沁沙地景观格局特征分析 [J]. 生态学报，1998，18（3）：226-232.
⑤ 林慧龙 . 景观要素的分维数与其形状参数的二元线性回归模型 [J]. 兰州：甘肃农业大学学报，1999（12）：374-377.

Fractal dimension）这一景观水平指数来反映绿网整体平均的分维状态。其算式
（4-8）如下：

$$MPFD = \frac{\left\{ \sum_{i=1}^{m} \sum_{j=1}^{n} 2\ln\left(\frac{P_{ij}}{4\ln a_{ij}}\right) \right\}}{N} \qquad （4-8）$$

式中：MPFD 为平均斑块分维数；$P_{ij}$ 为斑块 $ij$ 的周长（m）；$a_{ij}$ 为斑块 $ij$ 的
面积（$m^2$）；$N$ 为绿网中斑块的数量；$m$ 为景观类型数量；$n$ 为某类景观类型的
斑块数。平均斑块分维数 MPFD 一定程度上反映了人类活动对于绿网生态格局
的影响程度，取值范围同 FD，为 $1 \leqslant MPFD < 2$。MPFD 值越大，则表明斑块
结构越复杂，边界越不规则，反之则越趋于规则的正方形。

（3）渗透阻力

在城市生境日益破碎化的过程中，城市基质以及人工建造物对于绿地生态
网络生态过程产生明显作用，从而影响生物物种、能量、信息等在绿网与城市
之间的扩散与渗透。

生态流在离开生态"源"斑块之后，于不同介质间的运行需克服一定阻力
方可实现，然而，不同介质及阻力层对于物种运动的适宜程度及阻力差别较大。
存在于绿网内、外部之间的阻力介质层——生态边界，是决定其是否可实现向
着边界外渗透的关键。若绿网内部生态流有能力穿越生态边界向着城市扩散，
则表明绿网面向城市存在着功能性渗透。事实上，渗透度与连接度是较为紧密
关联的两个指数，如果渗透性运动不仅发生于邻接的绿地生态单元与城市之间，
且能发生于分离的绿地与绿地之间，即跨越城市基底实现与另一绿地生态单元
的相互渗透，则可理解为生态连接。

由此可见，生态边界对绿网于城市中生态过程的连续制造了障碍与阻力，
生态边界的宽度、组成、质量一定程度上反映了绿网与城市融合、渗透的强度
与影响深度，体现了绿网渗透度水平。边界阻力越大则渗透度越低，反之则越
高。生态边界的阻力强弱以阻力系数来表达，内涵上类似于连接度中所研究的
障碍影响指数 BEI（Barrier Effect Index），主要表达绿网生态流在流经生态边
界时克服阻力所做的功，即生态边界对于斑块实现功能渗透的相对阻隔程度。
渗透度研究的 BEI 是穿越生态边界实现描述生态过程的潜在可能，是绿网功能
渗透的抽象表述，其表现形式为不同介质类型的障碍系数及阻力值，在此前提
下，受人工障碍效应、距离效应、植被类型及生态边界类型等综合影响的生态
渗透性指数 EPI（Ecological Permeability index），其算式（4-9）如下：

$$EPI = 10 - 9\frac{\ln\left(1 + (x_i - x_{min})\right)}{\ln\left(1 + (x_{max} - x_{min})\right)^3} \qquad （4-9）$$

式中：$x_j$ 代表生态边界内每一像元合适的耗费距离，$x_{max}$ 和 $x_{min}$ 分别是生态边界范围内耗费距离的最大、最小值。EPI 表达了某种生态过程在绿网内、外部空间单元之间进行的顺利程度，取值范围为 $0 \leqslant EPI < 1$。0 表示绿网内、外部之间在功能上无任何联系，趋近于 1 则表示功能联系达至最佳。EPI 充分考虑了城市基底与生态边界对于绿网生态过程的作用及影响。

### 4.3.5 网络密度

1）密度内涵

城市绿地生态网络的密度研究是基于技术层面，评价分析密度对于绿网内部结构以及整体功能效益的作用及影响。城市绿地空间资源有限，绿网密度研究实质上是探讨如何科学使用并合理分配绿地资源，方可实现绿网城市效益的增长提升，从而为空间增效提供技术依据。

绿网密度指数是一个包含斑块、廊道在内的各网络元素的密度测度，基于网络格局的结构性密度，其意义实质在于对绿网空间功能的合理约束及导向，其内涵表现为三点：

（1）体现城市中不同区域绿地空间分布的集中、分散的相对差异，用以更加综合、系统地分析整体绿网格局分布情况，从而表达均匀及优势程度。

（2）一定程度上表明绿网可能的连接性好坏，如廊道密度可直接反映生态连接线所具有的通达特征，并从侧面反映绿网连通格局的合理程度。

（3）同时作为绿网密度的重要表现，体现网络中网格层面的尺度，即网格线之间的距离或面积，这对于物种觅食、繁殖、运行等活动十分敏感。

2）密度影响因子

合理密度不光是为建构科学的绿地生态网络格局提供保障，它还利于城市绿地生态系统的健康、良性运转，利于绿地生态效应于整体城市中的发挥。因此，合理的密度对于空间管理目标即绿网效能来说至关重要，而如何确定是一个综合复杂的问题。首先以一定绿地生态空间总量为前提，结合节约土地以及对绿网自身生态安全的考虑，结合面向于城市的综合效益及各项需求满足等因素，考虑自然—文化二重特征以及"效能—空间"维度的结合，将绿网密度影响因子归结如下：

（1）生态流的安全与稳定

生态流为生态系统中物种或能量的传递及转化，绿地生态格局的变动必然伴随着绿网生态流的变动以及空间再分配。绿网生态流无论在其运行速度、速率上，还是流动路线的选择上，均受环境密度的影响与制约。因此，掌握了生态系统的密度平衡机制以及种群受密度制约的影响，便可熟练运用环境密度调控法对生态流按照既定目标进行科学合理的安排。

（2）城市可达

可达性指从城市空间中任意点到达绿网的相对难易程度，反映人们到达目的地过程中所克服的空间阻力的大小，目前被广泛运用于城市公共服务设施分布合理与服务公平的研究中。城市绿地生态网络需考虑面向城市居民的可达需求与使用便利程度，力求体现人人享有并使用绿地资源的公平性、均等性，可达性是衡量绿网城市意义与城市效能的重要指标，是评判城市开敞空间布局的关键指标。

广义可达性包括 5 个方面，即可获得性、可进入性、可容纳性、可支付性和可接受性。[1] 其中，可获得性、可进入性反映绿网空间信息，为空间可达性；而可容纳性、可支付性和可接受性则反映除空间结构之外的容量、成本等影响因素。可达性衡量方式与指标有多种，如水平距离、到达时间、消耗费用等，分别从距离、时间以及费用成本方面表达了绿地为城市居民提供服务的可能性及潜力。

建立连续、自成体系、密度适中的绿网格局，并设置合理的服务半径，是研究绿网可达性的重要目标与意义，也是网络效能得以最大化发挥的必要条件。

（3）慢行交通需求

慢行交通亦称非机动化交通（Non-motorized Transportation），一般是指出行速度不大于 15km/h，城市居民最基本且健康、低碳的绿色交通方式。慢行系统是以出行产生点、出行吸引点以及公共交通换乘点等为核心节点而形成的慢行交通体系。慢行交通为短途出行的首选方式，它提倡短距离出行向自行车、步行方式的转换，隐含公平和谐、绿色生态、以人为本和持续发展的理念。随着城市发展的多元性能而体现为：① 交通性，提供与各种机动化交通之间的衔接；② 活动性，连接各类公共活动以及人流聚集的场所；③ 康体性，如林间步道、山地自行车道等；④ 休闲游憩性，如保护区、风景区、公园等；⑤ 商业性，如衔接步行街及商业综合体等；⑥驱害性，与城市避难所相结合等。

慢行系统应与基本生态控制线、绿地系统规划高度协调，连接城市之间、城乡之间重要的自然生态斑块、公园以及人文景观等，且与区域性交通网络、轨道交通站点保持便捷联系，以增强可达性。城市绿网作为承载慢行交通的重要组成部分，可纳入城市道路交通系统规划中作重要考虑。为适应日益增长的慢行交通需求，结合绿网空间布局以及密度设置时应加以综合考虑，为生态低碳出行提供保障。

（4）人口密度

城市人口密度反映了人类对其所居环境的需求以及影响力的大小。与之

---

① Roy Penchan sky D B A, Thomas JW. The concept of access definition and relationship to consumer satisfaction[J]. MedicalCare, 1981, 19(2): 127–140.

不相平衡的是,人口密度区域与其所需求的生态密度理应正向关联,意即从人均绿地享有量以及总需求量上来看,越为密集的人口分布地带对于绿地的需求量越高,反之越低。然而,现实情况中,大多数城市生态状况却与之相反,越是密集区域,绿地反而被城市用地所挤占,因而密度较低,生态环境质量也由此恶化。因此,在设置城市绿地生态网络时,绿网密度在整体城市中并非一成不变,也非如现今大多数城市所呈现的中间低、外围高,而应依据不同城市片区中的人口密度以及环境需求,加以公平地分配与合理地布局。

3）密度度量方法

传统的城市绿地系统规划,主要以绿地率、绿化覆盖率、人均公园绿地面积三个指标来衡量与表达城市绿地建设水平。这些均属于面积密度的表达,一般形式为绿地与城市面积的比值,虽很大程度地反映了城市或地区的绿地发达程度,但却不可体现绿地分布状况以及生态布局质量。除面积密度外,城市各级绿地（市级、区级、社区级）的级配比例等,也于绿地系统规划中一定程度地反映了绿地分布状况与网络质量。

城市绿地生态网络密度,与传统的面积密度以及级配比例密切关联,但并非相同,两者在表述内容上呈现出明显侧重。传统指标侧重于表述绿地规模,及其于城市空间中的占比;而绿网密度则侧重于表达绿地空间结构,及其在城市中空间、功能的关联影响作用。

绿网密度度量指标,除最常见的廊道密度外,还有斑块密度、边缘密度、网格密度、绿地级配等描述绿网空间结构的指数,面积密度、人均绿地面积等规模指数以及可达系数等功能指数。在此,结合"效能—空间"双重维度需求,本书主要选取斑块及边缘密度、廊道及网格密度、可达及覆盖密度三个密度指数展开对于绿网密度的描述（表4-11、图4-10）。

绿网密度指标度量表　　　　　　　　　　　表4-11

| | 度量方法及指标 | 指标内涵 | 相关研究指数 | |
|---|---|---|---|---|
| 绿网密度 | 斑块及边缘密度 PD、ED | 斑块格局及形态指数 | 斑块密度 边缘密度 | Patch Density（PD） Edge Density（ED） |
| | 廊道及网格密度 CD、GD | 廊道格局及形态指数 | 廊道密度 网格密度 | Corridor Density（CD） Grid Density（GD） |
| | 可达及覆盖密度 AD、SD | 功能指数 | 可达密度 覆盖密度 | Accessibility Density（AD） Service-Coverage Density（SD） |

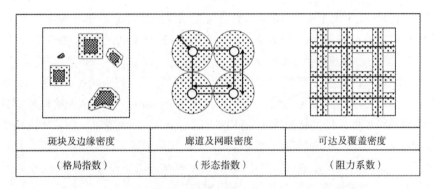

| 斑块及边缘密度 | 廊道及网眼密度 | 可达及覆盖密度 |
|:---:|:---:|:---:|
| （格局指数） | （形态指数） | （阻力系数） |

图 4-10　城市绿地生态网络密度度量指标

（1）斑块及边缘密度（PD、ED）

斑块密度（Patch Density，PD）与边缘密度（Edge Density，ED）是针对绿地斑块面积、形状、空间蔓延等，从斑块格局方面表述城市绿地生态网络空间密度的指数。[①] 指数侧重于从绿地空间形态方面描述绿网空间密度，同时也体现出绿地镶嵌于城市基底空间中的破碎程度以及功能关联。

斑块密度（PD）：用以表达单位城市或地区（一般取每平方千米，即 $100\text{hm}^2$）范围内的绿地生态斑块的总数量，其算式（4-10）如下：

$$PD = \frac{\sum\limits_{i=1}^{m} N_i}{A} \qquad (4\text{-}10)$$

式中，$m$ 为绿网生态要素类型总数，$A$ 为研究区范围总面积，$N_i$ 为第 $i$ 类绿网生态要素的斑块数。斑块密度取值范围为 $PD > 0$，无上限。

斑块密度应适宜选取，过大表明较高的破碎性，过小则表明斑块过于集中而导致资源分配不均，可影响到绿网的可达性、公平性及其面向城市的服务能力。

边缘密度（ED）：用以表达城市或地区（一般取每平方千米，即 $100\text{hm}^2$）范围内绿地生态斑块的总边界长度，算式（4-11）如下：

$$ED = \frac{\sum\limits_{i=1}^{m}\sum\limits_{j=1}^{n} P_{ij}}{A} \qquad (4\text{-}11)$$

式中，$P_{ij}$ 是景观中第 $i$ 类与第 $j$ 类景观要素斑块间的边界长度。边缘密度取值范围为 $PD \geqslant 0$，无上限。

边缘密度应适宜选取，过大表明绿地斑块形状极度不规则，并将导致其破

---

① 仇江啸. 城市景观破碎化格局与城市化及社会经济发展水平的关系 [J]. 生态学报，2012，32（9）：2659-2669.

碎化程度过高、生态不稳定、格局不安全;过小则表明绿地斑块形状规则且集中,不能够较好地激发绿地边际效应,从而影响到绿网外部功能效应的发挥。

(2)廊道及网格密度(CD、GD)

针对廊道的长度、形态、蜿蜒程度等,选取空间指数从绿网廊道形态方面表述其空间密度,其中包括廊道密度(Corridor Density,CD)以及廊道所划分的绿地网格尺度,即网格密度(Grid Density,GD)。廊道密度、网格密度两个指数侧重于从生态廊道自身以及廊道围合的单元层面描述网络空间密度,反映绿网中廊道的连接及环通的程度。其中,网格密度还密切关系到绿网单元效应,表达了绿网与城市基底的空间关联及影响作用。

廊道密度(CD):网络密度最常用的表达方式,即网络路线总长度与城市建成区总面积的比值,城市绿网中即指绿地生态廊道总长度与建成区总面积的比例关系。算式(4-12)如下:

$$CD = \sum L / A \qquad (4-12)$$

式中:$L$ 为城市绿网的廊道总长度,$A$ 为城市建成区总面积。

廊道密度可直接反映生态网络连接线所具有的通达特征[1],能够较为直观地体现绿地面向城市发挥外部效应的能力及潜力,故而在绿网密度表达中具有重要地位。

网格密度(GD):网格密度是指网格总数量与城市建成区总面积的比值。网眼是由绿地廊道围合而成的网格单元,网格密度与网眼尺度大小紧密关联,围合网眼的廊道间距从一定程度上决定了网格密度。其算式(4-13)如下:

$$GD = M / A \qquad (4-13)$$

式中:$M$ 为城市或地区绿地中的网格总数量,$A$ 为城市或地区建成区总面积。

网格密度与绿网格局中的环度有关,某种意义,上网格即指绿网中的网格环路,网格密度大则说明该区域网络环通度高、连通性较好。

(3)可达及覆盖密度(AD、SD)

可达密度(Accessibility Density,AD)与服务覆盖密度(Service-Coverage Density,SD)两个格局指数,兼顾了结构密度、功能密度的表达,用以反映城市及地区层面绿网功能使用的公平合理性,为一种高度复合的密度指数。

可达密度(AD):关于各城市地点到达绿网的便捷程度的密度表达。从市民享用绿地生态环境的需求出发,可达密度在衡量城市绿地空间分布的公平合理性方面得到了广泛应用。可达密度与可达性密切相关,核心意义是表述克服空间阻力到达目的地的难易程度,受距离与空间阻力两个主要因素影响。

---

[1]  王云才.上海市城市景观生态网络连接度评价 [J].地理研究,2009,28(2):284-292.

由于对空间阻力的不同表达,在可达性研究及应用领域形成了统计指标法、引力模型法、网络分析法、最小距离法等不同的计算评价方法[①],从而为绿网评价与规划提供了多种支持。其中,统计指标法未考虑空间阻力,最小距离法以直线衡量空间阻力,引力模型法及费用加权距离法,以对于不同城市基质赋以相对阻力为前提,网络分析法则以道路为基础通过真实进入绿地的过程来表达空间阻力。

从使用习惯来看,人们多选择距居住地最近的绿地进行游憩活动。因此,最小距离法通过将居民出发地和城市绿地抽象为点,计算其间的最短直线距离,并采取地区范围内绿网长度与地区中心至四周绿网最短路径之和的比值来度量绿地的可达性。这种方法反映了城市居民方便享用绿地生态资源的程度,算式(4-14)如下:

$$AD_1 = \frac{1}{m} \sum_1^m \left( L_{zi} \bigg/ \sum_{k=1}^4 d_{ik} \right) \qquad (4-14)$$

式中:$AD_1$ 为基于最小距离法计算的可达性系数;$L_{zi}$ 为 $i$ 绿地生态网格内绿地廊道的长度(km);$m$ 为网格数量;$d_{ik}$ 为网格中心至四周某一方向绿地廊道的最短距离路径(km)。

最小距离法形象直观,且过程中不需任何参数,多应用于城市公园绿地服务公平性的研究。但其缺陷是对空间阻隔情况的忽略,前提是假设城市空间为均质体,因而不能够真实反映空间障碍。在可达性衡量中,还应体现另一重要影响因素,即空间通达性。以道路为基础,通过真实进入绿地的过程来表达空间阻力的网络分析法优化了这一缺陷,其算式(4-15)如下:

$$AD_2 = L / V \qquad (4-15)$$

式中:$AD_2$ 为基于网络分析法计算所得的可达性系数,$L$ 为从城市各地点到达生态绿地的最短道路距离;$V$ 表达居民步行的平均速度(一般取 5km/h)。基于城市道路的网络分析法,以市民进入绿地的真实过程来评价绿网可达性,准确反映、考虑了通达特性、障碍阻力等因素的可达信息,属于功能性密度指数,是可达性研究的本质特征与计算基础,在绿网可达性评价研究中应加以重视。一般来说,通达性越高,空间阻力越小,可达性则越高;反之则空间阻力越大,可达性越低。

覆盖密度(SD):绿网可达性的确定,还应结合另一关键要素,即绿网服务半径。在匀质通达阻力下,服务半径一般是以一固定数值形式反映绿网面向城市的服务能力,而被绿网服务半径所覆盖地区的面积与总体城市面积之比,即为城市绿网的服务覆盖率,表达了辐射影响的覆盖密度。覆盖密度

---

① 刘常富. 城市公园可达性研究——方法与关键问题 [J]. 生态学报,2010, 30(19): 5381-5390.

是评价绿网外溢效能的极为重要的参数，其依赖于服务半径，因此，排除客观格局因素，服务半径是决定绿网服务覆盖密度的关键要素，其算式（4-16）如下：

$$SD = \frac{\sum_{i=1}^{m} A_i}{A_u} \qquad (4-16)$$

式中：$m$ 为绿网斑块类型总数，$A_u$ 为研究区范围总面积，$A_i$ 为第 $i$ 类斑块的面积。绿网服务覆盖密度取值范围为 $0 \leq SD \leq 100$，当其趋近于 0，表明绿网影响范围极为有限，格局需大力优化与提升；当其达至最大值 100，则表明整体城市均处于绿网的影响及辐射范围内，绿网整体空间格局优化且高效。

必须强调，在绿网服务半径所覆盖地区面积的计算中，对于受不同绿地单元服务半径影响的叠合覆盖区域只进行单次运算，过程中应避免因为重复计算而出现的覆盖虚高的假象。

### 4.3.6 三指标关联耦合

网络连接度、网络渗透度以及网络密度三大网络系统评价指标，对应于绿网空间系统在指标内涵、空间以及功能特性的表达上各有侧重，然而三个指标所一致表达的核心含义，共同体现于空间的连通、镶嵌、耦合以及功能的延续、融合与扩散上（图 4-11）。

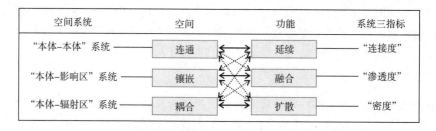

图 4-11　城市绿地生态网络空间系统及三指标关联

实质上，三者间存在着极其紧密的关联、互促的复杂机制关系。基于景观生态学原理探索这些关联，是对绿网开展系统全局性评价工作的重要组成部分。

1）连接度强调绿网本体与本体之间也即绿网自身之连通（图 4-12 中①所示），在这种连通之下的绿网的空间完整性、功能延续性均得以强化。连接度对于渗透度、密度意义重大，在绿网系统连接的强化之下，网络的外部性征同时得以改善，体现在本体与影响区之间的空间渗透关系即渗透度随之增强以及本体向着辐射区的空间密度得以提升等方面。

2）渗透度强调绿网本体与影响区之间的渗透与影响（图 4-12 中②所示），

在这种渗透之下的绿网与其周边地段的空间镶嵌以及功能融合均得以增强。渗透理论不仅适用于渗透度研究，且对于绿网连接度也具有重要意义，当生态过程发生于自身空间的延续，则为连接（图 4-12 中① 所示），而若发生于自身之外的延续，即为渗透（图 4-12 中② 所示），由此，功能上可以解释为：渗透也是连接的一种方式，只是发生于不同的空间要素之中。同时，随着渗透系统的强化，绿网格局的镶嵌以及功能的交融也带来了其边界密度、面向于周边地区的可达密度、覆盖密度等的显著提升。

3）密度强调绿网本体在整体城市空间中分布的疏密程度的合理均衡（图 4-12 中③ 所示），基于这种均衡，绿网于城市中的空间耦合、功能扩散效应得以优化。密度对于连接度、渗透度的影响同样重要：一方面，绿网密度的提升及优化依赖并取决于本体的连通及其与城市空间的镶嵌、融合；另一方面，随着密度的提升，建立于空间连接或邻近基础上的连接度将得以明显强化，同时绿网向着城市地区的渗透度也将随之增强。

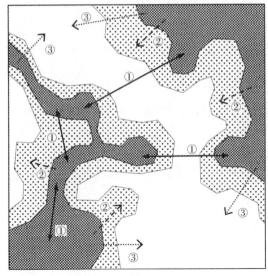

① 空间连通 + 功能延续（本体—本体）

② 空间镶嵌 + 功能融合（本体—影响区）

③ 空间耦合 + 功能扩散（本体—辐射区）

图 4-12　城市绿地生态网络空间生态过程关系建构示意

## 4.4　小结

针对绿网的三个分析维度，本章分别从效能及空间维度方面建构了其各自的要素体系与指标体系，并站立于系统层面提出了基于"效能—空间"关联的网络系统，解析且评述了绿网的功能、结构、系统三大特性；经过将网络空间系统解构为"本体—本体"、"本体—影响区"以及"本体—辐射区"三个子系统，继而构建了网络系统三指标：网络连接度、网络渗透度、网络密度。

对应于"本体—本体"系统，网络连接度主要用以表达绿网自身的空间连通以及功能连续。以距离阈值、贯通度、最小耗费距离三个指数相结合的连接度的定量测度以及评价方法，建立绿网空间结构与生态过程相互作用机制，综合考虑了绿网中生态"源"、连通廊道、基质及其连接阻力等各要素对于连接的作用，科学、客观地表述了城市绿地生态网络的连接度。

对应于"本体—影响区"系统，网络渗透度主要用以表达绿网与其周边相邻地块之间的空间镶嵌以及功能融合。贯通性、分维数、渗透阻力三个指数相结合的绿网渗透度的定量测度以及评价方法，建立空间与过程原理机制，同时考虑绿网的空间格局、结构、形态对于渗透功能的影响，综合反映了绿网面向城市发挥其生态系统服务价值的关键，同时作为保障绿网生态稳定性的重要调解手段，科学、全面地表述了城市绿地生态网络的渗透度。

对应于"本体—辐射区"系统，网络密度主要用以表达绿网与整体城市之间的空间格局以及功能扩散。斑块及边缘密度、廊道及网格密度、可达及覆盖密度三个指标相结合对于绿网密度的定量测度以及评价方法，建立绿网空间结构与其生态过程相互作用机制，综合考虑了绿网空间形态、单元效应以及服务格局等各要素对于密度的作用，客观且全面地表述了城市绿地生态网络的密度。

在城市绿地生态网络的评价过程中，通过网络连接度、网络渗透度、网络密度三个具有高度信息综合特征的指标，可将定性分析归纳到定量的测度体系之中，故而较高程度地提升评价的科学性。网络空间系统的建构以及网络三指标的提出，有助于在评价过程中将绿网规划目标——效能，与规划对象及手段——空间紧密对接，为基于"效能—空间"双重层面的绿网综合评价提供明确、科学且可行的技术路径与平台。

# 第5章 基于网络三指标的绿网关联评价

基于城市绿地生态网络的效能、空间体系构建以及系统层面的网络连接度、网络渗透度、网络密度三指标的提出，本章具体建构绿网"效能—空间"相互关联的一整套系统分析、评价的科学技术及方法，客观实现对于绿网的效能评价，进而为下一步实现绿网整体增效目标提供切实可行的技术途径。

在对绿网开展效能、空间以及系统的整体评价过程中，需借助于"效能—空间"关联评价模型，通过数理分析与转移矩阵方法来完成对于绿网效能的最终评价。研究中引入了一种新型研究方法，即管理学领域的"质量功能展开"——QFD 分析法，从而为城市空间管理在目标与手段之间建立紧密联系提供了思路与方法。

## 5.1 QFD 关联分析原理及技术应用

### 5.1.1 QFD 分析原理

质量功能展开（Quality Function Deployment，简称 QFD）是一种把消费者的需求转变成为对产品（或服务）的现实需求的系统工具，是将通用的顾客要求转化为规定的最终产品特性并对其过程展开控制的分析方法。QFD 最早产生于日本的生产领域，是对于新产品开发十分有力的质量工具。

QFD 是将市场要求转化为设计要求、零部件特性、工艺要求、生产要求等进行多层次演绎与变换之后，最终实现基于需求的产品方案设计的方法。[①]其分析原理及程序如下：

首先，针对特定产品，利用矩阵表工具，将顾客需求科学转化并逐层展开为产品需求。产品需求指对于产品的设计要求、分系统及零部件的设计要求、工艺要求以及生产要求等。

其次，对于各项产品（或服务）需求采取加权评分方法，对于设计、工艺要求的重要性作出评定，并通过量化计算找出产品关键的单元、部件以及生产工艺。

第三，为优化设计产品的这些"关键"按照需求的重要性程度排序，以提供开发设计方向，并采取有力的生产管理控制措施，以保障产品的开发及

---

① 百度百科. 维度 [EB/OL]. [2013–12–22]. http://baike.baidu.com/view/905463.htm.

生产质量。

管理学领域中，QFD分析法实质是用一种系统的保障方法，将顾客、市场需求通过产品开发的各阶段准确转化为相关的技术及管理要求，从而使得企业管理者能够清楚地跟踪最初期的顾客需求，直到准确无误地将这些需求贯彻到详细的操作指令以及所有的生产过程中。

### 5.1.2 QFD 关键技术——质量表与矩阵分析法

QFD 依赖于矩阵表工具，即一系列图表和转移矩阵进行指标间的转换，从而完成其分析过程，其中起重要作用的是质量表。质量表是一个二维矩阵展开图表，由顾客质量需求与产品质量特性所构成。通过将顾客质量需求进行体系化的展开，并以数字矩阵表达它们与质量特性间的关系，将顾客需求转换为产品特性，进而引导质量设计。质量表将定性、定量分析有机结合，因而是一种涵盖大量信息且直观易懂的矩阵分析框架。

QFD 路径是将顾客需求经过若干个质量表进行"瀑布式分解"，依次转换成为产品特性、合适的零部件、生产过程以及生产要求，从而将顾客的世界转换为技术的世界。QFD 最常见的如产品生产领域的"四矩阵分析法"，即是通过四个质量表，将产品生产过程划分为四个阶段：① 产品规划阶段，通过质量功能展开，将顾客需求转化为产品设计要求或是产品特性；② 零部件设计阶段，将产品特性转化成零部件特性；③ 工艺规划阶段，将零部件特性转化成关键工艺操作；④ 生产计划阶段，将关键工艺操作转化为最终的实际生产要求（图 5-1）。

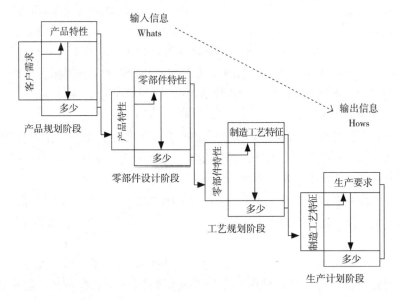

图 5-1　QFD "四矩阵分析法"

## 5.2  绿网的 QFD 启示及意义

### 5.2.1  QFD 的空间管理应用

作为强有力的管理技术工具，QFD 分析法目前较多地被运用于如服务业、制造业等多种行业的产品开发与质量管理领域中。除此之外，QFD 还适用于一切多目标、多元化且综合复杂的管理领域，包括城市的土地空间管理。

在城市土地空间管理过程中，QFD 分析法的最大价值在于它利用关系矩阵进行变换，将市民对于空间需求的世界转换成空间技术的世界，并一直关联到设计过程。其分析方法可以直接缩短管理周期、降低空间管理成本，并提高空间管理质量。QFD 在城市规划领域也不乏应用先例，如 Huangyang 在其 "Campus Landscape Space Planning and Design Using QFD" [1] 研究中，根据校园规划需求采用了 QFD 的分析方法，实现了对于校园景观环境的分析评估以及规划设计的优化指引，其主要研究思想为：大学校园景观是学校内的学生、教师、工作人员不可缺少的公共空间，同时亦作为教育、社会、经济活动的重要场所，对于周边社区也产生显著影响，因此提出：① 在高校改扩建以及新建过程中，校园景观环境应以使用者需求作为设计目标与关键点，寻找积极的公共空间解决方案。② 通过建立一个设计程序来实施积极的公共空间塑造，这一程序强调使用者的参与，提出其使用校园景观的各项需求并对之进行重要性排序，则在这些需求与空间设计之间存在着关联缺失。③ 利用质量功能展开（QFD）填补这些关联缺失环节，通过不同矩阵间的关系捕捉使用者的声音和设计特性，从而填补现有规划设计过程与目标需求间的偏差。

该研究探讨了利用 QFD 方法引导校园景观规划设计方案及其改进的方向，这种景观需求分析和设计结合的分析方法，同样也适用于城市绿地生态网络以及其他城市土地空间规划设计、研究、管理工作。

### 5.2.2  绿网的 QFD 评价意义

城市绿地生态网络是一个构成元素复杂、管理目标多元的空间体，作为公共资源，它存在着显著的外部化特征，因此，如何进行绿地空间资源的科学配置，如何合理施行绿地空间管理是一个重要的城市决策问题，如何在绿网空间建构与管控工作过程中，始终围绕着绿网各项效能发挥，以整体增效为目标作出空间决策，探寻绿网的"需求管理"以及"目标管理"法则，这种复杂、多目标的管理系统，适宜采用 QFD 分析法得到绿网的清晰评价，QFD 分析法的评价意义具体体现为如下方面：

1）正确把握绿地生态需求

对于城市土地空间管理来说，QFD 简单且合乎逻辑，它通过建立绿网的

---

① Huangyang.Campus Landscape Space Planning and Design Using QFD[M]. Berlin: VDM Verlag, 2009.

效能转移矩阵，将效能诉求转化为空间需求，可使目标需求反映于绿网空间的各项指标上，有助于在空间管理过程中始终明确绿地的城市诉求。QFD创新了绿地空间决策的方法，实现了从"后期反应式"的被动控制向"早期预防式"的主动引导兼控制的转变，同时有助于建构一个具有明确价值目标与标准的空间决策体系，从而引导城市绿网的科学建构。

2）实施绿网空间效能评价

采用QFD进行效能与空间的关联性分析，通过加权评分的量化方法破解了效能无法量化的技术瓶颈，利用空间的可测量特性实现了对于绿网空间效能的间接评价，且简单、明了，便于应用，为绿网空间规划与决策管理提供了科学计算的方法与路径。

3）协调多目标复杂关系

QFD分析法主要通过对绿网不同空间效能需求及不同空间技术特性的分析评价来实施，是解决复杂、多方面业务问题的良好途径与技术方法。此法运用于城市土地空间管理过程中，将有利于平衡并叠置城市对于绿地生态空间的多功能需求，使得效能需求间接反映于绿网空间的各项指标上，从而建构一个具有明确价值目标引导的绿网空间决策体系。这有助于规划师在进行绿地空间规划时识别并协调相互冲突的设计要素及要求，并采取加权评分方法对其重要性作出评定，从中分析辨识出核心关键要素，甄别并排除冗余信息。

4）择优选取绿网空间方案

QFD分析评价的整个阶段，均可按照城市的绿网诉求对不同绿地生态网络规划方案进行综合评价。以最大限度地满足整体城市诉求为唯一和最终目标，绿网空间规划及空间决策必须有利于整体城市以及市民，且将城市整体综合效能需求置于个体及部分区域需求之上。因此，在方案优选的过程中，整体评价与空间优化将会是评价的最重要环节。

## 5.3  基于QFD分析法的绿网关联评价程序

在城市绿地生态网络空间决策的过程中，仅依据效能语言难以构筑和承载绿地空间规划，所以须将它们转换为规划设计者的语言，即绿网空间特性。QFD分析法适用于城市绿地生态网络空间管理过程，借助关系矩阵进行变换分析的技术，将我们对于绿地生态空间效能需求的世界转换成为绿网空间规划的技术世界。

在城市绿网空间规划决策过程中，运用QFD分析法在绿网的规划目标（绿网空间效能需求）与绿网规划的实现手段（空间规划技术特性）两者之间寻求相关性信息，同时进一步探索其与整体系统性能（绿地网络系统特性）间的关联性，因而形成了可进行评价的关联矩阵，继而通过矩阵分析与计算得出相对客观的绿网空间所对应的效能评价。基于此种评价，可以开展不同绿网方案间的比较，从而更为清楚地认知绿网规划方案在实现效能目标方面的优、缺点及其所需改进的方面，进一步引导、优化绿网空间设计目标。

### 5.3.1　关联评价技术架构

城市绿网 QFD 关联分析评价工作过程共划分为两个大的阶段，并依据两次关联矩阵分别实现效能需求、空间技术需求以及网络系统需求三者之间的关联分析与转换。

1）第一阶段："效能—空间"关联评价（一级关联）

首先，对于绿网建构目标及需求，即"效能"进行分析，定义关键指标，形成基于绿地生态效能的指标矩阵 $A$。

矩阵 $A$ 由绿网生态功能需求的关键指标所构成，通过这些指标能够全面且重点地体现城市绿网规划以及建设的各项生态需求。其中每个指标是绿地生态效能指标矩阵的单元 $A_i$。

其次，依据空间规划特性对绿网空间进行分解，定义关键的空间技术指标并形成指标矩阵 $B$。

矩阵 $B$ 由绿网空间技术需求的关键指标所构成，通过这些指标全面且重点地体现城市绿地生态网络空间结构、形态等各项特征。其中每个指标是绿地生态效能指标矩阵的单元 $B_j$。

第三，通过寻求空间 $B$ 与效能 $A$ 的内在关联并构建 $AB$ 关联矩阵，再进行矩阵计算，得出各空间技术指标所对应的绿网效能的重要程度。

通过第一阶段的评估技术，可以表达空间特征所对应的生态效能的重要性，由此便可针对整体空间方案满足效能需求的情况进行综合评估，从而实现"效能—空间"系统的评价目标。

2）第二阶段："空间—网络"关联评价（二级关联）

首先，结合网络特性给出城市绿网系统层面的指标，并形成网络系统指标矩阵 $C$。

矩阵 $C$ 是根据绿网系统性需求而提出的关键性指标体系。通过这些指标，能够全面、重点地体现绿网规划中的网络特征以及需求。其中每个指标是绿地生态效能指标矩阵的单元 $C_1$。

通过网络 $C$ 与空间 $B$ 的关联矩阵 $BC$ 以及空间对应于绿网效能的关联矩阵，最终得到对于网络系统 $C$ 所承载的绿网建构目标 $A$ 的评价（图 5-2）。

通过第二阶段的关联评价，可以计算绿网系统各项指标所承载的生态效能，进而得出不同方案满足生态效能需求的情况，这样便可实现绿网空间系统不同方案间的评价、优化及其

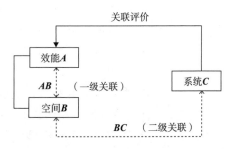

图 5-2　城市空间系统综合评价技术架构

方案的改进性研究。

### 5.3.2 CEM 关联评价模型

实施关联评价技术如上两个阶段的评价工作，其中的技术关键是质量表的建立，即转移矩阵。基于绿网效能及空间特性要素相关关系的梳理，表述以系列矩阵的组合形式，建构一个由多模块组合而成的绿网质量"效能—空间"以及"空间—网络"关联评价模型（Correlation Evaluation Model，简称 CEM），即适用于城市绿地生态网络分析评价的质量表，这是运用 QFD 分析法进行绿网系统评价的核心关键技术。

CEM 模块的重要意义在于两个方面：① 借助于层次分析法 AHP 的修正与处理，通过多层次、多因素的模糊数学综合评价，减少了人为判断的主观性，加强了评价结果的科学性；② 计算出各空间指标、系统指标的效能权重。依据整体功能划分，一个主体完整、结构清晰的关联评价模型 CEM 由 5 个模块所组成（图 5-3），以下分别就两次关联评价的 CEM 模型中的模块构成进行分解阐述。

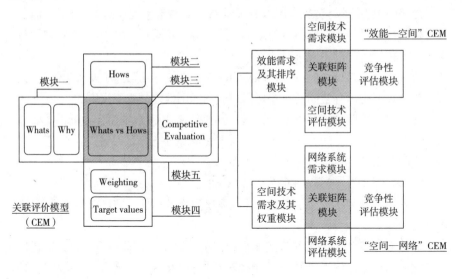

图 5-3　关联评价模型（CEM）及其两次关联矩阵

1）"效能—空间"CEM 模块构成

（1）模块一：效能需求及其排序模块

CEM 中的"Whats"+"Whys"模块，表达绿网基于城市角度的效能诉求以及这些诉求的重要程度的排序，其中效能诉求即为效能各要素。

（2）模块二：空间技术需求模块

CEM 中的"Hows"模块，表达绿网空间技术需求及其特性。

（3）模块三：关联矩阵模块

CEM 中的"Whats vs Hows"模块，用以表达绿网效能需求与空间技术需求之间的相互关联及紧密程度的关系矩阵。

（4）模块四：空间技术评估模块

CEM 中的"Weighting"+"Target"模块，用以评估空间技术需求的重要程度以及目标价值。

（5）模块五：竞争性评估模块

CEM 中的"Competitive"模块，站立于区域或城市角度，对绿网空间现状或是多方案规划布局进行针对效能需求满足程度（即理想效能目标）的比较性评估。

2）"空间—网络"CEM 模块构成

（1）模块一：空间技术需求及其权重模块

用以表达绿网的空间技术需求及其特性以及根据"效能—空间"矩阵计算得出的空间技术诉求的权重。

（2）模块二：网络系统需求模块

用以表达绿网系统需求及其特性的矩阵。

（3）模块三：关联矩阵模块

用以表达绿网空间技术需求与网络系统需求之间的相互关联以及紧密程度的关系矩阵。

（4）模块四：网络系统评估模块

用以评估网络系统需求的重要程度以及目标价值。

（5）模块五：竞争性评估模块

站立于区域或城市角度，对绿网空间现状或是多方案规划布局进行针对效能需求满足程度（即理想效能目标）的比较，进而对于网络系统进行针对目标值的分析评估，包括对于目标价值的单项评估以及技术竞争总体评价等，从而为网络系统的改进与优化提出针对性意见。

### 5.3.3 关联评价程序及参数配置

1）关联评价程序

关联评价程序共分为 9 个步骤，其中 Step1 ~ Step4 为"效能—空间"一级关联评价，Step5 ~ Step7 为"空间—网络"二级关联评价，Step8 ~ Step9 则为总体评价和竞争分析，具体步骤如下：

Step 1：根据绿网建构需求提出效能指标体系，建立效能矩阵 $A$；进而对于效能 $A$ 的 $n$ 维指标进行优先级判断，得到基于优先级评价的矩阵 $A_s$（$A_1$，$A_2$，…，$A_n$）。

Step 2：根据绿网空间手段提出绿网空间技术需求体系，即建立 $m$ 维的空间技术指标矩阵 $B$（$B_1$，$B_2$，…，$B_m$）；然后在空间技术矩阵 $B$ 与效能矩阵 $A$ 之间，通过 QFD 关联矩阵进行指标之间相关程度的打分，得到"效能—空间"

关联评价矩阵 $AB$ （$A_iB_j$; $i \leqslant n$, $j \leqslant m$）。

Step 3：根据绿网效能矩阵 $A$、空间技术矩阵 $B$ 以及"效能—空间"关联矩阵 $AB$，得到基于效能指标评价的空间效能关联度矩阵 $B_S$（$B_{S1}$, $B_{S2}$, ⋯, $B_{Sm}$），矩阵关系为 $B_S = A_S \times AB$。

Step 4：将空间所对应的效能关系矩阵进行归一化之后，得到空间效能权重矩阵 $B_S^*$（$B_{S1}^*$, $B_{S2}^*$, ⋯, $B_{Sm}^*$）。

Step 5：建立网络系统的 $p$ 维指标矩阵 $C$（$C_1$, $C_2$, ⋯, $C_p$）；在系统矩阵 $C$ 与空间技术矩阵 $B$ 之间，进行相关程度的打分，得到"空间—网络"关联评价矩阵 $BC$（$B_jC_k$; $j \leqslant m$, $k \leqslant p$）。

Step 6：根据归一化的空间效能关系以及"空间—网络"关联评价矩阵 $BC$，计算得到网络对应于空间效能的评价矩阵 $C_S$（$C_{S1}$, $C_{S2}$, ⋯, $C_{Sp}$），$C_S = B_S^* \times BC$。

根据 $C_S$ 矩阵，可以计算出网络指标对应到"效能—空间"的权值，通过这一权值分析，可反映网络指标每个维度通过空间对应于效能的相对关系。利用这种相对关系则可实现对网络维度（子维度）的"效能—空间"评价。

Step 7：针对不同的竞争性方案，通过竞争性评估矩阵模块来实现不同绿网生态效能的评估分析。通过对 $q$ 个方案的网络指标打分，建立不同竞争方案的 $D_S$ 矩阵（$D_1$, $D_2$, ⋯, $D_q$），通过空间竞争方案 $D$ 和系统矩阵 $C$，得出不同竞争方案加权的"效能—空间"的评价 $CD_S$，$CD_S = C_S^* \times D_S$。

Step 8：根据 $CD_S$ 矩阵（$CD_1$, $CD_2$, ⋯, $CD_q$），采用 Step7 同样的方法得到不同竞争方案的网络所对应的生态效能总评价值。

2）程序分解及参数配置

在绿网效能矩阵 $A$、空间技术矩阵 $B$ 以及网络系统矩阵 $C$ 的建构过程中，根据本书第 4 章中确立的指标体系，同时采取 AHP 层次分析法分析各指标间的相对重要程度，综合考虑需求层和技术特性层之间的相互协作、冲突的关系，从而确保指标的选取确定工作更加地科学、客观。

（1）分步骤 1：效能需求及其排序（矩阵 $A$）

首先，依据第 4 章对城市绿地生态网络的效能需求及其性能的分解，侧重于对多样性、稳定性、流通性、渗透性以及影响力 5 个方面的表达，由此获得效能矩阵 $A$（表 5-1）。

**绿网效能需求模块（矩阵 $A$）** 表 5-1

| 重要功效因子 | 效能指标 |
| --- | --- |
| 多样性指数（SDI） | 丰富度 |
| | 均匀度 |
| | 优势度 |

| 重要功效因子 | 效能指标 |
|---|---|
| 稳定性指数（EDI） | 敏感度 |
| | 抗干扰力 |
| | 恢复力 |
| 流通性指数（LI） | 连通度 |
| | 选择度 |
| | 敏感度 |
| 渗透性指数（PI） | 过滤度 |
| | 隔离度 |
| | 渗透力 |
| 影响力指数（II） | 镶嵌度 |
| | 可达性 |
| | 服务覆盖率 |

然后，对效能 $A$ 的 $n$ 维指标进行优先级判断及排序，优先级最低取 1，最高取 $n$，则可以得到基于优先级评价的矩阵 $A_S$（$A_1$，$A_2$，$\cdots$，$A_n$）。优先级按照效能要素为 5 个（即指标总数），其中，程度最高为 5，表明此项效能需求在它具体针对的城市区域当中最为重要；反之，程度最低为 1，表明此项效能需求在城市地区中最不重要，以此类推。

这里需要强调，绿网效能优先级的排序并非一成不变，对于不同城市区域，其效能优先级是不同的。排序应当根据地区现有生态状况，并考虑其于城市中所应承载的生态功能，与规划目标相匹配。如表 5-2 即以老城区、新城区为例，对绿地生态效能指标进行了优先级排序的尝试。

例证：绿网效能需求及优先级排序（矩阵 $A_S$）　　　　表 5-2

| 空间效能 | 不同城市区域 | |
|---|---|---|
| | 老城区 | 新城区 |
| 多样性指数（SDI） | 1 | 4 |
| 稳定性指数（EDI） | 2 | 5 |
| 流通性指数（LI） | 3 | 1 |
| 渗透性指数（PI） | 5 | 3 |
| 影响力指数（II） | 4 | 2 |

以上为 QFD 关联评价的第一步，即实现绿网空间管理的目标与需求——

绿网效能指标体系的建立以及指标优先级的排序。

（2）分步骤2：空间技术需求（矩阵 $B$）

要得到"效能—空间"的转换矩阵，首先需要建构起空间技术需求的指标矩阵 $B$。配置绿网空间技术指标应当满足3个条件：一是针对性，即指标应针对生态空间配置的具体效能需求；二是可测性，为便于实施对空间技术的控制而应具备的空间可测量特性；三是宏观性，要求从宏观上加以描述，为生态整体建构而非单一要素设计提供评价准则。

空间技术分析是绿网空间规划最为直接的体现，依据上述条件，分别从空间规模、空间形态以及空间格局3个方面建构由9个指标所组成的空间技术需求矩阵 $B$（表5-3）。

绿网空间技术需求要素及指标（矩阵 $B$）　　　　　　表5-3

| 空间规模指数 | | | 空间形态指数 | | | 空间格局指数 | | |
|---|---|---|---|---|---|---|---|---|
| 平均斑块面积（MPS） | 最大斑块指数（LPI） | 平均斑块变异系数（APA-CV） | 景观形状指数（LSI） | 平均斑块边缘—面积比（PARA-MN） | 曲度（cu） | 平均临近指数（MPI） | 聚合度（AI） | 绿地率（GR） |

（3）分步骤3，4："效能—空间"关联分析及空间效能评价（矩阵 $AB$、$B_s$、$B_s^*$）

根据效能矩阵 $A$ 与空间技术矩阵 $B$，对于网络效能与空间技术需求之间的关联影响程度进行打分，得到"效能—空间"关联矩阵 $AB$。评分时，将关联程度划分为无关联、弱相关、中等相关、强相关四种形式，为便于实施评估过程中的量化计算，具体采用1、3、6、9四个量化级别标定各关联影响程度（不考虑负数，表5-4）。

绿网"效能—空间"关联分析与效能评价（矩阵 $AB$、$B_s$、$B_s^*$）　　表5-4

| 效能需求（$A$） | 排序 | 空间技术需求（$B$） | | | | | | | | |
|---|---|---|---|---|---|---|---|---|---|---|
| | | 空间规模指数 | | | 空间形态指数 | | | 空间格局指数 | | |
| | | 平均斑块面积（MPS）$B_1$ | 最大斑块指数（LPI）$B_2$ | 平均斑块变异系数（APA-CV）$B_3$ | 景观形状指数（LSI）$B_4$ | 平均斑块边缘-面积比（PARA-MN）$B_5$ | 曲度（cu）$B_6$ | 平均临近指数（MPI）$B_7$ | 聚合度（AI）$B_8$ | 绿地率（GR）$B_9$ |
| 多样性指数（SDI） | $A_1$ | $A_1B_1$ | $A_1B_2$ | $A_1B_3$ | $A_1B_4$ | $A_1B_5$ | $A_1B_6$ | $A_1B_7$ | $A_1B_8$ | $A_1B_9$ |
| 稳定性指数（EDI） | $A_2$ | $A_2B_1$ | $A_2B_2$ | $A_2B_3$ | $A_2B_4$ | $A_2B_5$ | $A_2B_6$ | $A_2B_7$ | $A_2B_8$ | $A_2B_9$ |

| 效能需求 (A) | 排序 | 空间技术需求 (B) | | | | | | | | |
|---|---|---|---|---|---|---|---|---|---|---|
| | | 空间规模指数 | | | 空间形态指数 | | | 空间格局指数 | | |
| | | 平均斑块面积 (MPS) $B_1$ | 最大斑块指数 (LPI) $B_2$ | 平均斑块变异系数 (APA–CV) $B_3$ | 景观形状指数 (LSI) $B_4$ | 平均斑块边缘–面积比 (PARA–MN) $B_5$ | 曲度 (cu) $B_6$ | 平均临近指数 (MPI) $B_7$ | 聚合度 (AI) $B_8$ | 绿地率 (GR) $B_9$ |
| 流通性指数 (LI) | $A_3$ | $A_3B_1$ | $A_3B_2$ | $A_3B_3$ | $A_3B_4$ | $A_3B_5$ | $A_3B_6$ | $A_3B_7$ | $A_3B_8$ | $A_3B_9$ |
| 渗透性指数 (PI) | $A_4$ | $A_4B_1$ | $A_4B_2$ | $A_4B_3$ | $A_4B_4$ | $A_4B_5$ | $A_4B_6$ | $A_4B_7$ | $A_4B_8$ | $A_4B_9$ |
| 影响力指数 (II) | $A_5$ | $A_5B_1$ | $A_5B_2$ | $A_5B_3$ | $A_5B_4$ | $A_5B_5$ | $A_5B_6$ | $A_5B_7$ | $A_5B_8$ | $A_5B_9$ |
| 效能关联度值 ($B_S$) | $B_S$ | $B_{S1}$ | $B_{S2}$ | $B_{S3}$ | $B_{S4}$ | $B_{S5}$ | $B_{S6}$ | $B_{S7}$ | $B_{S8}$ | $B_{S9}$ |
| 效能权重值 ($B_S^*$) | $B_S^*$ | $B_{S1}^*$ | $B_{S2}^*$ | $B_{S3}^*$ | $B_{S4}^*$ | $B_{S5}^*$ | $B_{S6}^*$ | $B_{S7}^*$ | $B_{S8}^*$ | $B_{S9}^*$ |

根据上表中对于各空间技术要素的效能关联度进行内积计算，即叠加求和。算式（5–1）如下：

$$B_S = \left\{ B_{S1}, B_{S2}, \cdots, B_{Sm} \right\} = \begin{Bmatrix} A_1 \\ A_2 \\ \cdot \\ \cdot \\ \cdot \\ A_n \end{Bmatrix} * \begin{Bmatrix} A_1B_1 & A_1B_2 & \cdots & A_1B_m \\ A_2B_1 & A_2B_2 & \cdots & A_2B_m \\ \cdot & \cdot & \cdots & \cdot \\ \cdot & \cdot & \cdots & \cdot \\ \cdot & \cdot & \cdots & \cdot \\ A_nB_1 & A_nB_2 & \cdots & A_nB_m \end{Bmatrix} \qquad (5-1)$$

上表中，$n$ 为 5，$m$ 为 9，分别代表矩阵 $A$、矩阵 $B$ 的指标数量。通过此式的内积计算可以得出空间效能关联度矩阵 $B_S$，即每一空间技术指标的效能关联度值，它代表了空间技术指标对应效能的重要性程度，进而对其进行归一化计算。计算公式（5–2）如下：

$$B_S^* = \left\{ B_{S1}^*, B_{S2}^*, \cdots, B_{Sm}^* \right\} = \left\{ \frac{B_{S1}}{\sum\limits_{k=1}^{m} B_{Sk}}, \frac{B_{S2}}{\sum\limits_{k=1}^{m} B_{Sk}}, \cdots, \frac{B_{Sm}}{\sum\limits_{k=1}^{m} B_{Sk}} \right\} \qquad (5-2)$$

利用公式 5–2 可获得基于效能指标评价的空间效能权重矩阵 $B_S^*$，以便为下一步实施"空间—网络"关联矩阵量化评价提供条件。

（4）分步骤5：网络系统要素（矩阵 *C*）

在二次关联矩阵建构中，首先从系统层面出发将网络连接度、网络渗透度、网络密度作为城市绿网系统要素，并提出由9个指标所构成的网络系统指标矩阵 *C*（表5-5）。

绿地网络系统要素及指标（矩阵 *C*）　　　表5-5

| 网络连接度 | | | 网络渗透度 | | | 网络密度 | | |
|---|---|---|---|---|---|---|---|---|
| 距离阈值（DT） | 贯通度（TI） | 最小耗费距离（LCD） | 蔓延度（CO） | 分维数（FD） | 渗透阻力（PR） | 斑块及边缘密度（PD–ED） | 廊道及网格密度（CD–GD） | 可达及覆盖密度（AD–SD） |

（5）分步骤6："空间—网络"关联分析及网络效能评价（矩阵 *BC*、$C_s$、$C_s^*$）

对绿网空间技术特性 *B* 以及系统特性 *C* 之间的关联影响程度进行打分，得到"空间—网络"关联矩阵 *BC*。具体评分方法同分步骤3，即将关联程度划分为无关联、弱相关、中等相关、强相关四种形式，并分别采用1、3、6、9四个量化级别标定各关联影响程度（不考虑负数，表5-6）。

绿网"空间 – 系统"关联分析与效能评价（矩阵 *BC*、$C_s$、$C_s^*$）　　表5-6

| 空间技术需求（*B*） | 权重 | 网络系统要素（*C*） | | | | | | | | |
|---|---|---|---|---|---|---|---|---|---|---|
| | | 网络连接度 | | | 网络渗透度 | | | 网络密度 | | |
| | | 距离阈值（DT）$C_1$ | 扩散率（TI）$C_2$ | 最小耗费距离（LCD）$C_3$ | 蔓延度（CO）$C_4$ | 分维数（FD）$C_5$ | 渗透阻力（PR）$C_6$ | 斑块及边缘密度（PD–ED）$C_7$ | 廊道及网格密度（CD–GD）$C_8$ | 可达及覆盖密度（AD–SD）$C_9$ |
| 平均斑块面积（MPS） | $B_{S1}^*$ | $B_1C_1$ | $B_1C_2$ | $B_1C_3$ | $B_1C_4$ | $B_1C_5$ | $B_1C_6$ | $B_1C_7$ | $B_1C_8$ | $B_1C_9$ |
| 最大斑块指数（LPI） | $B_{S2}^*$ | $B_2C_1$ | $B_2C_2$ | $B_2C_3$ | $B_2C_4$ | $B_2C_5$ | $B_2C_6$ | $B_2C_7$ | $B_2C_8$ | $B_2C_9$ |
| 平均斑块变异系数（APA–CV） | $B_{S3}^*$ | $B_3C_1$ | $B_3C_2$ | $B_3C_3$ | $B_3C_4$ | $B_3C_5$ | $B_3C_6$ | $B_3C_7$ | $B_3C_8$ | $B_3C_9$ |
| 景观形状指数（LSI） | $B_{s4}^*$ | $B_4C_1$ | $B_4C_2$ | $B_4C_3$ | $B_4C_4$ | $B_4C_5$ | $B_4C_6$ | $B_4C_7$ | $B_4C_8$ | $B_4C_9$ |
| 平均斑块边缘 – 面积比（PARA–MN） | $B_{s5}^*$ | $B_5C_1$ | $B_5C_2$ | $B_5C_3$ | $B_5C_4$ | $B_5C_5$ | $B_5C_6$ | $B_5C_7$ | $B_5C_8$ | $B_5C_9$ |

| 空间技术需求（B） | 权重 | 网络系统要素（C） | | | | | | | | |
| --- | --- | --- | --- | --- | --- | --- | --- | --- | --- | --- |
| | | 网络连接度 | | | 网络渗透度 | | | 网络密度 | | |
| | | 距离阈值（DT）$C_1$ | 扩散率（TI）$C_2$ | 最小耗费距离（LCD）$C_3$ | 蔓延度（CO）$C_4$ | 分维数（FD）$C_5$ | 渗透阻力（PR）$C_6$ | 斑块及边缘密度（PD–ED）$C_7$ | 廊道及网格密度（CD–GD）$C_8$ | 可达及覆盖密度（AD–SD）$C_9$ |
| 曲度（Cu） | $BS_6^*$ | $B_6C_1$ | $B_6C_2$ | $B_6C_3$ | $B_6C_4$ | $B_6C_5$ | $B_6C_6$ | $B_6C_7$ | $B_6C_8$ | $B_6C_9$ |
| 平均临近指数（MPI） | $BS_7^*$ | $B_7C_1$ | $B_7C_2$ | $B_7C_3$ | $B_7C_4$ | $B_7C_5$ | $B_7C_6$ | $B_7C_7$ | $B_7C_8$ | $B_7C_9$ |
| 聚合度（AI） | $BS_8^*$ | $B_8C_1$ | $B_8C_2$ | $B_8C_3$ | $B_8C_4$ | $B_8C_5$ | $B_8C_6$ | $B_8C_7$ | $B_8C_8$ | $B_8C_9$ |
| 绿地率（GR） | $BS_9^*$ | $B_9C_1$ | $B_9C_2$ | $B_9C_3$ | $B_9C_4$ | $B_9C_5$ | $B_9C_6$ | $B_9C_7$ | $B_9C_8$ | $B_9C_9$ |
| 效能关联度值（$C_S$） | $C_S$ | $C_{S1}$ | $C_{S2}$ | $C_{S3}$ | $C_{S4}$ | $C_{S5}$ | $C_{S6}$ | $C_{S7}$ | $C_{S8}$ | $C_{S9}$ |
| 效能权重值（$C_S^*$） | $C_S^*$ | $C_{S1}^*$ | $C_{S2}^*$ | $C_{S3}^*$ | $C_{S4}^*$ | $C_{S5}^*$ | $C_{S6}^*$ | $C_{S7}^*$ | $C_{S8}^*$ | $C_{S9}^*$ |

依据分步骤 4 的归一化计算得到的空间效能权重值，对各网络系统要素的空间效能关联度进行叠加求和的内积计算，算式（5–3）如下：

$$C_S = \{C_{S1}, C_{S2}, \cdots, C_{Sp}\} = \begin{Bmatrix} B_{S1} \\ B_{S2} \\ \cdot \\ \cdot \\ \cdot \\ B_{Sm} \end{Bmatrix} * \begin{Bmatrix} B_1C_1 & B_1C_2 & \cdots & B_1C_p \\ B_2C_1 & B_2C_2 & \cdots & B_2C_p \\ \cdot & \cdot & \cdots & \cdot \\ \cdot & \cdot & \cdots & \cdot \\ \cdot & \cdot & \cdots & \cdot \\ B_mC_1 & B_mC_2 & \cdots & B_mC_p \end{Bmatrix} \quad （5-3）$$

式 5–3 中，$p$ 为 9，代表矩阵 $C$ 的指标数量。通过内积计算可以得出网络效能矩阵 $C_S$，即通过"空间—效能"的关联，进而求得每一网络系统评价指标的效能重要程度。再经归一化计算之后获得网络系统各指标效能权值，即矩阵 $C_S^*$。计算公式（5–4）如下：

$$C_S^* = \{C_{S1}^*, C_{S2}^*, \cdots, C_{Sp}^*\} = \left\{ \frac{C_{S1}}{\sum\limits_{k=1}^{p} C_{Sk}}, \frac{C_{S2}}{\sum\limits_{k=1}^{p} C_{Sk}}, \cdots, \frac{C_{Sp}}{\sum\limits_{k=1}^{p} C_{Sk}} \right\} \quad （5-4）$$

$C_s^*$ 所反映的是系统要素所对应的效能权重值，此权重值为城市绿地生态网络系统效能评价的关键系数。

（6）分步骤 7，8：竞争性分析及网络效能评价（矩阵 $D$、$D_s$）

针对现状或未来规划的不同绿网方案开展竞争性分析评估。为了方便竞争性评估的顺利开展，这里并不对各网络系统指标采取具体数值的计算，而是结合网络系统各指标设定目标值，然后将竞争能力依照预设目标值的理想程度来进行评定，并以 1 ~ 5 这 5 个数字来表示：其中 1 表示最不理想，距离目标值最远；5 表示最理想，距离目标值最近，以此类推。于是便形成了网络竞争性评估矩阵 $D$（表 5–7）。

绿网竞争性分析评估与网络效能评价（矩阵 $D$、$D_s$）　　　　表 5–7

| 网络系统方案 | | 网络系统要素 | | | | | | | | |
|---|---|---|---|---|---|---|---|---|---|---|
| | | 网络连接度 | | | 网络渗透度 | | | 网络密度 | | |
| | | 距离阈值 | 扩散率 | 最小耗费距离 | 蔓延度 | 分维数 | 渗透阻力 | 斑块及边缘密度 | 廊道及网格密度 | 可达及覆盖密度 |
| 效能权重值（$C_s^*$） | $C_s^*$ | $C_{s1}^*$ | $C_{s2}^*$ | $C_{s3}^*$ | $C_{s4}^*$ | $C_{s5}^*$ | $C_{s6}^*$ | $C_{s7}^*$ | $C_{s8}^*$ | $C_{s9}^*$ |
| 竞争目标值 | | $D_{s1}$ | $D_{s2}$ | $D_{s3}$ | $D_{s4}$ | $D_{s5}$ | $D_{s6}$ | $D_{s7}$ | $D_{s8}$ | $D_{s9}$ |
| 竞争性评分 | 方案一 | $C_1D_1$ | $C_2D_1$ | $C_3D_1$ | $C_4D_1$ | $C_5D_1$ | $C_6D_1$ | $C_7D_1$ | $C_8D_1$ | $C_9D_1$ |
| | 方案二 | $C_1D_2$ | $C_2D_2$ | $C_3D_2$ | $C_4D_2$ | $C_5D_2$ | $C_6D_2$ | $C_7D_2$ | $C_8D_2$ | $C_9D_2$ |
| | 方案三 | $C_1D_3$ | $C_2D_3$ | $C_3D_3$ | $C_4D_3$ | $C_5D_3$ | $C_6D_3$ | $C_7D_3$ | $C_8D_3$ | $C_9D_3$ |
| 网络效能评分 | 方案一 $D_1$ | $D_1C_{s1}$ | $D_1C_{s2}$ | $D_1C_{s3}$ | $D_1C_{s4}$ | $D_1C_{s5}$ | $D_1C_{s6}$ | $D_1C_{s7}$ | $D_1C_{s8}$ | $D_1C_{s9}$ |
| | | $D_1C_{\mathrm{I}}$ | | | $D_1C_{\mathrm{II}}$ | | | $D_1C_{\mathrm{III}}$ | | |
| | | $D_1S$ | | | | | | | | |
| | 方案二 $D_2$ | $D_2C_{s1}$ | $D_2C_{s2}$ | $D_2C_{s3}$ | $D_2C_{s4}$ | $D_2C_{s5}$ | $D_2C_{s6}$ | $D_2C_{s7}$ | $D_2C_{s8}$ | $D_2C_{s9}$ |
| | | $D_2C_{\mathrm{I}}$ | | | $D_2C_{\mathrm{II}}$ | | | $D_2C_{\mathrm{III}}$ | | |
| | | $D_2S$ | | | | | | | | |
| | 方案 Q $D_q$ | $D_qC_{s1}$ | $D_qC_{s2}$ | $D_qC_{s3}$ | $D_qC_{s4}$ | $D_qC_{s5}$ | $D_qC_{s6}$ | $D_qC_{s7}$ | $D_qC_{s8}$ | $D_qC_{s9}$ |
| | | $D_qC_{\mathrm{I}}$ | | | $D_qC_{\mathrm{II}}$ | | | $D_qC_{\mathrm{III}}$ | | |
| | | $D_qS$ | | | | | | | | |

结合网络系统的效能权重 $C_s$ 矩阵以及不同绿网空间方案的竞争性评估矩阵 $D$，通过对其效能的内积计算，最终可获取关于不同绿网空间方案的网络效能量化性评价矩阵 $D_s$，算式（5–5）如下：

$$D = \begin{Bmatrix} D_1C_{S1} & D_1C_{S2} & \cdots & D_1C_{Sp} \\ D_2C_{S1} & D_2C_{S2} & \cdots & D_2C_{Sp} \\ \cdot & \cdot & \cdots & \cdot \\ \cdot & \cdot & \cdots & \cdot \\ \cdot & \cdot & \cdots & \cdot \\ D_qC_{S1} & D_qC_{S2} & \cdots & D_qC_{Sp} \end{Bmatrix} = \begin{Bmatrix} C_{S1}{}^*C_1D_1 & C_{S2}{}^*C_2D_1 & \cdots & C_{Sp}{}^*C_pD_1 \\ C_{S1}{}^*C_1D_2 & C_{S2}{}^*C_2D_2 & \cdots & C_{Sp}{}^*C_pD_2 \\ \cdot & \cdot & \cdots & \cdot \\ \cdot & \cdot & \cdots & \cdot \\ \cdot & \cdot & \cdots & \cdot \\ C_{S1}{}^*C_1D_q & C_{S2}{}^*C_2D_q & \cdots & C_{Sp}{}^*C_pD_q \end{Bmatrix} \quad (5\text{-}5)$$

根据 $D$ 矩阵可对 $i$ 个方案的不同网络维度进行分析。如上表所示，针对目前的三个网络维度，可对每一方案不同维度的生态效能值进行最终求和，即可得到 $D_{is}$ 总值。此值反映不同方案所对应的生态效能相对值，可通过该值在多方案效能评价中进行横向对比性分析，或是在未来规划与现状系统的纵向对比过程中开展分析，从而给出不同网络维度改进的分析建议。

## 5.4 小结

本章在效能、空间、网络系统三个维度及其各项指标之间，借助于 QFD（质量功能展开）分析法，通过"效能—空间"以及"空间—网络"两次关联矩阵实现了对于城市绿地生态网络系统效能的相对性评估，研究了一套用以衡量与评价绿网空间效能的路径、方法。这种关联评价方法，通过针对效能、空间、系统的关联性的分析，寻求、探索且判断了空间因素导致绿网效能差异的规律及内因，作为基于效能评价的绿网空间决策的依据，其技术意义与应用价值体现在三个方面：

首先，评价适用于不同时期城市绿地生态空间的纵向分析比较。这为研究绿地生态空间的发展演变以及效益的动态分析等提供了方法与路径。

其次，评价适用于城市绿地生态网络不同方案间的横向分析比较。评估方案的效能服务水平，有助于在绿网多方案比选的过程中，作出科学、正确且结合具体空间管理目标的决策。

第三，评价适用于结合具体绿网空间方案的效能评价及改善引导。针对绿地生态空间配置方案提出问题，进而引导空间解决方案，并可透过各指标的效能关联值明确方案的具体改进方向，以推进整体空间优化。

本章中所采用的 QFD 分析评价方法，实质上是一种简化了的关联评价模型，通过这一模型实现了效能指标的形态学转换，从而将绿网的定性评价归纳到了定量的测度体系中。这种科学的评价平台与技术方法为不同时空尺度、生态格局影响下的绿网分析、对比评价、方案优选以及规划决策提供了依据，并有助于在评价过程中将目标"效能"与手段"空间"紧密对接。通过效能与空间的关联分析，本章实质上解释了一种形式的意义以及对于空间规划设计的本质追求，指引了城市绿网空间"增效"的模式，引导了一种务实的规划设计方法，并从思路上实现了由突破传统时空限定的"功能规划"向着"效能规划"的转变，最终是为构建合理、高效的城市以及区域绿地生态网络，引导基于生态的城市空间系统的科学建构与管控，并全面促进城市综合空间效益的增长。

值得强调的是，指标的形态学转换是结合景观生态学原理关于生态功能效益的空间物化的研究，而如今越来越繁杂的、基于单纯数理统计或拓扑公式所生成的各类空间指数中，多数存在一些自身无法克服的缺陷，从而导致了其在揭示空间结构及形态时的偏差，这些还有待于更多专业性、具体化的深入研究。另外，关联评价中的关联矩阵的评分工作对于评价结果具有极其重要的影响，均应慎重对待，科学的绿网构建均有赖于这些工作。

# 第6章 基于网络评价的绿网空间增效策略

城市绿地生态网络三指标实现了对于绿网建构目标——"效能"以及建构手段——"空间"的关联评价。通过评价可以找出导致空间效能缺失或不合理的绿地生态空间资源配置中所存在的问题，进而提出空间解决方案，以实现绿网最终的"增效"目标。本章重点研究基于绿网评价的空间"增效"的具体策略以及实施途径，即通过网络化绿地空间建构与营造手段，一方面实现生态空间格局优化、结构改善，促使生态系统过程的可持续、稳定性的增强，抗干扰能力的提升，进而推动城市绿地生态系统的健康、稳定发展；另一方面，促进生态环境保护与城市经济、社会、文化间的耦合互动，带动自然与文化的综合协调及发展。

本章关于空间增效策略的研究实质上是一项对于城市绿地生态空间资源如何合理化配置的研究工作，研究如何以增效为目标，引导整体城市土地空间的优化配置，以促使城市中生态效益以及系统综合效益的提升、优化与增长，全面提升人居环境水平，并推进城镇化的"绿色转型"。

## 6.1 城市空间生态系统模式解析

城市空间生态系统模式体现于不同尺度的空间层面上，规模、格局、形态、边界等方面的差异，不同程度地影响着城市当中的生态流通、扩散、渗透等具体生态过程，并对于城市生态效能产生差异化的作用。

### 6.1.1 城市空间生态系统模式

城市空间生态系统模式体现于宏观空间、微观空间等不同尺度领域，结合空间特性对于系统功能产生的影响，可从系统格局、地块形态、单元形式以及边界模式4个层级分别展开评述：

1）系统格局层面（宏观）

从宏观的网络系统格局层面上，城市整体绿地生态格局有环状、枝状以及"环—枝—网"相结合等系统类型（图6-1）。其中，环状系统多为结合自然、历史要素的半自然、半人工系统，生态流表现为环状流通，具有可选择性与较高的可达性；枝状系统主要是结合自然山水形成的斑—廊系统，其流通性主要体现为依托廊道的单向或双向流通，可达性中等；"环—枝—网"系统则是综合了自然、历史、社会、经济等各种因素的半自然、半人工网络系统，因具有较高的连接、交叉特征而呈现出多元选择的流通性，相比较其他系统类型，其生态连接度、渗透度以及密度均为最强，可达性也相当高，城市与自然生态空间呈耦合镶嵌格局，"城—绿"系统的交融互动性也因此最高。

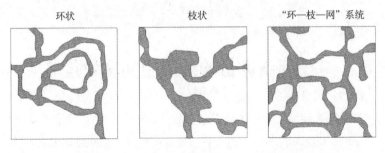

环状       枝状      "环—枝—网"系统

图 6-1 城市空间生态系统模式（宏观）——系统格局层面

2）地块形态层面（中观）

在中观的网络地块形态层面上，城市绿地生态斑块及廊道布局有自然破碎型、人工规则型以及"太空船"型等格局形式（图6-2）。绿地生态斑块由生态核心区域与边界缓冲区域组成，其中自然破碎型格局表现为斑块的核心生态区域形态不规则，生态多样性强，由于不规则的生态分布带来较长的边缘界线，故而"城—绿"系统的交融互动性也较强，虽表现出了尚可的生态渗透，但这种结构形式抗干扰能力低下、生态敏感性较高，较易招致人工侵袭与毁损；人工规则型格局表现为斑块核心地块形态规整，围绕其外的边界缓冲区域也呈较规则分布，有限的交错区域导致生物多样性较弱，敏感性中等，生态渗透度较低，"城—绿"互动性也相对较弱；"太空船"型格局表现为核心生态斑块区域形态规整，近似圆形或椭圆形，而边界则围绕它呈嵌入外围城市的发散状格局，边界形态不规则且宽度不等。以上的三种格局形态中，"太空船"型在保障了生态安全的前提下，生态渗透度强、生态连接度较高且"城—绿"交融互动性最强，同时由于充沛丰富的生态交错区域的存在，表现出较高的生态多样性与稳定性。

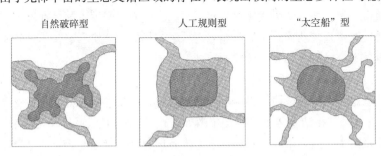

自然破碎型     人工规则型     "太空船"型

图 6-2 城市空间生态系统模式（中观）——地块形态层面

3）单元形式层面（中观）

在中观的网络单元形式层面上，绿地生态网络的网格单元在空间上有规则

148

分离型、人工嵌入型、自然嵌入型等形式（图6-3）。其中，规则分离型格局生态界线清晰，呈人工几何状划分，机械分割导致多样性较差，生态渗透度低，"城-绿"互动弱；人工嵌入型格局"城—绿"边界划分较为清晰，亦呈明显的人工性界线，生态渗透度中等，"城—绿"呈半镶嵌状，体现出一定的多样性、互动性；而自然嵌入型格局的"城—绿"边界模糊，呈相互融合的镶嵌状，丰富多变的界线带来较高的多样性，也因此体现出较强的生态渗透以及"城—绿"交融等特性。

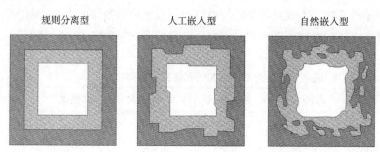

规则分离型　　　　人工嵌入型　　　　自然嵌入型

图6-3　城市空间生态系统模式（中观）——单元形式层面

4）边界模式层面（微观）

在微观的网络边界模式层面上，主要关注绿地生态斑块、廊道与周边城市基质的镶嵌程度与相互影响，这密切关联到绿地生态空间的边际效应。渗透作用有赖于异质空间的镶嵌程度，如斑块与廊道的边界形状、外轮廓线的曲直程度以及空间孔隙度等。生态绿地边界形态有直线型、凸凹型以及孔隙型（图6-4）。其中，直线型边界形态清晰，呈严格人工划分，多样性较差，生态渗透度低，"城—绿"交融互动性较弱；凸凹型边界呈人工与自然的嵌入形态，多样性较强，生态交融渗透；孔隙型边界格局是两种介于交界区域呈一定程度的碎片状嵌入，进一步加强了人工与自然的渗透与交融，且极具多样性，但其生态受干扰程度也由此相对较高，具有一定的生态稳定风险，故而对于孔隙的大小、密度以及类型等需进行严格管控。

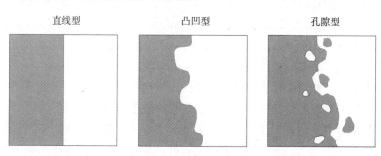

直线型　　　　凸凹型　　　　孔隙型

图6-4　城市空间生态系统模式（微观）——边界模式层面

### 6.1.2 城市空间生态系统模式的三指标评价

在系统格局、地块形态、单元形式与边界模式等不同尺度、层面的各类城市空间生态系统模式之中，网络系统评价三指标的体现是存在着差异的，其具体表现如下：

1）从指标的反映尺度以及层面上看，如表 6-1 所示，渗透度可以全面反映并体现于宏观、中观、微观 3 个尺度的 4 个不同层面上；连接度主要反映于宏观系统格局层面以及中观地块形态层面，而于中、微观尺度上并无直接反映；密度则重点反映于宏观系统格局层面以及中观地块形态层面之上，而密度中的边缘密度，亦同时体现于宏观、中观、微观各不同尺度之上。

城市空间生态系统模式的网络三指标评价　　　　　　　　　　表 6-1

| 尺度 | 层面 | 系统模式 | 连接度 | 渗透度 | 密度 |
|---|---|---|---|---|---|
| 宏观层面 | 系统格局 | 环状 | ◎ | ◎ | ◎ |
| | | 枝状 | ◎ | ◎ | ◎ |
| | | "环–枝–网"状 | ● | ● | ● |
| 中观层面 | 地块形态 | 自然破碎型 | – | ◎ | – |
| | | 人工规则型 | – | ○ | – |
| | | "太空船"型 | ● | ● | ● |
| | 单元形式 | 规则分离型 | – | ○ | ○ |
| | | 人工嵌入型 | – | ◎ | ◎ |
| | | 自然嵌入型 | – | ● | ● |
| 微观层面 | 边界模式 | 直线型 | – | ○ | ○ |
| | | 凸凹型 | – | ◎ | ◎ |
| | | 孔隙型 | – | ● | ● |

注：表中 ● 为高，◎ 为中，○ 为低，– 为无直接反映。

2）从不同系统模式的具体指标反映情况来看，在具备空间条件的情况下，"环—枝—网"是最为优化的系统格局层面的空间模式，"太空船"型为最优的地块形态层面的空间模式，"自然嵌入型"和"孔隙型"则分别为单元形式层面以及边界模式层面的最优空间模式。

如上所述，城市绿地生态网络系统的三指标，在城市不同尺度空间中的体现具有较为明显的差异及偏重，因而在城市绿地生态空间规划的过程中，应针对实际尺度情况确认规划研究重点，明确具体空间措施，并依据不同空间生态系统模式的评价结果，为绿地生态空间规划以及绿地生态网络建构提供基于网络三指标的技术指引，从而确保以空间效能为目标的规划的科学性。

## 6.2 空间增效思路

基于城市空间生态系统的模式解析，城市绿网空间增效策略的研究再度运用绿地空间格局与生态过程的关联机制与内在原理，建立系统的增效维度、网络化与网络优化的增效路径以及"建—管"一体化的增效方法，并分别以"三度"、"三线"、"三限"为绿网空间实施的具体策略与途径，提出基于网络评价的以城市综合效能增长、提升为目标的空间对策（图6-5）。

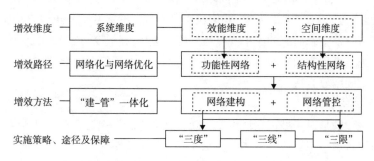

图6-5　城市绿地生态网络空间增效思路

### 6.2.1　系统性——空间增效维度

城市绿地生态网络作为一种"网络结构体系"，是建立于空间维度及效能维度相互叠合基础之上，融合了功能、结构二重特性的复合生态系统。因此，绿网空间增效实质上是基于系统维度，并着眼于城市以及区域的绿地生态网络的优化及其绿地生态空间的增效。

系统性的增效维度强调了两个研究局面，即：从空间上，重在将网络效能放置于整体城市以及区域中的整体研究；从功能上，则综合了网络空间及其效能的双重复合性。基于这两个偏重，可从三个不同层面开展研究工作，即本书在第4章的网络系统中所提出的三大系统：一是绿网自身系统，即"本体—本体"系统，因强调绿网自身的连接，所以也可称为连接系统；二是绿网与相邻地块系统，即"本体—影响区"系统，因强调绿网本体与影响区之间的渗透关系，所以也可称为渗透系统；三是绿网与整体城市系统，即"本体—辐射区"系统，因强调绿网本体与整体城市之间的密度可达等关系，故也可称为密度系统。通过三大空间系统的空间优化、空间建构以及管控，最终实现以绿地生态网络为引导的空间"增效"的总体目标。

### 6.2.2　网络化与网络优化——空间增效路径

绿网空间增效建立于功能性网络与结构性网络相互叠合的基础上，这更加有利于实现以网络空间结构为手段、以综合增效为目标的研究。

网络空间增效路径成立的前提，源自于网络具备自然—文化、系统—单元、战略—增强以及稳定—成长等方面的属性，从而赋予了网络空间明显优于其他空间结构的优势。然而，由于网络的外向性以及外溢效应等，又会导致其功能发挥的高度复杂性，且受其规模、格局、形态、尺度及其之外的城市等多重因素影响，因此，建立一个效能导向的绿地生态空间是关键，在具体的空间增效研究中，将面临两个问题：一是如何驱使绿地生态空间形成网络，即"网络化"；二是何种网络空间可以达到效能趋优，即"网络优化"。"网络化"与"网络优化"是促使实现绿网生态效能提升以及城市综合效益增值的关键路径。

### 6.2.3 "建—管"一体化——空间增效方法

"网络化"以及"网络优化"均依赖于科学可行的绿网空间建构与管理手段，本着城市绿地生态研究的三个观点与维度，建构与管控将是绿地生态网络从设计到实施整个程序的核心内容，这里提出了基于两者高度融合的"建—管"一体化的空间增效方法。

1）建构

绿网建构是对于城市绿地生态空间系统的重新发现与完善，以科学的方法合理组织各类生态资源以及潜在生态元素，并架构明晰的绿地生态脉络。建构的目的在于建立一个有序、关联且融入城市的网络化绿地生态系统，并通过此系统获得城市整体功能效应。绿网建构的工作重点基于对生态运行机制的掌握、自然生态过程的优化与促进的前提，对位于城市中的绿地生态空间体系（包括规模、数量、空间位置以及结构形态等）加以明确，进一步实现以其带动整体城市空间系统的优化与提升。

2）管控

管控即是通过流程、制度等手段，在既有框架下对特定资源或行为所进行的组织和约束。绿网管控则是在绿网建构其空间系统的基础上，在明确资源分布、组织形式的前提下，对其基本格局、建设方式以及未来发展等所实施的管理与提供的保障。绿网管控的目的是在实践过程中保障其建构的可实施性、可操作性，从法规及管理层面探索致力于绿网建构各项目标实现的技术路径。管控的工作重点体现于两个方面：一是明确绿网本体，强化对于其自身的保护、保育与修复；二是明确本体与其他城市用地间的关系，通过控制、引导等空间技术手段与措施，促进绿网的空间实现与功能效应的发挥。

3）"建—管"一体化

绿网的建构与管控目标趋同，途径和手段却是迥异的，它们相互影响、互为助力，共同促进绿网的健康发展。"建—管"一体化的系统增效方法有助于绿网空间从规划建设到实施管理过程的统一、明晰。

城市绿地生态网络关注整体城市的综合发展，"建—管"一体化的目标即是：以良性生态循环为基础，以绿网为导向对城市空间资源进行合理化配置，促进城市中的系统综合效益的增值，并形成科学合理、有机布局的城市空间生态系统。作为绿网空间增效方法，"建—管"一体化的重点在于明确了其空间实现的方式方法，将绿网建构及管控与城市土地空间规划以及土地利用管理高度整合，通过空间规划策略与具体实施手段的紧密对接，最终促使体现综合效益的绿地生态网络在城市土地空间上的落实。

基于绿网空间增效的系统维度及网络优化路径，将城市绿网"建—管"研究对象划分为三个方面：一是网络本体，包括生态核心区以及边界缓冲区等空间元素，主要研究绿网的内在运行机制；二是网络影响区，即绿网与城市相交错地带，主要研究绿网和城市的相互作用方式以及如何于城市中发挥效应；三为网络辐射区，即受绿网影响的广大城市区域，主要研究如何最大化呈现绿网的广泛城市效应。基于三个方面的综合研究，科学确定绿网空间结构、布局形态、功能协调关系等，同时研究确保绿网空间落实的相关政策、机构设置等，以加强过程中的监督、管理、协调、控制等工作。

### 6.2.4　空间增效的实施策略、途径及保障

为加强城市绿地生态网络空间实施的可操作性，达到最终的"建—管"目标，需借助法律法规的权威与严肃性，在现有法律、行政体制的框架之下研究绿网与法定规划的协调与衔接。因此，需将绿地生态空间（如网络格局、功能结构、空间形态等）建设内容，通过空间范围、空间内容、空间强度的管控，分别融入到区域规划、城市总体规划与分区规划、控制性以及修建性详细规划当中，以强制性、引导性等不同控制方式与策略手段，分层次、分阶段、分步骤地加以贯彻与实现，以保障绿网空间体系的建管体现于法定规划并得以实施。

1）区域规划阶段：应结合区域生态空间，在充分考虑生态安全格局以及资源环境承载力的前提之下，合理分配土地空间资源，进行严格的生态功能区划，明确对于区域性生态资源的保护、保育与修复等工作，并对人类干扰活动分级别地加以限制与控制，以保障区域环境的可持续发展。

2）总体规划及分区规划阶段：应在纲要阶段提出基于山水生态框架的绿地生态空间格局与空间结构，在总体布局中融合绿色基础设施理念，系统化、科学理性地布局城市绿网空间，并结合多功能需求，将开放空间系统以及旅游游憩系统等与绿网体系高度融合，共同构建出功能综合、多元且具公平、活力的城市绿地生态空间。

3）控制性、修建性详细规划阶段：应对于绿网主体、影响区、辐射区域的生态环境品质加以建设与活动上的合理安排，尤其是受绿网直接影响的城市空间区域，引导其在保障自然生态过程的前提下向着品质化、精致化、特色化、开放化的建设发展，通过混合空间的利用体现出地段生命力与活力，充分利用环境优势引导具有地方特征的特色社区、生态社区以及绿色社区的塑造，在建设性质、内容、强度与品质上加以积极控制与引导，并最终体现在修建性详细规划以及具体工作中。

4）除上述之外，可通过制定《城市绿地生态网络空间管控导则》，针对不

同绿网空间要素提出具体建管要求，并结合当前的《城市规划管理技术规定》，以通则方式指导各类规划的编制。

## 6.3 基于"三度"的空间优化策略

以系统层面的城市绿地生态网络三指标，即网络连接度、网络渗透度、网络密度（以下简称"三度"）作为建构手段的主要引导，分别从空间增效的技术路径、保障措施、增效策略方法的层面，提出指引绿网空间优化的具体意见，以实现绿网空间增效。

### 6.3.1 基于网络连接度的空间对策

绿网连接度表达生态过程在不同绿地生态网络单元之间运行的顺利程度，是对绿网单元相互间连续性的度量。对绿网连接度的强化有助于在有限的城市土地空间内，通过维护和发展生态自身的连接程度，有效推动生态过程并完善生态机能，通过促进城市或区域生态功能的发挥实现城市绿地生态网络的空间增效。

从系统层面看，连接性为网络的重要特性，它研究的是绿网自身系统，即"本体—本体"系统功能与结构的关联。作为"效能—空间"关联维度的网络指数，连接度同时涵盖结构连通性、功能连接性两个层面的含义，然而，在城市生态空间的塑造过程中，往往较多地关注网络结构的连接，而忽略了真正意义上的生态连通过程。因此，依据第4章中针对绿网连接度影响因子及内涵的分析研究，需分别从空间连接性、空间邻近性、功能连续性三个方面加强绿网连接度的建构与优化，本章基于图论方法，从技术策略、方法途径以及规划实现等角度全面建构绿网连接策略体系（图6-6）。

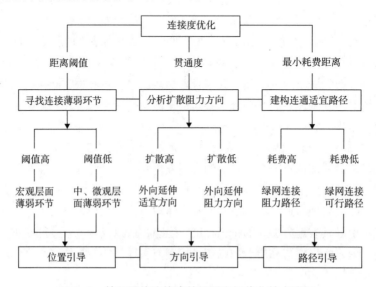

图6-6 基于网络连接度的绿网空间优化技术路径

1）连接度优化技术路径

（1）距离阈值——找寻绿网连接薄弱环节

当仅仅针对城市绿地单要素进行研究时，在选取适宜距离阈值的基础上，以该阈值计算图谱为依据，寻求城市绿网连接的最薄弱环节，以直接引导绿地生态空间的自身连接系统。其中：

① 阈值分析中，科学确定各片区适宜距离阈值的工作十分关键。如在绿化基础薄弱环节或是绿网建设初期，斑块间距大，则过小的距离阈值难以发现薄弱环节，需适当提高；而在绿化覆盖率较高、绿地建设水平较好的区域，为进一步加强连接度，则适宜选择较小阈值。由此可见，适宜阈值可作为城市绿网连接度的评价指标之一。其值越小，表明连接度水平越高，反之则越低。

② 基于距离阈值图谱，大的阈值分析可从宏观层面上寻求整体绿网架构中的薄弱环节，有助于找到当前格局中的连接薄弱区域，即生态破碎地区，从而引导并识别、建构该区域中的关键生态斑块，为有效提升绿网连接度提供思路。

③ 基于距离阈值图谱，小的阈值分析有助于在中观、微观层面上，即小范围内寻找提升连接度的有效办法，进一步改善局部地区绿地生态空间的连接，为完善整体绿网格局奠定基础。

（2）贯通度——分析绿地扩散阻力方向

结合城市各类型土地利用多要素研究，由于物种于不同介质中的适应能力不同，故而不同城市基质对于网络连接度的影响有差别。因此，综合考虑斑块的临界扩散距离以及扩散的基质阻力问题，采用阻力加权法计算以斑块为核心的最大扩散面积，并绘制基于贯通度的最大扩散范围图，可作为引导绿网连接的依据之一。

① 基于贯通度图谱，将扩散距离最大方位作为绿网连接的适宜性方向，因具备较大的连接潜力与前提条件，因而可较好地引导绿网的连接性建构。

② 基于贯通度图谱，将扩散距离最小方位作为绿网连接的阻力方向，分析其在影响绿地生态效益发挥的用地布局、空间配置等方面所存的不合理之处，进而提出改造建议。

③ 贯通度的分析工作中，还需依据实际情况对斑块扩散率进行合理调整，利用规划或管控手段有效拓展绿网最大扩散面积与范围，以全面提升绿网连接度水平。

（3）最小耗费距离——建构绿地连接适宜路径

对于位处于城市的绿地生态网络来说，城市基质带来了网络功能耗费以及空间阻力的差异化，基于图论原理，借助于最小耗费距离模型计算绿地生态斑块之间潜在的连接空间，以此作为引导绿网连接的依据。

① 基于最小耗费距离模型，计算并绘制出独立生态斑块与斑块之间的最

小可行的连接性路径，即物种、能量等生态流在扩散过程中能量损失最小的路径，并以此引导建立绿地空间连接。

② 基于最小耗费距离模型，其中生态流费用消耗最大的路径方向是绿网连接阻力方向，其在土地用途以及空间配置等方面必然存在着影响网络生态效益全面发挥的不合理之处，故而应提出具有针对性的优化、改造建议以及措施。

2）空间连接度建构策略

网络连接度的关键目标是生态连通，其空间形式表现为生态绿地的空间延续或是相互邻近。基于生态连接度的引导，整体城市生态空间的规模、格局、形态等方面均存在着极大的提升及优化空间以及多层面、多途径的技术策略与方法，因此而导向一种整体城市空间结构与布局的连接模式（图6-7）。

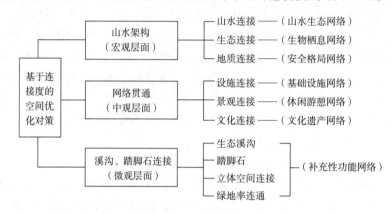

图6-7　基于网络连接度的绿网空间优化对策

（1）山水架构（宏观层面）

在宏观层面上，以城市乃至区域的山水生态网络为基本格局构架，将山川、湖泊、湿地、森林以及自然保护区、水源涵养区、地质灾害区等自然性生态区域通过自然河流、林带等生态廊道进行贯通连接，形成城市的山水生态骨架，这种生态构架对于城市的生态安全格局、生态稳定程度以及生态可持续性具有决定性的作用与保障，为城市的基础生态网络。在城市绿地生态网络的建构以及管控当中，山水生态格局应作为前提以及首要的空间连接要素，其连接手段如下：

① 山水连接：保障山脊走廊、谷地廊道、江河湖岸滨水廊道的连通，作为城市中最基本的生态绿地格局，建构山水生态网络。

② 生态连接：严格保护并保障大型生物栖息地廊道、动植物迁徙廊道的连通，建构生物栖息网络。

③ 地质连接：将地质断裂带、塌陷区、滑坡崩塌带等不适宜建设地带融入到绿地廊道体系中，建构与山水生态网络、生物栖息网络相融合的安全格局网络。

（2）网络贯通（中观层面）

网络为一种具有优良连通性的结构组织，在城市空间生态系统的建构之中，因广受多种干扰与侵袭，仅仅依靠生态的自组织是难以全面建构的，因此，应辅以人工手段以有效引导空间交叉与连接，具体空间手段如下：

① 设施连接：构筑公路或铁路防护廊道、输电线路廊道、城市道路廊道等。城市干道及景观性道路在红线划定时应同时明确道路绿地率，如：园林景观路绿地率不得小于40%；红线宽度大于50m的道路绿地率不得小于30%；红线宽度40～50m的道路绿地率不得小于25%；红线宽度小于40m的道路绿地率不得小于20%；对外交通干道两侧控制20～50m绿化带，打造城市出入口景观道路；同时，结合慢行交通设置需求，建立生态连接绿道，共同建构基础设施网络。

② 景观连接：在城市内、外部的自然景观以及人工绿地、旅游景点景区间建立生态游赏型廊道，将保护自然生态、文化遗产资源与建构城市生态游憩网络相融合，建构休闲游憩网络。

③ 文化连接：将城市中的文化遗产资源以及大型文化设施（如博物馆、文化馆、文化广场、规划展示馆等）纳入休闲游憩体系当中，建构城市的文化遗产网络。

（3）溪沟、踏脚石连接（微观层面）

城市绿地生态网络位处于复杂的城市，因面临城市建设的限制与阻碍，故而生态连接不应仅依赖于空间的直接相连，还应体现于距离阈值之内的踏脚石连接、立体连接以及绿地率总体提升等多种生态连接方式，通过这些方式建构基于以上各类型绿网的补充性功能网络。具体连接手段如下：

① 生态溪沟：在因城市建设而阻隔生态连接途径时，可采取空间多样化的设计手法以解决小动物通行路径的畅通，如掩埋于道路之下的溪沟、桥梁两侧水陆栖岸的连接通道等。

② 踏脚石：在空间受限的城市地段，尤其是老城内部难以实现生态空间直接连接的区段，则可采取踏脚石廊道的方式，利用生态扩散功能，基于合理距离阈值的空间设置来实现生态过程上的连通。

③ 立体空间连接：在空间受限或是高度生态阻隔地段，也可采取空间的立体架设方式以实现生态连接，或是以屋顶绿地、地下通道或竖向绿地等方式实现"踏脚石"式的生态连接。

④ 绿地率连通：在绿网连接阻力值较大的城市建设区域或地块，可于充分发挥土地集约效益的前提下，适当增加其用地的绿化比例并建立绿地连通，以实现该区域绿地效益的增量，广泛城市空间中的这种绿地率的改善对于整体城市绿地生态效益的提升具有重要意义。

3）连接度的法定保障

连接度实质上表达了绿网结构特征与物种行为之间的交互作用，表达了生态过程在绿地生态空间单元之间运动及有机联系的程度，是描述绿地生态过程的参数。为建构科学合理的绿地生态网络格局提供全面保障，应于现行法定城市规划体系的各个层面当中体现对绿网连接度的具体要求：

（1）于城市总体规划过程中，明确城市山水生态格局架构性的连通体系，这种生态基本格局的奠定是城市绿地生态网络建构的根本前提，并作为协调区域开发与生态保护之根本。

（2）于城市绿地系统专项规划中进一步明确控制出用以连接重要生态斑块的线性生态廊道、景观廊道以及踏脚石廊道等，对于构建完整连续的生态网络具有重要意义。

（3）于城市控制性详细规划中强调绿地生态空间向着网络化方向的建构与连通，并为引导下一步修建性详细规划中的绿地生态空间连接的实施方案提供方向与具体的规划建设要求。

### 6.3.2 基于网络渗透度的空间对策

渗透度表达了在不侵害绿网生态稳定的前提下，网络内、外部之间的价值流相互渗透、交流、通过的能力。绿网渗透度的内涵体现于结构性渗透以及功能性渗透两个方面，渗透度对于绿网及其周边城市地带之间，即"本体—影响区"系统的生态过程的延续以及生态机能的交流意义重大，并对绿地生态边缘效应的发挥起到重要作用，同时会影响绿网的流通效应与影响效应。

因此，渗透度可以作为绿地生态网络空间增效的重要途径之一。基于渗透度的空间增效对策，结合功能性网络、结构性网络的双重维度，可从绿网的空间格局、空间形态以及渗透阻力等方面开展（图6-8）。

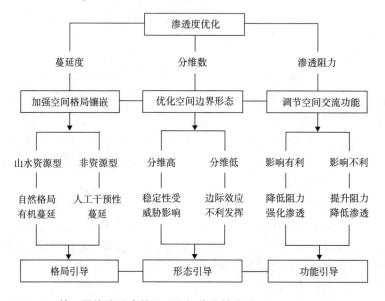

图6-8 基于网络渗透度的绿网空间优化技术路径

1）渗透度优化技术路径

（1）蔓延度——加强空间格局镶嵌

蔓延度表述的是绿网空间集聚程度及其与基底之间的景观镶嵌程度。宏观格局层面上，蔓延度反映了绿网与城市建设用地相互间的空间渗透情况。

① 对于山水资源型城市及地区，应体现生态空间于城市中的自然生长特性，形成生态蔓延与生态镶嵌，塑造有机疏散的城市生态空间格局。

② 对于非资源型城市或是资源相对匮乏型城市及地区，应结合城市需求，以人工辅助手段加强绿地生态空间于整体城市格局中的生长、融合与渗透，以避免城市建设空间的整体集中、板结、低效且无序的蔓延与扩张。

（2）分维数——优化空间形态边界

分维数是对于绿地生态斑块的形态复杂与边界曲折的分析指数，其以几何学手法量化了绿地生态斑块类比于正方形的空间不规则程度。建立于绿网的中观、微观层面，分维数以形态语言表述了绿地的空间渗透能力。在绿地生态斑块形态的空间构建之中，应注意适宜分维数的选取：

① 分维数过小表明绿地生态斑块的形态趋近于人工几何的正方形，因而边缘长度以及影响区域受限，边界过于机械、规整且不利于边际效应的发挥，则建议模仿自然形态边界适当增强分维数，以提升绿地与城市的空间渗透作用。

② 分维数并非越高越好，过高的分维数表明了极其不规整的绿地斑块形态，生态空间延展性过大，会带来较高的边缘面积比，虽说边际效应得以增强，但形态的破碎将带来核心生态区域受干扰程度的提升，生态稳定性亦遭受威胁，最终则将导致生态机能的整体下降。

（3）渗透阻力——调节空间交流功能

作为功能指数，渗透阻力反映了实际生态渗流在生态空间与非生态空间之间的交流情况，渗透阻力指数以一种边界介质阻力的量化语言表述了绿网边界的实际渗透能力。同时，它也可作为一种调控生态影响以及生态系统服务功能的重要手段：

① 当绿网紧邻的影响区功能布局合理，互为适宜且功能相互兼容，则应该尽可能降低渗透阻力，以推动并加强城市与绿网的交互渗透，这有助于促进绿网面向城市综合效能的发挥。

② 当影响区与绿网不相适宜、环境不兼容，则表明其相互之间的干扰较大，此时，应一方面从规划层面对土地空间配置进行优化，另一方面则从防护角度出发，通过人工手段提升绿网边界的渗透阻力，以避免绿地生态系统遭受过多的外界侵害，并保障系统的安全与稳定。

2）空间渗透性建构策略

渗透度的关键目标在于加强绿地与城市系统的耦合交融，强化互动关联从而带动绿地生态效益在城市中的全面发挥。在生态渗透度引导之下的城市绿网，从宏观格局到微观形态，均有较大的提升优化空间，以下探讨具体的技术策略以及途径方法（图6-9）。

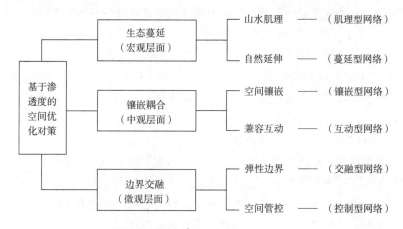

图6-9　基于网络渗透度的绿网空间优化对策

（1）生态蔓延（宏观层面）

从宏观格局层面来看，渗透性表现为整体的自然山水生态肌理及其于城市整体空间中的蔓延与伸展。这种生态蔓延形成了宏观层面上的空间耦合以及功能渗透，为渗透度空间优化的整体架构，具体空间渗透手段如下：

① 山水肌理：以自然山水资源为本底形成山水格局与生态肌理，并作为城市中的基本生态控制区域，从宏观层面上构建体现城市天然格局的特色肌理型网络。

② 自然延伸：依托于山水生态资源，体现自然渗透特性及其于城市内部的生长蔓延与有机伸展，同时考虑城市基本生态安全格局的保障，塑造基于山水肌理与生态安全的自然蔓延型网络。

（2）镶嵌耦合（中观层面）

从中观形态层面来看，渗透性重点在于自然生态要素与城市建设用地于空间形态上的镶嵌关系及其用地功能上的兼容互动。具体空间渗透手段如下：

① 空间镶嵌：在绿地空间与城市建设空间之间，在绿地渗透斑块或是廊道等要素的边界形态上采取自然的、不规则的且呈空间耦合状的镶嵌性边缘，从中观空间层面塑造绿地与整体城市空间的镶嵌型网络。

② 兼容互动：在绿地与城市相交接的边界区域，其空间规划中，无论是用地性质、项目类型、建设强度还是景观风貌等方面，均应体现城市与绿地两种类型空间功能的兼容与协同，打造融入于整体城市空间系统的兼容互动型网络。

（3）边界交融（微观层面）

从微观边界层面来看,渗透性主要体现于生态边界这一重要空间要素之上,强调弹性边界及其具有的空间管控要求,具体的空间渗透手段如下:

① 弹性边界:以具有一定宽度的弹性带状生态边界代替单一的刚性线型边界,强调空间交界处的功能与空间的融合与渗透,从微观空间层面上打造"城—绿"交融耦合型的网络。

② 空间管控:针对弹性边界区域的土地使用性质、开发强度、活动类型等方面,提出明确的控制要求。一般来说,良性发展的城市区域应尽量提高绿网渗透度,以促进绿网效应的外部化发挥,提升绿网的综合影响力;但在环境不相容或相互间有恶性干扰的地段,如污染性工业项目或有安全威胁的市政配套建设（电力开闭所等）,建议降低渗透度,以此塑造适应于城市建设实际的且具自我保护能力的控制型网络。

3）渗透度的法定保障

渗透度的高低取决于生态价值观、规划思路以及空间引导、空间管控等诸多主、客观因素及技术手段。为建构科学合理的绿地生态网络格局提供全面保障,应于现行法定城市规划体系的各个层面当中体现对绿网渗透度的具体要求:

（1）宏观层面上,生态蔓延的绿网生态格局依赖于城市空间发展战略以及城市总体规划、分区规划中的掌握与基本奠定。

（2）中观层面上,绿地空间的边界及形态等适宜于控制性详细规划当中加以明确,或是以强制性、引导性等方式提出要求。

（3）微观层面上,绿地生态空间的交融性布局以及弹性边界区域的具体构成,则有赖于地块修建性详细规划以及后期工程方案设计中的贯彻与实现。

### 6.3.3 基于网络密度的空间对策

城市绿地生态网络密度表达绿地生态各要素在空间上的分布疏密关系,通常以单位面积城市用地上的绿地要素的空间规模（面积、长度或边界长度）来测度。网络密度不仅是对结构性网络空间格局的度量,而且还是从生态过程以及城市使用需求的角度对绿网空间分布的合理引导及约束,故而是综合了功能性网络与结构性网络的叠合性指数。

网络密度的设置对于绿网面向城市的整体生态效益的发挥极为关键,并由此而影响到经济消费、社会游憩、景观形象等一系列"外溢"效益。基于网络密度的空间增效的重点是针对绿网"本体—辐射区"系统运行机制的研究,即何种密度才会促使:一方面,绿网自身生态安全稳定性得以增强,即内部效应的强化;另一方面,受绿网本体辐射影响的区域面积最大,并且效益最大化,即外部效应的拓展。密度增效则因此而体现在网络强化效应以及网络拓展效应两个方面（图6-10）。

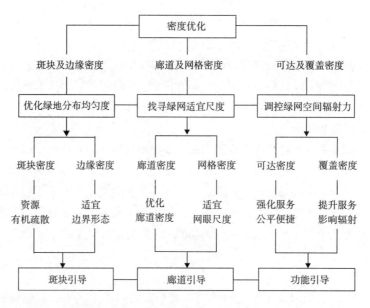

图 6-10　基于网络密度的绿网空间优化技术路径

1）密度优化技术路径

（1）斑块及边缘密度——优化绿地分布均匀度

绿地生态斑块于整体城市中的理想分布模式是呈集中、分散相结合的有机疏散格局。因此，选取适宜的斑块密度与边缘密度，即可避免绿地布局过于破碎，同时兼顾整体分布的均匀性：

① 斑块密度不宜过小，体现资源适度分散原则，强化城市各区绿地分布平衡，以体现公共资源享有的公平性，并实现绿地生态空间的便捷可达及系统服务能力的提升。

② 斑块密度不可过大，且应加强绿地生态廊道在疏散的生态斑块之间的有机连接，提升斑块间的生态贯通程度，形成有机疏散的整体生态格局；

③ 边缘密度不可过大，避免绿地生态斑块形态过于不规则，并将导致其生态稳定性遭受过多的外界干扰与人工威胁。

④ 边缘密度不宜过小，避免出现绿地生态斑块过于几何形态，趋近于因道路以及人工手段划分而形成的规则正方形，将致使其不能较好地面向城市而发挥各项生态效益。

（2）廊道及网格密度——找寻绿网适宜尺度

廊道密度在一定程度上决定于绿网单元即网格的大小以及尺寸。适宜的廊道密度以及网格密度，不仅有利于城市绿地生态系统的健康、良性运转，并且可以强化绿网与城市土地空间的耦合程度，同时对于绿网外部效应的发挥意义重大。

① 廊道密度不宜过大，因为这将会因廊道而划分出较小的绿地网格单元，即较小的网格尺度。虽然这会为网格内部的城市地块带来良好的生态环境，但也可能会同时造成城市地块的破碎与不完整以及用地的不经济等弊端。

② 廊道密度不宜过小，否则将会划分出较大的网格单元尺度，由此而带来较大尺度的网格内部的城市地块，局部地区将无法便捷地享用到绿地生态资源，整体生态效应及其辐射影响效应均会因此而降低。

（3）可达及覆盖密度——调控绿网空间辐射力

绿网可达以及覆盖密度是衡量绿网面向城市发挥外部功效的重要指标，合理的可达性与覆盖密度将会体现绿网极为可观的城市意义以及因辐射影响而带来的较高"外溢性"服务能力。

① 覆盖密度不可过低，否则将会影响整体城市的绿地可达性以及绿网服务价值与水平，造成绿地资源的低效利用。

② 覆盖密度越高，表明整体城市绿化环境质量越好，绿化服务水平越高，若实现整体城市全覆盖即100%的覆盖水平，即实现了理想的绿地生态服务格局；但从土地集约合理利用的角度出发，在实际土地使用过程中，应依据建设密度以及人口分布密度进行适宜的绿地空间布局，如在一些人口分布密度较低的工业区也可不完全要求达到绿地影响范围的全覆盖。

2）空间密度建构策略

网络密度的关键目的在于强化网络于整体城市之中的影响，包括其生态效益及其所带来的其他各项效益的全面发挥。在有限空间资源下，基于适宜密度所引导的城市绿网的空间优化，能够较大地拓展网络辐射影响的范围以及强度，以下探讨其具体技术策略以及途径方法（图6-11）：

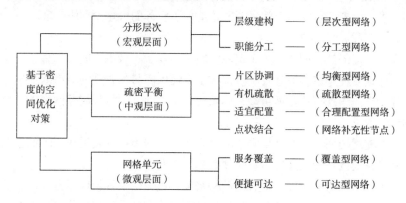

图6-11 基于网络密度的绿网空间优化对策

（1）分形层次（宏观层面）

① 层级建构：按照区域级—市级—分区级—社区级等分级层次而形成城市不同级别的绿地生态网络，塑造层次型网络。

② 职能分工：各级网络分别用以承担不同功能，其中区域级、市级网络形成主干绿网骨架，主要承载生态核心功能；而分区级、社区级网络于各片区及社区内部形成绿地连接，主要承载社会游憩、休闲娱乐等主要功能。各级绿地发挥各自不同的服务功能，因而形成分工型网络。

（2）疏密平衡（中观层面）

① 片区协调：绿地依赖于网络连接且于城市各片区内部构成了既有机疏散又相对协调的空间布局与分配，形成了片区均衡型网络。

② 有机疏散：区域级、市级网络一般依赖于自然的生态资源，分布往往相对集中，规模较大，各区分配相对不均衡；而分区级、社区级则多为人工型生态空间，较多地呈现为道路绿化、小型街头绿地以及社区游园等形式，分布相对均衡。各级绿网共同塑造了合理疏散型的网络。

③ 适宜配置：各区可依据建设区域的人口密度而进行绿地资源的合理分配，如人口密集的居住、商业、学校等地区应配置以更多的绿地空间；而人口相对稀疏的工业、仓储等地区的绿地配置要求可相对降低，依据城市实际使用需求而塑造合理配置型网络。

④ 点状结合：在主干道交口处结合道路绿地适宜拓展绿地节点，并于城市主要出入口设置中型绿地节点，这些均可作为绿地网络的补充性节点，共同致力于绿网生态服务与城市景观形象。

（3）网格单元（微观层面）

① 服务覆盖：依据绿网辐射高覆盖的原则及目标，按照 500m 见绿的服务半径要求，形成合理大小的绿地网格单元，打造合理覆盖型网络。

② 便捷可达：满足步行 5 分钟便可到达规模不小于 $500m^2$ 绿地的市民实际使用需求，合理配置绿地空间资源，塑造便于服务的可达型网络。

3）密度的法定保障

绿网密度的高低取决于生态资源空间分布现状、城市空间规划理念以及城市生态建设管控等诸多因素及手段。为了全面保障科学合理的城市绿地生态网络的建构，应于现行法定城市规划体系的各个层面当中体现对绿网密度的具体规划设计要求：

（1）宏观层面上，绿地生态空间尺度依赖于城市空间发展战略中的生态基本骨架与格局的奠定以及城市总体规划的基本明确。

（2）绿地网格大小以及适宜的网格密度、覆盖密度等依赖于分区规划的空间分布，并进一步借助于控制性详细规划中的强制性空间划分或以引导性方式提出布局要求。

（3）对于生态空间边缘密度的实质控制则可结合地块修建性详细规划与设计，在具体空间的分布过程当中得以落实。

## 6.4 基于"三线"的空间建构策略

在上一节中探索了城市绿地生态网络在空间"三度"的引导之下，以城市综合效能为目标的空间优化策略与途径，并以此可以形成良好的绿网空间方案。然而，如何促使这一方案的空间实现，还需进一步采取绿网空间建构与管控的各种措施。城市绿地生态网络空间系统"三线"即指生态基线、生态绿线与生态灰线，也可称作生态空间控制"三线"，是从空间范围层面对绿网空间区域的明确，并按照不同生态敏感程度以及建设管制要求而划定的（图6-12）。通过明确生态控制"三线"所划定的各类生态区域的建管具体策略及实施意见要求，分别对其空间内容进行控制及引导，融入现行城市规划体系的各层面，以此推进绿网空间增效的实现。

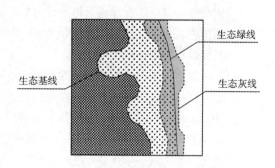

图6-12 城市绿地生态网络空间系统"三线"示意

### 6.4.1 基于生态基线的空间对策

1）生态基线的内涵及划定

生态基线是针对城市中涉及生态安全、稳定的区域而划定的基本控制线，是为了保障城市的基本生态格局，维护生态系统的完整与连续，防止城市无序蔓延，确保自然生态安全以及合理生态承载力前提下的健康有序发展，结合城市实际情况而划定的生态保护范围。

生态基线所划定的范围可参照基本生态控制线，包括：一级水源保护区、风景名胜区、自然保护区、集中成片的基本农田保护区、森林及郊野公园；坡度大于25%的山地、林地以及海拔超过50m的高地；主干河流、水库以及湿地；维护生态系统完整性的生态廊道和绿地；岛屿和具有生态保护价值的海滨陆域以及其他需要进行基本生态控制的区域。对于生态基线范围内的区域，应严格控制除环境恢复和自然再造工程外的一切人类行为；对于现有破坏生态平衡的建筑、构筑物及其他设施，应限期迁出；而确需建设的项目应建立于可行性研究、环境影响评价以及规划选址充分论证的基础之上。

2）生态基线的法定保障

为了保障生态基线在实际的城市生态空间建设以及管理中的作用，其划定工作应融入现行的法定城市规划体系，以确保其实现：

（1）于城市发展战略研究以及城市总体规划阶段，给予生态基线的划定，并提出相应的空间管制措施，作为强制性内容在下一步规划中加以落实。

（2）于控制性详细规划中，进一步明确生态基线的具体位置，明确并细化基线范围内的生态空间管制的各项要求。

### 6.4.2　基于生态绿线的空间对策

1）生态绿线的内涵及划定

生态绿线，是用以划分城市空间中的绿地与其他建设用地的界线，同时也是各类绿地范围的控制线。

生态绿线所划定的范围包括：城市公共绿地、防护绿地、生产绿地、居住区绿地、单位附属绿地、道路绿地以及风景林地等。在生态绿线所划定的空间范围内，应严格控制土地使用要求，不符合规划建设要求的建筑物、构筑物以及其他设施应当限期迁出。

基于生态基线所奠定的宏观生态构架与基本安全格局，生态绿线为城市划出可以提供生态缓冲与适宜生态游憩的区域。在范围的确定上可相对辅以人工手段，故而绿线的划定可以强化其空间连通特性，在基线的基础上进一步提升网络的生态连接与强化功能。生态绿线与绿网连接度、绿网密度的关系都极为紧密，并为进一步加强生态的稳定性、安全性、多样性提供了条件。

2）生态绿线的法定保障

为保障生态绿线在实际城市生态空间建管过程中的作用，其划定工作应充分融入到现行的法定城市规划体系之中，以确保其落实：

（1）于城市总体规划的专项规划如城市绿地系统规划、绿线专项规划或是绿地生态网络规划中，在明确总体结构的前提下，确定结构性绿地网络的空间分布与面积规模，分级别、分层次地布局各级各类绿地，并明确其各自的控制原则。

（2）于控制性详细规划阶段，划定不同类型绿地的空间界线，并明确绿化率、覆盖率等绿地建设指标作为控制内容在下一步规划中加以强制落实。

（3）于修建性详细规划阶段，依据控规明确绿地空间布局，并提出具体的绿化配置原则及方案，进一步落实生态绿线。

### 6.4.3　基于生态灰线的空间对策

1）生态灰线的内涵及划定

生态灰线是指基于生态渗透理论，由城市绿网生态空间向着建设用地延伸的弹性生态边界。实质上，生态灰线所划定地区相当于绿地与城市交错地带的具有一定宽度的边缘区域，如山体、水体等自然生态空间以及大型生态绿地与城市建设空间相交界的地带。这一区域同时具有内、外两条线性边界，分别面向于内部绿地与外部城市，故而生态灰线是一种柔性、模糊的边界概念，其与生态渗透度的关系极为紧密。空间上，生态灰线将绿网边缘缓冲区以及城市影响区进行了紧密关联与高度融合，体现了以保护为前提的生态渗透理念，并综合考虑了环境保护与科学利用。

生态灰线以生态法则为基本前提，以实现绿地综合效应为最终目标，在生态基线、生态绿线的基础之上，强调一种基于生态平衡的空间及效能的渗透与交流。生态灰线提倡的是绿地与城市间的互动耦合关系，借助于将绿地空间效应延伸至城市各类建设用地当中，从而促进城市绿地生态利用的合理性与高效性。

2）生态灰线的法定保障

为了保障生态灰线在实际城市生态空间建设及管控过程中的作用，其划定工作应充分融入到现行的法定城市规划体系之中，以确保其空间落实：

（1）于城市总体规划及其相关专项规划阶段，以一种新型特殊的用地类型（如具有过渡及混合特性的生态建设用地），体现在总体的用地布局以及绿地系统当中。

（2）于控制性详细规划阶段，明确此类型用地的边界、可兼容类型、绿地率、容积率、建设密度等限制性、引导性要求。

（3）于修建性详细规划阶段，依据控规中的限制与引导进行生态融合型设计，既强调生态的保育与调控，又体现其与周边城市区域功能上的交融、渗透与互动。

## 6.5 基于"三限"的空间管控策略

绿网空间控制"三线"侧重于从空间范围层面提出绿网建管策略，绿网空间控制"三限"则侧重于从空间内容的层面提出具体管控要求与措施，以限性质、限建设、限活动为核心管控手段，分别从土地空间利用的性质、内容、强度等方面，提出引导城市绿地生态网络空间管控的指导意见，以实现绿网空间增效。

### 6.5.1 限性质

用地性质是城市规划主管部门依据城市总体规划的需要，或是土地主管部门根据土地利用规划的需要，对具体用地所规定的用途。[①]

效能导向的城市绿地生态网络的建构，对于各类用地均有不同使用要求。依据《城市用地分类与规划建设用地标准》（GB 50137-2011），本章从城乡用地、城市建设用地两个层面，采用大类、中类两级分类体系，将各类城市用地对应于绿网的不同空间要素（如绿网本体、绿网边缘、影响区、辐射区）分别提出其间的关联适宜性，以引导合理的绿网建构并实现网络效能的提升。在对城市用地与绿网空间要素进行关联分析时，界定其相互之间的关系为"适宜"、"有条件适宜"、"不适宜"三种类型（表6-2、表6-3）。其中：

1）"适宜"表明此类用地适宜作为绿网本体、边缘、影响区或辐射区，有利于绿网效能的发挥。

2）"有条件适宜"表明此类用地在条件允许时或经特殊处理后，可作为绿

---

① 百度百科. 用地性质 [EB/OL]. [2015-01-08]. http://baike.baidu.com/view/407905.htm

网本体、边缘、影响区或辐射区，且有利于绿网效能的发挥。

3）"不适宜"指这类用地不适宜作为绿网本体、边缘、影响区或辐射区，或指因其不利于绿网效能的发挥，因而从效能角度不建议设置。

绿地生态网络空间与城乡用地的关联对应　　　　表 6-2

| 类别代码 | | 类别名称 | 网络本体 | 网络边缘 | 影响区 | 辐射区 |
|---|---|---|---|---|---|---|
| 大类 | 中类 | | | | | |
| H | 建设用地 | | | | | |
| | H1 | 城乡居民点建设用地 | × | ○ | ○ | ○ |
| | H2 | 区域交通设施用地 | × | × | × | ○ |
| | H3 | 区域公用设施用地 | × | ○ | ○ | × |
| | H4 | 特殊用地 | × | ○ | ○ | × |
| | H5 | 采矿用地 | × | ○ | ○ | × |
| | H9 | 其他建设用地 | ○ | ○ | ○ | ○ |
| E | 非建设用地 | | | | | |
| | E1 | 水域 | √ | √ | × | × |
| | E2 | 农林用地 | ○ | √ | × | × |
| | E9 | 其他非建设用地 | ○ | √ | × | × |

注：√——适宜，○——有条件适宜，×——不适宜。

绿地生态网络与城市建设用地的关联对应　　　　表 6-3

| 类别代码 | | 类别名称 | 网络本体 | 网络边缘 | 影响区 | 辐射区 |
|---|---|---|---|---|---|---|
| 大类 | 中类 | | | | | |
| R | 居住用地 | | | | | |
| | R1 | 一类居住用地 | × | ○ | √ | √ |
| | R2 | 二类居住用地 | × | × | ○ | √ |
| | R3 | 三类居住用地 | × | × | × | √ |
| A | 公共管理与公共服务用地 | | | | | |
| | A1 | 行政办公用地 | × | × | ○ | √ |
| | A2 | 文化设施用地 | × | ○ | √ | √ |
| | A3 | 教育科研用地 | × | ○ | √ | √ |
| | A4 | 体育用地 | × | ○ | √ | √ |
| | A5 | 医疗卫生用地 | × | × | ○ | √ |
| | A6 | 社会福利设施用地 | × | ○ | ○ | √ |

| 类别代码 | | 类别名称 | 网络本体 | 网络边缘 | 影响区 | 辐射区 |
|---|---|---|---|---|---|---|
| 大类 | 中类 | | | | | |
| A | A7 | 文物古迹用地 | × | √ | √ | √ |
| | A8 | 外事用地 | × | × | ○ | √ |
| | A9 | 宗教设施用地 | × | ○ | √ | √ |
| B | 商业服务业设施用地 | | | | | |
| | B1 | 商业设施用地 | × | ○ | √ | √ |
| | B2 | 商务设施用地 | × | ○ | ○ | √ |
| | B3 | 娱乐康体设施用地 | × | ○ | √ | √ |
| | B4 | 公用设施营业网点用地 | × | ○ | ○ | √ |
| | B9 | 其他服务设施用地 | × | ○ | ○ | √ |
| M | 工业用地 | | | | | |
| | M1 | 一类工业用地 | × | × | × | √ |
| | M2 | 二类工业用地 | × | × | × | ○ |
| | M3 | 三类工业用地 | × | × | × | × |
| W | 物流仓储用地 | | | | | |
| | W1 | 一类物流仓储用地 | × | × | × | √ |
| | W2 | 二类物流仓储用地 | × | × | × | ○ |
| | W3 | 三类物流仓储用地 | × | × | × | × |
| S | 道路与交通设施用地 | | | | | |
| | S1 | 城市道路用地 | × | ○ | √ | √ |
| | S2 | 城市轨道交通用地 | × | × | ○ | √ |
| | S3 | 交通枢纽用地 | × | × | ○ | √ |
| | S4 | 道路场站用地 | × | × | ○ | √ |
| | S9 | 其他交通设施用地 | × | × | ○ | √ |
| U | 公用设施用地 | | | | | |
| | U1 | 供应设施用地 | × | × | ○ | √ |
| | U2 | 环境设施用地 | × | ○ | ○ | √ |
| | U3 | 安全设施用地 | × | × | ○ | √ |
| | U9 | 其他公用设施用地 | × | × | ○ | √ |
| G | 绿地与广场用地 | | | | | |
| | G1 | 公园绿地 | ○ | √ | √ | × |
| | G2 | 防护绿地 | ○ | √ | √ | × |
| | G3 | 广场用地 | ○ | √ | √ | ○ |

注：√——适宜，○——有条件适宜，×——不适宜。

结合绿网增效目标，应站立于整体城市层面对绿网主体、绿网边缘、影响区以及辐射区的土地使用用途加以合理的控制与引导。这其中应注意到土地的动态演变性，即土地用途在随时间发展演变的过程中并非一成不变，其或许具备着作为绿网空间构成的潜在可能，如采矿用地、工业废弃地、垃圾填埋场等用地或设施，经过生态修复后的重新塑造，呈现为城市绿地的可能性都是较大的，这一点在绿网建构的过程中不可忽视。

### 6.5.2 限建设

在合理确定用地性质的基础上，针对其上的建设项目提出项目类型与建设容量两个方面的限制，如对于项目具体内容、开发建设强度（含建设密度、容积率、绿地率、绿化覆盖率、硬地率等）以及具体建设形式（含风格、体量、尺度、材质及色彩等）等方面的引导与要求。

对应于绿网空间要素，尤其是绿网边缘、影响区这两种类型，结合前文中所提到的划定生态灰线的区域范围，这些区域作为城市中极为关键的生态前沿区域以及城市环境品质的突出代表地区，受绿网直接影响，在其项目的建设上更应当提出确凿的、严格的具体建设要求。

### 6.5.3 限活动

人类属于广义生态系统的一部分，城市绿地因具备除多种自然功能之外的历史、文化、旅游等社会功能，故而应从满足人类生存、大众行为、游憩娱乐及心理情感等需求出发，将生态保护、休闲游憩和环境教育等功能有机结合，实现人与自然的和谐共处。

绿网建构应统筹考虑城市居民的各种需求，依据资源的生态敏感性与适宜性，综合安排并协调发展，并为人们提供交往、聚会、休憩、游玩、演出等多样活动场所。同时，在合理确定用地性质的基础上，还应结合各类绿网空间要素，尤其是绿网本体、边缘以及影响区，提出人类行为活动的具体管控要求，包括在活动类型、游客容量等方面的限制与引导，目标是强调以生态保护为前提原则的生态效能的最大化。

1）绿网本体的核心生态区域，除开展必要的科学考察及生态维护等行为之外，应严格控制各类游憩活动类型，以保障自然生态平衡。

2）绿网边缘区域作为户外活动最活跃，城市休闲、娱乐、游憩、教育的首选之地，带动了极强的社会效应与城市活力，同时，作为绿地生态面向城市的最前沿地带，对于活动内容、活动强度等均应进行合理控制与引导。结合适度的游憩设施，空间上或可采取集中、分散相结合的方式，使活动点缀于大环境中，缓解保护与开发之矛盾，将人类行为的生态影响控制到最低程度，实现人类与自然的和谐、融合与共生。

3）影响区是接受绿网直接影响的建设区域，结合建设项目合理引导可聚集人气、舒适、愉悦的活动行为，体现多元互动的复合关系，可进一步地带动地段的社会、经济价值，更好地发挥绿地面向城市的各项综合效益。

4）辐射区接受绿网的间接影响，活动类型以及容量的限制相对以上区域较为宽松，可用以开展多种类型的生活类活动或无重度污染的生产类活动等。

## 6.6 小结

建立于网络评价的基础之上，本章展开了针对城市绿地生态空间如何进行合理的网络化建构与营造的研究工作。研究以增效为目标、以绿地生态空间为主要手段，引导整体城市土地空间资源的优化配置，以促使城市中的生态效益以及系统综合效益的全面提升、优化与增长。

首先，站立于整体城市空间生态模式的角度，从宏观、中观至微观尺度，从系统格局、地块形态、单元形式以及边界模式4个层级，分别展开了对于城市空间生态模式的探析，并分别就不同模式的连接度、渗透度、密度3个指标进行了初步评判，提供模式之间的分析与比较。

基于城市空间生态系统的模式解析提出绿网空间增效的整体思路，即：系统的增效维度、网络化与网络优化的增效路径以及"建—管"一体化的增效方法；进而从绿网建构及管控的角度，从空间格局的引导方面提出基于"三度"的绿网空间优化策略，从空间范围的界定方面提出基于"三线"的绿网空间建构策略，从空间内容的要求方面提出基于"三限"的绿网空间管控策略。将这"三度"、"三线"、"三限"共同作为城市绿地生态网络空间优化及空间增效的具体实施策略与途径，同时注重将这些具体对策贯彻于法定城市规划体系的不同层面，以增强其实施过程中的法律保障（图6-13、图6-14）。

通过以上城市绿地生态资源的科学配置以及空间网络化的建构与营造，实施了以城市综合效能增长与提升为目标的空间手段。这一方面推动了城市绿地生态系统的健康与稳定发展，另一方面也促进了生态环境保护与城市经济、社会、文化之间的耦合互动，带动了自然与文化的综合协调及发展，全面提升人居环境水平并推进城镇化的"绿色转型"。

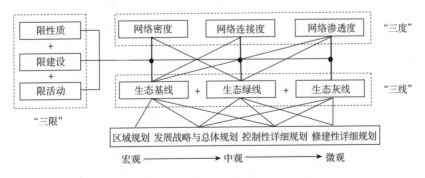

图 6-13　融入现行城市规划体系的绿网空间增效策略及途径

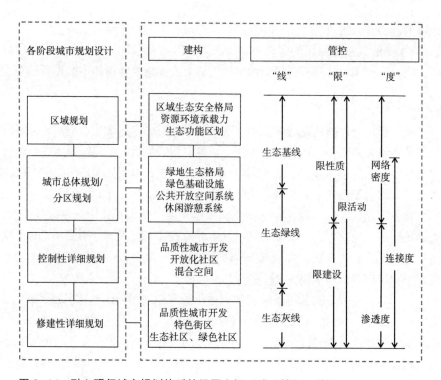

图 6-14　融入现行城市规划体系的绿网空间"建—管"一体化

# 第7章 合肥市绿地生态网络评价及空间增效指引

## 7.1 研究区域概况

本次研究选取合肥市中心城区的建成区范围，研究区总面积 379.6km²，包括蜀山区、庐阳区、瑶海区、包河区共 4 个城区。其中，面积最大的蜀山区为 186.4km²，面积最小是庐阳区为 39.2km²，包河区 95.2km²，瑶海区 58.8km²。

### 7.1.1 区位及历史沿革

合肥，为安徽省政治、经济、文化、金融与商贸中心，全国重要的科研教育基地。合肥市位于全省正中部（北纬 31° 52′、东经 117° 17′），地处长江与淮河之间的巢湖之滨，处于承东启西、贯通南北、联系沿海、接连中原的重要地理区位（图 7-1）。江淮分水岭西南至东北横贯辖区中部，西部有大蜀山、小蜀山以及江淮分水岭的山丘岗地等，东南为濒临巢湖的湿地圩区，城市因东淝河、南淝河二水于此交汇而得名。合肥属亚热带湿润季风气候，四季分明、气候温和，年平均气温 15.7℃，雨量适中，梅雨显著，年均降雨量近 1000mm，日照约 2100h。植被属北亚热带常绿、落叶阔叶混交地带的江淮丘陵植被区。

 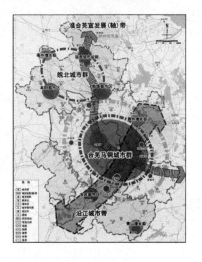

图 7-1 合肥市战略区位 [①]

---

① 合肥市城市发展战略规划 [EB/OL]. http://www.hfsghj.gov.cn/n1105/n32856/index.html.

作为三国古城、历史重镇，合肥已有 2000 多年的历史。秦、汉时期在此设郡，隋至明、清，又为庐州府治所，因"三国旧地、包拯故里"等历史因素而闻名。从地势上看，有"江南唇齿，淮右襟喉"、"江南之首，中原之喉"之称，历为兵家必争之地，自东汉末以来一直是江淮地区重要的行政中心和军事重镇，1949 年改为市建制，1952 年确立为安徽省省会。①

## 7.1.2 城市建设发展概况

合肥市共辖土地面积 1.14 万 km²，辖肥东、肥西、长丰、庐江四县并代管县级巢湖市。市区总面积 838.52km²，其中建成区面积 379.6km²，辖瑶海、庐阳、蜀山、包河四区及部分肥西县用地。2011 年末，全市常住人口 752 万人，其中城镇人口 486 万人，城镇化率为 64.6%。2012 年全市 GDP 达 4164.3 亿元，占全省的 24.2%，13.6% 的年度涨幅远高于全国以及全省平均水平，为中部省会城市之首。

新中国成立初期，德国专家雷台尔教授综合自然、地理条件、社会经济等因素，自宏观格局出发提出了城市向北、西南、东南三个方向发展的"三叶"形态的总体格局（图 7-2）。受这种思想引导，1952 年版总体规划中形成了环城公园"一环四珠"格局以及"风扇形"的城市空间形态，并因这种形态的典型性、独特性而被誉为"合肥模式"，成为我国城市规划之典范（图 7-3）。②自改革开放以来，历经数次城市改造以及跨越性建设，尤其是跨入新世纪之后，城市已逐渐发展演变为外向型、开放型、综合型的区域中心城市，并形成了"141"空间发展战略与框架，即 1 个核心主城区以及 4 个城市副中心，再加上濒临巢湖的生态型、现代化的滨湖新区。2012 年，城市又提出了"城湖联动，多元发展"，强化城市与巢湖的共生联动发展，完善和提升都市区空间功能结构，实现了由"141"都市区空间战略提升到"1331"市域空间战略，其中"1"为优化提升 1 个主城区，"3"为创新发展巢湖、庐江和长丰 3 个城市副中心，第二个"3"为统筹推进新桥临空产业基地、庐南重化工基地和巢北产业基地 3 个产业新城，最后的"1"为创新建设 1 个环巢湖生态示范区（图 7-4、图 7-5）。③

目前，合肥市已成为国家级皖江城市带承接产业转移示范区核心城市、长三角城市经济协调会城市，同时，这座历来享有"中国科技城"美誉的城市，作为全国首个"科技创新试点城市"和全国科研教育中心，也被日益打造为国家级高新技术及现代服务业中心。2006 年，省第八次党代会提出要把合肥市建设成为现代化滨湖大城市，成为辐射全省、崛起中部、承东启西，促进我国

---

① 合肥市城市发展战略规划 [EB/OL]. http://www.hfsghj.gov.cn/n1105/n32856/index.html.

② 走向滨湖，合肥的必然选择 [EB/OL]. http://www.hf365.com/html/01/01/20090713/246511.htm.

③ "1331"市域空间新格局 [EB/OL]. http://www.hefei.gov.cn/n1070/n304559/n310411/ n311566/n26995777/ 29082818.html.

东、中、西部互动协调发展的区域性中心城市。目前,都市圈圈层半径已发展至 100km,业已引领全省并形成皖中一体化格局,有效带动了全省经济的发展。约 190km² 规模的滨湖新区主体构建也正在逐步形成,其核心功能及定位为省级行政中心、商务文化会展中心、省级休闲旅游基地以及综合居住新区。结合中部崛起战略以及未来发展潜力与趋势,合肥市正被打造成为区域性旅游会展、商贸物流与金融中心以及宁郑汉之间的最大区域经济中心。

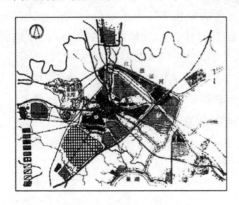

图 7-2　雷台尔教授总体规划方案①

图 7-3　合肥市城市空间布局形态①

图 7-4　合肥市 141 空间发展战略②

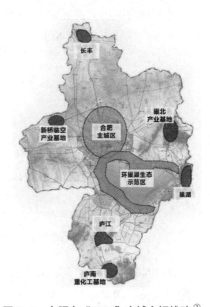

图 7-5　合肥市"1331"市域空间战略②

① 走向滨湖,合肥的必然选择 [EB/OL]. http://www.hf365.com/html/01/01/20090713/246511.htm.
② "1331" 市域空间新格局 [EB/OL]. http://www.hefei.gov.cn/n1070/n304559/n310411/ n311566/ n26995777/29082818.html.

### 7.1.3 城市绿地生态空间建设

合肥地处江淮腹地丘陵地区，由西向东的江淮分水岭贯穿市境，形成了低缓的鱼脊形地势。城市沿分水岭自西北向东南方向倾斜，分别呈丘陵、岗地、平原圩区三大类型地貌。淝河之水穿城而过，并在东南邻近巢湖区域形成了较为发达的水网生态与湿地地区。

1）城市绿地概况

作为首批国家级园林城市，全国著名的绿化先进与优秀旅游城市，2012年底合肥市城市绿地面积已达 9085.5hm²，其中公园绿地面积 2693hm²，绿地率 37.46%，建成区绿化覆盖率 40.36%，人均公园绿地面积达 12.57m²。

城市自然环境优美，名胜古迹甚多，环城公园以"翡翠项链"之誉而闻名世界，逍遥古津、教弩梵钟、包河秀色等为串联其上的重要文化遗迹及自然景点。在昔日"庐阳八景"的基础上，近年来建成了众多自然公园及生态区域，如蜀山森林公园、植物园、花冲公园、杏花公园、瑶海公园、清溪公园、银河公园、陶冲湖公园等，结合大大小小的滨河区域、街区游园等，城市业已形成"城中有园，园中有景"的园林生态系统。

2）绿地建设发展阶段

（1）4 个阶段

依据城市的历史发展阶段、建设背景与发展速率，可将城市绿地建设总体划分为 4 个阶段[①]（图 7-6）：

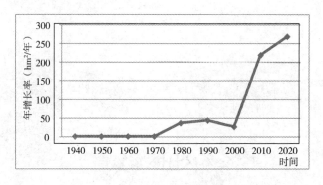

图 7-6　合肥市历年城市绿地建设年增长率曲线图

① 1949～1978 年，缓慢发展阶段。因城市人口及建设用地规模增长缓慢，绿地空间建设相对滞缓，30 年间市区公园绿地年均增长率仅为 2.06hm²/年。

② 1979～1992 年，快速发展阶段。改革开放以后，随着城市的开放性发展，绿地也得到了长足发展，并于这一时期获得国家"园林城市"称号，市区公园绿地年均增长率约为 42hm²/年。

① 李改维，高平. 合肥市城市绿地系统规划 [J]. 中国城市林业，2009，7（1）：32-34.

③ 1993 ~ 2001 年，稳定增长阶段。1993 年以后，城市绿地进入稳定的发展阶段，市区公园绿地年均增长率约为 30hm²/ 年。

④ 2002 年以来，高速发展阶段。21 世纪以来，随着城市发展格局架构的巨大跨越，发展理念及模式的转变，引发了对于绿地生态建设的高度关注，这一阶段市区公园绿地年均增长率约为 260hm²/ 年。

（2）3 个时期

依据城市绿地建设的空间格局、建设核心及方向，可将其建设历程划分为 3 个时期：

① "三叶" 时期

新中国成立初期直至改革开放之前，在 "三叶"、"风扇状" 城市结构以及空间规划的引导下，在自然地理条件、社会经济因素的综合作用下，城市以老城区为中心分别向东、北、西南伸展出三片城区，城区与城区之间的用地留作绿地和农业用地。如西北方向的两大水库坝区、东南方向的低洼易涝圩区以及东北方向的铁路站场等用地，针对这些地带的建设加以严格控制，以绿地生态为主要内容即形成了 "三大绿楔"（图 7-7），并将清新空气通过巢湖、董铺与大房郢两大水库以及江淮泝河等，形成通风廊道引至城市中心。这种布局成为了这个时期城市空间的一大特色。

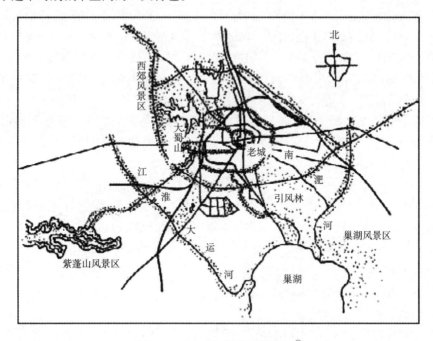

图 7-7 "三叶" 绿地系统格局①

① "1331" 市域空间新格局 [EB/OL]. http://www.hefei.gov.cn/n1070/n304559/n310411/ n311566/ n26995777/29082818.html.

②"环城"时期

1980年代中后期,城市开展了基于现有护城河绿化的环城公园的整体改造。将老城墙拆除后于原址铺设了环绕老城的环城路,并与风景秀丽的护城河并行,于河流与道路之间形成了高低起伏错落的公园绿带。长度约8.7km的护城河同面积137.6hm²的环城绿地串连了杏花公园、逍遥津公园、包河公园、银河公园、西山景区等,形成了老城区的一条绿色项链,被誉为"环城翡翠",并成为了城市绿地系统的一大特色。合肥也因此形成了"城在园中,园在城中"的城、园交融的独特园林城市风貌,并于1992年12月被建设部授予首批"全国园林城市"称号。

③"滨湖"时期

合肥缘名于"淝水",水是城市之灵魂。当意识到区域生态环境对于城市的意义后,城市即开始以水为脉而营造并构建真正意义上的滨湖生态城市,迈开新的发展步伐,实现从"环城时代"向"滨湖时代"的发展格局的转变,实现通江达海的城市发展战略。

"滨湖时代"的合肥遵循"绿色转型"发展理念,从2006年启动滨湖新区建设至今,建成面积已达23.07km²,绿地率44.8%,绿化覆盖率57.4%,人均公共绿地面积18.61m²。同时,借助于滨湖生态城的打造契机,基于整体生态观,从系统层面构建"环形 + 楔形"的绿地生态格局:充分利用环境资源建设楔形生态空间,预留城市东南风向廊道;全面启动全国五大淡水湖之一——巢湖的沿岸生态恢复与综合整治工作,构建结合湖区、圩区、滩涂、湿地等集水源涵养、滨水游憩、生态湿地、防洪功能于一体的河湖生态修复综合工程;同时带动连往巢湖的派河、店埠河、板桥河、四里河、十五里河、二十埠河等河流型廊道的生态建设;塑造沿主要干线公路、铁路等的交通型生态廊道;在新城与市区间、新城与新城之间塑造生态绿地隔离带,并于城市外环建设森林生态廊道。

3)绿地系统空间建设

(1)法规条例

1987年,合肥市通过《合肥市环城公园环境管理办法》,并制定了环城公园绿线,在全国范围内开创了城市依法保护公园绿地的先河。

2007年版的《城市绿地系统规划》中编制了绿线图册,对于现有城市公园、自然保护区、风景区、生态敏感区、湿地等生态区域划定了绿线,为保护绿地生态空间提供了依据与保障[①]。

(2)绿地生态资源

①山冈生态资源:紫蓬山;岱山、浮槎山、白马山、龙泉山、四顶山;大蜀山、土山;江淮分水岭地区。

---

① 合肥市城市绿地系统规划(2007–2020)[EB/OL]. http://www.hefei.gov.cn/n1070/n304559/ n310801/n314266/11517055.html

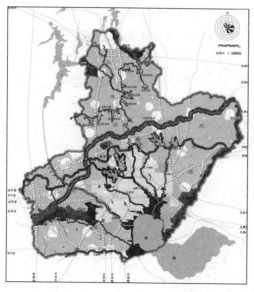

图 7-8　市域生态系统资源图 [1]　　　　　图 7-9　市域生态湿地资源图 [1]

②水网生态资源：巢湖沿岸及其支流沿线；滁河干渠沿线；董铺水库、大房郢水库水源保护地；瓦东干渠沿线；荒沛河沿线；庄墓河沿线；其他水库水源保护地及渠道沿线（图 7-8、图 7-9）。

③交通生态网络资源：全市主干公路、铁路、干渠沿线均已兴建 6 ~ 8m 宽的绿色长廊，总长约 1300km，农田林网 100 万亩。

④农田及村庄景观资源：市区外围近年间实施退耕还林百万余亩。

（3）绿地系统结构

1990 年代以来，大拆违、大建设、行政区划调整等，带来了城市绿地系统结构的变化，"141"空间发展战略以及创建国家生态园林城市目标的提出，牵引城市绿地生态建设进入快速阶段，为创造具有特色的绿地系统及良好的生态环境奠定了基础，城市绿地系统空间结构及发展重心也随之变化。2007 ~ 2012 年，城市绿地率由 33.26% 增至 37.46%，建成区绿化覆盖率由 37.09% 增至 40.36%，人均公园绿地面积由 9.26m$^2$ 增至 12.57m$^2$，五年间城市绿地生态建设工作取得较大进展，空间规模逐年增长，系统格局日趋优化。城市绿地系统已呈现"翠环绕城、园林楔入、绿带分隔、点线穿插"的特色系统结构：

①翠环绕城由三个环状绿带组成，分别为环城公园绿带、二环路绿带以

---

①　合肥市城市绿地系统规划（2007-2020）[EB/OL]. http://www.hefei.gov.cn/n1070/n304559/ n310801/ n314266/11517055.html

及长约105km的外环高速林带（图7-10）。

②园林楔入则指蜀山森林公园、董铺水库与大房郢水库地区、滨湖新区等大面积楔形绿带。

③绿带分隔分别为结合六条城市主干道的道路绿带以及南淝河、十五里河、二十埠河、店埠河及上派河滨河生态廊道（图7-11）。

④点、线穿插是指城区内部均衡布局的各类公园绿地，如逍遥津、杏花、包河、花冲、徽园、天乐、明珠广场等公园以及沿河、沿路、沿线（高压走廊）绿地等（表7-1）。

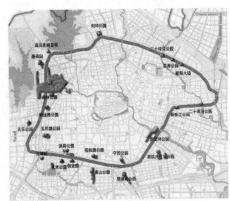

图7-10　"翠环绕城"环状绿化①

① 合肥市城市绿地系统规划（2007-2020）[EB/OL]. http://www.hefei.gov.cn/n1070/n304559/ n310801/ n314266/11517055.html

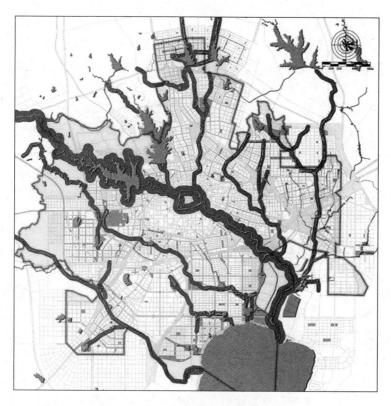

图 7-11　市区河流生态廊道[①]

合肥市公园绿地状况（2007 年）一览表　　　　　　表 7-1

| 类 别 | | 个数 | 面积（hm²） |
|---|---|---|---|
| 综合公园 | | 24 | 1348.12 |
| 社区公园 | | 158 | 135.06 |
| 专类公园 | 儿童公园 | 2 | 13.86 |
| | 动物园 | 1 | 95.34 |
| | 植物园 | 1 | 70.5 |
| | 纪念性公园 | 13 | 126.93 |
| | 其他 | 1 | 93.41 |
| | 小计 | 18 | 400.04 |
| 带状公园 | | 29 | 475.96 |
| 街旁绿地 | | 334 | 142.76 |
| 合计 | | 563 | 2501.94 |

---

① 合肥市城市绿地系统规划（2007–2020）[EB/OL]. http://www.hefei.gov.cn/n1070/n304559/ n310801/ n314266/11517055.html

（4）面临挑战

作为长江中下游重要中心城市，近年来，合肥在建设"生态型滨湖大城市"战略的大力推进下快速演进。虽然城市对于生态环境的关注程度持续加大，然而跨越式发展必然导致环境生态的干扰、冲击程度的增强，导致绿地生态的破碎化、格局受损、结构欠缺、空间失衡等问题的凸显。当前，合肥市提出了创建国家生态园林城市、国家森林城市等目标，这对城市绿地生态系统规划、建设以及实施管控均提出了更高的要求。因此，立足于现状，利用景观生态学理论及方法展开对于绿地空间格局和效能的分析，探讨当前城市绿地生态空间存在的主要问题极为必要，并以此引导空间格局优化与绿地网络增效的发展方向，促进城市整体空间的可持续发展。

## 7.2 数据来源与技术路线

### 7.2.1 空间数据来源

研究资料包括 1 ∶ 1000 比例尺的彩红外航空遥感影像图、历次城市总体规划现状图、合肥市城市绿地系统规划（2006–2020）现状图、合肥规划设计研究院绿地资源清查资料（2010）、合肥市 1 ∶ 5000 及 1 ∶ 10000 地形图、合肥园林局城市园林统计报表（2010）以及现场踏勘调查等。其中，历次城市总体规划现状图及绿地系统规划现状图是规划设计部门及测绘部门依据地形图，经实地踏勘后绘制，是各时期城市土地利用状况的实时反映，具有较高的可信度和精度，连同遥感影像等共同作为本次研究的主要数据来源。

### 7.2.2 数据预处理及数据库建立

空间数据库的建立是基于 GIS 的城市绿地生态网络空间实证分析研究的基础与关键过程。GIS 是空间数据库的主体，其与 RS 技术相结合为城市土地利用的空间数据的产生、存储及分析提供了极大的技术支撑，且数据精度大大提升。

借助于地形图对收集到的图形资料进行配准、转换、运算，提取城市建成区边界、各类绿地及生态性用地边界，对多源、多类型的图形数据和属性数据进行整合并进行分层管理。依据研究目标，针对各类图形信息、统计数据等建立属性数据库与多时段动态数据库，并通过标准编码建立相互间的连接，为全面、定量分析城市绿网空间格局、形态演化过程及其内在机理提供基础数据。本书采用 ArcGIS 9.3 软件对遥感影像和城市绿地空间矢量数据进行处理，利用美国杜克大学研发的 Conefor Sensinode 2.2 软件计算各指数，采用 Excel 软件绘制图表。

### 7.2.3 空间效能分析技术路线

结合合肥市空间数据，本次实证研究整体技术路线如下：

首先，根据相关资料，尤其是地形图、历次城市总体规划现状图以及绿地系统规划现状图等，结合卫星遥感与航空影像为数据来源，经数据转换与几何校正，在 CAD 软件中识别并提取绿地信息，对于局部不确定信息借助 GPS 定位开展野外踏勘并进行数据校正。借助于 ArcGIS 平台对图像进行目视解译，将信息矢量化并建立合肥市绿地生态空间数据库。

其次，利用 Fragstats3.3 分析软件，计算合肥市各区（含瑶海、庐阳、蜀山、包河四区）绿地生态网络现状空间规模、格局以及形态指数，并对指数数据进行纵、横向分析与比较，于此基础之上对其空间变迁、演化状况机制进行分析、研究与总结。

再次，依据 QFD 分析方法，将作为空间管理目标的城市各区生态效能需求，联合各区绿地生态空间指数进行关联性分析，然后从系统层面对拟合生态效能的网络三指数进行分析评价，比较评价结果并提出绿网所存问题。

最后，从可持续的绿网空间架构角度，基于网络分析结果提出基于效能提升的合肥市城市绿地生态网络空间优化以及调控的策略与措施（图7-12）。

## 7.3 合肥市建成区绿网空间格局总体评价

### 7.3.1 绿地空间信息提取与总体分析

对于合肥市绿地斑块空间分布进行统计研究，以 1：1000 的彩红外航空遥感影像图为主要信息源，在图像处理软件 ERDAS 的支持下提取研究区绿地生态分布信息，绘制建成区绿地生态空间分布图（图 7-13），同时绘制统计表格以反映现状绿地分布状况，并按照规模大小将城市绿地生态斑块划分为 $500m^2$ 以下、$500 \sim 3000m^2$、$3000 \sim 10000m^2$、$10000m^2$ 以上共 4 种类型（表 7-2）。

合肥市建成区绿地生态斑块类型统计　　　　　表 7-2

| 绿地斑块类型 | 斑块面积（$km^2$） | 所占比例（%） | 斑块个数 | 所占比例（%） |
|---|---|---|---|---|
| 小型斑块（$<500m^2$） | 3.482527 | 2.28 | 12194 | 60.73 |
| 中型斑块（$500 \sim 3000m^2$） | 6.650409 | 4.36 | 5437 | 27.08 |
| 大中型斑块（$3000 \sim 10000m^2$） | 7.807362 | 5.12 | 1452 | 7.23 |
| 大型斑块（$>10000m^2$） | 134.485281 | 88.23 | 997 | 4.97 |
| 合计 | 152.425579 | 100.00 | 20080 | 100.00 |

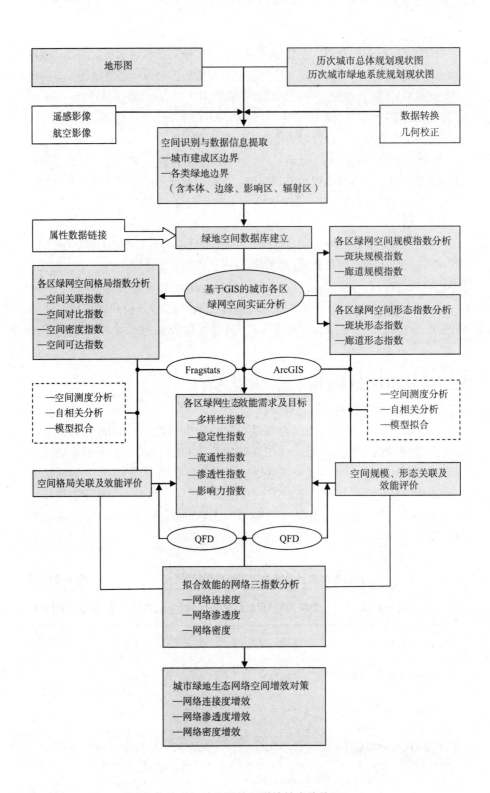

图 7-12　城市绿地生态网络空间效能评价及增效技术路线图

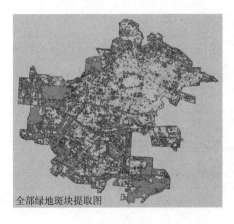
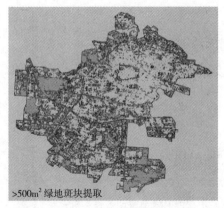

全部绿地斑块提取图          >500m² 绿地斑块提取

图 7–13　合肥市建成区绿地信息提取图

　　研究结果表明：作为首批国家园林城市的合肥市，建成区绿地生态整体情况较好，绿地总面积为 152.43km²，现状城市绿地率为 40.15%，超越了国家生态园林城市 38% 的绿地率指标。整体城市绿地系统发展状况较好，但同时也存在各区绿地布局不均、各类绿地发展不平衡等问题。统计数据显示，建成区绿地生态空间分布在空间规模、空间布局方面均呈现出明显梯度变化，具体分析情况如下：

　　1）空间规模梯度
　　斑块规模大小可作为绿地分类的重要标准。城市绿地生态格局中，大型绿地斑块具有复杂多样的生态功能，同时会带来诸多城市效益，小型斑块也因具备一些优势而作为大型斑块的补充。据统计表格，合肥市建成区绿地生态空间分布在规模上呈现出明显的梯度（图 7–14）：建成区以内绿地面积在 500m² 以下的小型斑块占建成区绿地总面积的 2.28%，数量却占据了总量的 60.73%；面积为 500 ~ 3000m² 的中型斑块占建成区绿地面积的 4.36%，数量达 20.78%；面积为 3000 ~ 10000m² 的大中型斑块占建成区绿地面积的 5.12%，数量达7.23%；而 10000m² 以上的大型斑块占据了建成区绿地面积的 88.23%，数量为997 个，仅占总体斑块数量的 4.97%。总体上看，中、小型绿地斑块数量多、分布广，尤以数量多半的小型斑块，通过实地踏勘发现，其多为零散的树木、小型游园、屋顶绿化以及旧居民区内部的简易绿地，绿地景观破碎化程度严重；中型绿地斑块则包括了连线的街道绿化、单位附属绿地、居住区绿地、滨河绿地、生产绿地以及区级公园等；大型绿地斑块面积比重近九成，而数量却占据不到 5%，主要由城市中大型公共绿地、森林公园、湿地、生产防护型绿地以及农业用地等组成，这些大规模的集中绿地不仅承载安全防护、生态保育、物种栖息等功能，且为市民休闲娱乐、文化教育以及社会生活等提供了主要场所，同时对城市景观风貌、特色形象的塑造起到了重要作用。

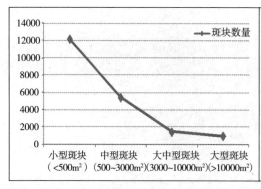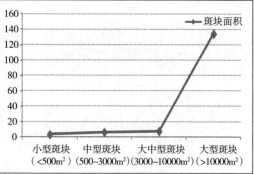

图 7-14 合肥市建成区绿地斑块规模梯度分析

2）空间分布梯度

空间分布上，绿地生态空间呈现出了从城市中心向着边缘地带的明显梯度差异，体现于：绿地由市中心向外逐渐增加，其中大、中型绿地斑块主要集中于二环以外，尤其是西北及东南方向的城市边缘及拓展区域；森林公园、动物园、植物园等的分布主要依托山体、水体、历史遗迹等自然以及文化资源；中、小型绿地斑块则主要位于市区内部规划建设较早、土地利用较紧张的区域。总体城市绿地空间格局的均衡性还有待加强。

### 7.3.2 绿地空间测度及其分析

在 ArcGIS9.3 以及 Patch Analyst 5.0 for ArcGIS 9.3 软件的支持下，提取合肥市建成区 2013 年 5 月彩虹外航空遥感图像中面积在 500m² 以上的绿地生态斑块，并对建成区绿地景观格局进行定量分析计算。Fragstats 3.3 可用以计算 60 多种景观指标，本书在排除指标的高相关性之后，基于信息的全面以及计算解译的简便性，选取了 11 个具有高度浓缩信息的指标来反映研究区的绿地景观格局特征，依据空间测度目标主要从斑块类型级别、景观级别两个层面上展开绿地生态空间的定量分析，并进一步对四个城区展开了空间规模指数、形态指数、格局指数的计算与对比性分析研究，结果详见表 7-3、表 7-5、表 7-6。

1）空间规模指数分析

在空间规模方面，选取绿地面积（TA）、斑块数量（NP）、最大斑块指数（LPI）以及平均斑块面积（MPS）4 个指标，将城市大于 500m² 的绿地生态斑块的空间规模指数统计结果及分析显示如下（表 7-3）：

统计结果显示：合肥市建成区中大于 500m² 的绿地生态斑块总体覆盖面积达 133.92km²，绿地覆盖总量较高，但于各区间布局分配呈现明显差异。拥有大蜀山及董铺、大房郢两大水源地的蜀山区，绿地面积 TA（7382）占据了全市半壁江山。尤其是面积在 10000m² 以上的大型生态斑块较多地集中在蜀山区,含两大水库的水源保护区、蜀山森林公园、蜀峰湾公园、植物园、森林公园、天鹅湖公园、翡翠湖公园、徽园、柏堰湖公园、王咀湖公园等以及部分城郊农田区域,主要分布于二环以外;中型绿地斑块主要是沿黄山路的安徽大学、中国科技大学、解放军电子工程学院、新华学院以及安徽农业大学等高等院校的校园绿地以及小部分农田区域,主要分布在二环以内;小型斑块则多数为居住区或是街头空间的破碎绿地(表7-4)。包河区 TA(4218)位居其次,由于在濒临巢湖区域汇聚了丰乐河、派河、十五里河、南淝河、二十埠河以及店埠河六大水系,因而形成了大面积滨湖生态湿地以及圩区;另结合滨湖新区近年来的生态建设,已经建设起塘西河生态公园、滨湖体育公园等生态绿地。而庐阳区 TA(1555)以及瑶海区 TA(1403)的绿地面积均较小,主要分布于二环以外,且多数为郊野农田区域。其中,庐阳区在老城区内部因环城公园而形成了较好的绿化环境,但其他地方则相对匮乏;瑶海区除了生态公园、瑶海公园以及花冲公园等主要绿地斑块外,其余地带绿地极其匮乏。

**合肥市建成区绿地生态空间规模指数**  表 7-3

| 景观指数 | 包河区 | 庐阳区 | 蜀山区 | 瑶海区 | 建成区 |
|---|---|---|---|---|---|
| 绿地面积(TA) | 4218 | 1555 | 7382 | 1403 | 14558 |
| 斑块数量(NP) | 1608 | 706 | 3227 | 1219 | 6760 |
| 最大斑块指数(LPI) | 40.20 | 13.85 | 17.46 | 5.43 | 11.70 |
| 平均斑块面积(MPS) | 2.62 | 2.20 | 2.29 | 1.15 | 2.15 |

**蜀山区绿地生态斑块分布统计**  表 7-4

| 绿地斑块类型 | 个数 | 分布特征 | 备注 |
|---|---|---|---|
| 大型斑块<br>(>10000m²) | 528 | 二环以外居多<br>(438) | 两大水库的水源保护区、蜀山森林公园、蜀峰湾公园、植物园、森林公园、天鹅湖公园、翡翠湖公园、徽园、柏堰湖公园、王咀湖湿地公园等以及部分城郊农田区域 |
| 中型及大中型斑块<br>(500~10000m²) | 812 | 二环以外居多<br>(641) | 多数为大学城(安徽大学南区、合肥工业大学南区)、安徽大学(北区)、中国科技大学西区、解放军电子工程学院、新华学院以及安徽农业大学等高等院校的校园绿地 |
| 小型斑块<br>(<500m²) | 1887 | 一环以内<br>一环与二环之间 | 多为居住区或街头较为破碎绿地 |
| 主要廊道 | - | 二环以外 | 合九铁路防护绿地廊道、312绕城高速绿地廊道、220kV高新区高压走廊绿地 |

斑块数量 NP 一定程度上能够体现绿地的异质性与破碎度。由于四个建成区的面积差异较大，所以应依据情况客观评价绿地格局的破碎度，即单位面积上的斑块个数。统计数据显示：蜀山区虽 NP（3227）值最高，但其建成区面积（184.9）最大，为庐阳区面积的 4 倍之多，故景观破碎度为 17.45；瑶海区绿地破碎度最大，为 21.09，说明该区在瑶海工业园、火车站大型交通枢纽、新站建设开发区等区域的飞速建设过程中，忽略了生态的连续性和环境因素，使得原本连续的景观生态格局被侵蚀为许多弱小的、碎片化的斑块，从而丧失了生态功能；庐阳区虽然 NP（706）值最低，但其建成区面积（38.8）最小，故其绿地破碎度为 18.20，也较高，主要因为老城区绿地建设除了沿南淝河水系以及环城公园形成了完整体系，其他地方都是见缝插绿、不成系统，且改造难度大，呈小型化、碎片化；而包河区绿地破碎度最低，为 16.99，这一方面说明该区生态本底条件好，湿地圩区资源优势明显，另一方面也说明该区在滨河新区的建设过程中，关注生态效益，注重培育完整、连续的绿地生态格局。

最大斑块指数 LPI 以及斑块平均面积 MPS 可反映绿地分布的差异性以及斑块的优势度、破碎度。统计数据显示：包河区在 LPI（40.20）及 MPS（2.62）上均显示出明显优势，主要是滨湖新区巢湖沿岸的大型生态性圩区湿地等原因所致，其中还包含了部分近郊的农田区域，因为分布着较多较为完整、大型的绿地生态斑块，从而导致了该区较大的绿地景观优势比例；而瑶海区 LPI（5.43）及 MPS（1.15）均为最低，除少量中小型绿地公园外，多以道路附属绿地以及建设用地间隙中的小型绿地空间为主，绿地呈破碎化、微型化发展。

平均斑块面积 MPS 指征景观的破碎程度以及聚集程度。统计数据显示：包河区 MPS（2.62）最大，表明区内斑块体量较大，布局较聚集，其次是蜀山区；而瑶海区 MPS（1.15）最小，表明区内绿地斑块细小且破碎。

2）空间形态指数分析

在空间形态方面，共选取景观形状指数（LSI）、平均斑块边缘 – 面积比（PARA-MN）、分维数（FD）3 个指标。将对城市大于 500m$^2$ 的绿地生态斑块的空间形态指数统计结果及分析显示如下（表 7-5）：

合肥市建成区绿地生态空间形态指数 表 7-5

| 景观指数 | 包河区 | 庐阳区 | 蜀山区 | 瑶海区 | 建成区 |
|---|---|---|---|---|---|
| 景观形状指数（LSI） | 51.24 | 38.38 | 79.00 | 49.97 | 116.11 |
| 平均斑块边缘－面积比（PARA-MN） | 1.3971 | 1.4029 | 1.4213 | 1.4164 | 1.4160 |
| 分维数（FD） | 1.1022 | 1.1033 | 1.1053 | 1.1029 | 1.1046 |

景观形状指数 LSI 越高，则形状越是不规则。统计数据显示：蜀山区形状指数 LSI（79.00）最高，主因是区内较为丰富的自然性绿地景观资源，而非人工性绿地，故而呈现出较自然的形状或相对自由的边界，有利于形成多样性的景观空间。而庐阳区 LSI（38.38）最低，主因是老城区内部斑块破碎且人工化布局，多为人工栽植的街头小型矩形片状绿地。

平均斑块边缘－面积比 PARA-MN 属于边缘指数，用于度量同等面积下的斑块边缘长度，是边缘效应的重要指数，同时表达斑块的形状复杂程度。统计数据显示：蜀山区 PARA-MN（1.4213）最高，包河区 PARA-MN（1.3971）最低，主要是由于蜀山区山水生态资源相对较多，形态较自然，边缘效应相对较高，而包河区，尤其是滨湖新区则是依据规划理念而形成的新建城区，形态相对规整。

分维数 FD 用以衡量绿地斑块形状的不规则程度。统计数据显示：合肥市建成区绿地总体分维数 FD（1.1046）较低，且四个城区的分维数普遍较低，趋近于 1，说明建成区内绿地斑块的自相似性较强，形状较为几何规则，易于出现相似的、简单的斑块形状，主要原因是绿地空间多以城市道路或人工划定为界线，反映出了绿地形态分布中较强的人工干扰性。其中的包河区 FD（1.1022）最低，蜀山区 FD（1.1053）最高。

3）空间格局指数分析

在空间格局方面，选取平均邻近指数（MPI）、蔓延度指数（CONTAG）、聚合度（AI）、斑块密度（PD）4 个指标。将对城市大于 500m² 的绿地生态斑块的空间格局指数统计结果及分析显示如下（表 7-6）：

合肥市城市建成区绿地生态空间格局指数　　　　表 7-6

| 景观指数 | 包河区 | 庐阳区 | 蜀山区 | 瑶海区 | 建成区 |
|---|---|---|---|---|---|
| 平均邻近指数（MPI） | 1073.45 | 300.92 | 920.58 | 125.42 | 1014.54 |
| 蔓延度指数（CONTAG） | 99.08 | 97.95 | 98.67 | 96.57 | 98.75 |
| 聚合度（AI） | 91.82 | 88.62 | 89.64 | 86.01 | 90.04 |
| 斑块密度（PD） | 42.44 | 64.95 | 56.79 | 98.64 | 54.11 |

平均邻近指数 MPI 度量斑块之间的邻近程度以及绿网破碎度。统计数据显示：瑶海区平均邻近指数 MPI（125.42）最低，直接表明该区绿地斑块破碎化程度高，斑块离散度大，异质性强；包河区邻近指数 MPI（1073.45）最高，说明该区绿地景观连接性好，绿地分布连续且完整。

蔓延度 CONTAG 以及聚合度指数 AI 均用以描述景观中的聚集程度，数值小则表明绿地聚集程度低，数值大则表明绿地景观聚集程度高。统计数据显示：包河区的蔓延度 CONTAG（99.08）以及聚合度 AI（91.82）均为四区中最高值，表明绿地景观由少数团聚的大斑块组成；而瑶海区 CONTAG（96.57）与 AI（86.01）均为最低值，表明绿地景观由诸多分散的小斑块所组成。

斑块密度 PD 与平均斑块面积 MPS 互为倒数，斑块密度越大则平均斑块面积越小，破碎化程度越高。统计数据显示：瑶海区斑块密度 PD（98.64）最高，包河区 PD（42.44）最低，表明瑶海区绿地生态空间平均面积最小、破碎化程度最高、分布最散，而包河区绿地格局相对完整。

### 7.3.3 绿地空间格局评价小结

对合肥市建成区绿地景观格局在空间规模、空间形态、空间格局三个方面进行量化分析评价，研究结果显示城市绿地景观空间结构特征受资源分布、地形特征、功能布局、开发建设以及人口密度等多重因素的综合影响。

蜀山区因拥有两大水源地以及大蜀山等资源，同时又是科学城、两大国家级开发园区（高新技术开发区、经济技术开发区）、市级政务文化新区及大学城所在地，按照生态规划的思想原则进行开发，绿地分布较为科学合理，城市景观环境优美，在绿地面积 TA、斑块数量 NP、景观形状指数 LSI、边缘 – 面积比 PARA–MN、分维 FD 以及形状指数 LSI 等空间指数上，均处于四区之首，总体生态稳定性高，人居环境质量在四区中最高。

包河区除了部分老城区所在，同时也是滨湖新区所在地，因多条河流汇聚注入巢湖，在此形成了大片的湿地圩区，具有丰富的水系生态资源，所以在最大斑块指数 LPI、平均斑块面积 MPS、聚合度 AI、蔓延度指数 CONTAG 以及邻近指数 MPI 等空间指数上，均位于四区之首，整体生态环境良好。但该区目前尚处于重点发展建设阶段，统计显示部分绿地目前实际上是郊野农田，因此生态格局尚且处于非稳定的动态起伏期。因而，在未来建设过程中，如何结合现有资源及建设需求，按照景观生态学原理打造真正意义上的滨湖生态城应当作为工作重点。

庐阳区包含了多数的老城区以及北城片区，除"翡翠项链"即环城公园沿线地带具有较好的绿地生态环境之外，其他区域绿地资源匮乏，作为全市的行政、商业、文化中心机构，大量分布有大型购物中心、金融商业综合体、商务办公区以及旧居住区等，人口密度高，建筑密度大，体现出强烈的人为干扰，造成绿地斑块破碎细小。该区在斑块数量、景观形状指数两个空间指数上为四区当中最低，说明斑块稀少、形状规则、人工干扰大。

瑶海区位于主城区东部，辖火车站、汽车站以及建材、家具、汽配、服装、花鸟等大型专业市场，同时汇聚了大型物流配送企业和商业网点，为全市客运枢纽及商贸物流、家居建材集中区。区内除了瑶海公园、生态公园以及花冲公园等中小型绿地公园之外，绿地资源极其匮乏，人工干扰性大，在绿地总面积、最大斑块指数、斑块平均大小、形状指数、蔓延度指数、邻近指数、聚合度等空间指数上均处于全市四区最低水平。

## 7.4 合肥市建成区绿网连接度分析评价

绿网连接度是指绿地空间单元相互之间连续性的度量，它表现于结构连通度与功能连接度两个方面，主要表达绿地本体自身的系统连接关系以及生态过程于不同绿网单元之间进行的顺利程度，它对于绿地生态本体效能的发挥至关重要。

基于生境可利用性观点，选取合肥市建成区范围内面积大于 2500m² 的绿地生态斑块共计 2793 个，计算其连接度相关指数。这里仅对城市绿地单空间要素开展分析，而不对其基底要素即其他建设空间开展具体的连接阻力的探索。因而，本章只针对城市各区距离阈值单指标进行深入分析评价，并不涉及连接度三指标当中与连接阻力密切相关的贯通度与最小耗费距离两个指标。

### 7.4.1 距离阈值及其相关指数

1）链接数（Number of Links，NL）：两个绿地生态斑块之间相连数量。任意两个斑块是否相互链接，取决于二者间水平间距是否在其距离阈值之内。

2）组分数（Number of Components，NC）：互为连通的斑块组分数量。而组分之间彼此独立，并在功能上不存在连续性。

3）种类相合概率（Class Coincidence Probability，CCP）：两个随机选择的斑块恰巧属于相同组分的概率，如式 7-1 所示：

$$CCP = \sum_{i=1}^{nc} \left( \frac{c_i}{A_C} \right)^2 \tag{7-1}$$

其中，$c_i$ 为组分 $i$ 的面积，即组分 $i$ 内所有绿地生态斑块的面积之和；$A_C$ 为绿地生态斑块的总面积。

4）综合连通度（Integral Index of Connectivity，IIC），计算公式（7.2）为：

$$IIC = \frac{\sum_{i=1}^{n} \sum_{j=1}^{n} \frac{a_i \cdot a_j}{1 + nl_{ij}}}{A_L^2} \tag{7-2}$$

其中，$a_i$ 和 $a_j$ 分别为绿地生态斑块 $i$ 和斑块 $j$ 的面积；$nl_{ij}$ 为斑块 $i$ 与斑块 $j$ 之间最短路径上的链接数；$A_L$ 为绿网总面积。$0 \leqslant IIC \leqslant 1$，当其为 0，则表明绿地生态斑块之间无任何连接，当其为 1，则表明连通性最大，即整个景观均为生境斑块。

5）连通性概率指数（Probability Index of Connectivity，PC），计算公式（7-3）为：

$$PC = \frac{\sum\limits_{i=1}^{n}\sum\limits_{j=1}^{n} a_i \cdot a_j \cdot P_{ij}^*}{A_L^2} \qquad (7-3)$$

其中，$P_{ij}^*$ 为绿地生态斑块 $i$ 和斑块 $j$ 之间所有路径概率乘积的最大值，$0 < PC < 1$。

以上指数中 NL、NC、CCP、IIC 均为基于二位连接模型，即任意斑块间只有连接或不连接两种情况：当斑块间距离大于阈值，则认为斑块间不连接；而当斑块间距离小于或等于阈值，则认为它们相互连接。PC 是基于概率模型，特指斑块之间连通的可能性，与斑块距离呈负相关的关系。为了模型计算的可比性，将斑块距离等于阈值时的 PC 概率值设为 0.5[①]，即 50%。

### 7.4.2 分析结果

在连接度评价指数计算中，明确绿地生态斑块连通的距离阈值是个极为关键的问题。阈值与不同生态过程尺度密切相关，如生物迁移扩散距离等，因此在计算中应设定不同梯度的距离阈值，以便从不同尺度层面发现更多规律，以增强分析的科学性。基于生态学界研究成果，鸟类平均活动区域为 30 ~ 32000m，中小型哺乳动物和两栖爬行动物平均扩散范围为 50 ~ 1000m[①]，因而本次研究设定 50m、100m、200m、400m、600m、800m 共 6 个阈值，并在此基础上进行距离阈值的科学筛选。

表 7-7 显示，合肥市建成区绿地生态斑块的链接数 NL 随着距离阈值的增大而增加，距离搜索范围越大，景观中斑块之间的链接则越容易建立；绿地生态斑块组分数 NC 值随距离阈值的增加而减少，最后减至 1。如当阈值为 50m 时，建成区存在大量独立的绿地生态斑块，斑块间链接数较少，仅在部分斑块间互相连接；当距离阈值达到 800m 时，整体 NC 值为 1，说明此时建成区所有绿地生态斑块都能够互相连接，并从属于共同的一个组分，而当距离阈值再增大时，NC 值也不再发生变化。研究区绿地生态种类相合概率 CCP 值也随距离阈值的增大而增加，也即任意两个斑块属同一组分的概率增大，当阈值为 800m 时，所有斑块属于同一组分，所以概率保持相对稳定；综合连通度 IIC 以及连通性概率指数 PC 值均随阈值的增大而增加，并且不随 NC 值和 CCP 值的稳定而停止增长，能够较好地反映研究区实际的绿网连接度状况。

1）不同阈值下连通斑块的面积和数量

50m 阈值下，研究区有 1676 个绿地生态斑块连接，占全部斑块总数的 60.01%，连接斑块的总面积为 111.857623km²，占全部斑块总面积的 85.99%；随着距离阈值的增加，连接的斑块数逐渐增加，斑块面积也逐渐增大。

---

① 刘常富等. 沈阳城市森林景观连接度距离阈值选择 [J]. 应用生态学报，2010，10（21）：2508–2516.

不同阈值下合肥市建成区绿地连接度指数值　　　　表 7-7

| 距离阈值<br>DT | 链接数<br>NL | 组分数<br>NC | 种类相合概率<br>CCP | 综合连通度<br>IIC | 连通性概率指数<br>PC |
|---|---|---|---|---|---|
| 50m | 2790 | 686 | 0.4476950 | 0.0041202 | 0.0071592 |
| 100m | 4376 | 285 | 0.7567924 | 0.0050224 | 0.0078648 |
| 200m | 7505 | 69 | 0.9068409 | 0.0059113 | 0.0090746 |
| 400m | 15395 | 11 | 0.9964570 | 0.0070618 | 0.0114931 |
| 600m | 25449 | 4 | 0.9995642 | 0.0082115 | 0.0260472 |
| 800m | 38030 | 1 | 1.0000000 | 0.0093221 | 0.0487495 |

100m 阈值下，有 2268 个斑块连接，占总量的 81.20%，连接斑块面积为 123.333778km²，占总面积的 94.81%。

200m 阈值下，有 2658 个斑块连接，占总量的 95.17%，连接斑块面积为 129.039080km²，占总面积的 99.19%。

400m 阈值下，有 2780 个斑块连接，占总量的 99.53%，连接斑块面积为 129.995703km²，占总面积的 99.93%。

600m 阈值下，有 2790 个斑块连接，占总量的 99.89%，连接斑块面积为 130.059845km²，占总面积的 99.98%。

当距离阈值增到 800m 时，所有斑块完全连接，即连接斑块数以及连接斑块面积占总量的百分比均为 100%（图 7-15、表 7-8）。

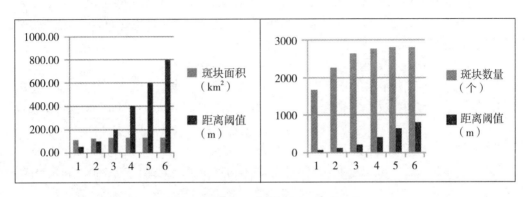

图 7-15　不同距离阈值下合肥市建成区绿地生态斑块的面积和数量

不同距离阈值下合肥市建成区绿地生态斑块数量、面积及其占比　　表 7-8

| 距离阈值 | 斑块面积（km²） | 面积占比（%） | 斑块数量 | 数量占比（%） |
|---|---|---|---|---|
| 50m | 111.857623 | 85.99 | 1676 | 60.01 |
| 100m | 123.333778 | 94.81 | 2268 | 81.20 |
| 200m | 129.03908 | 99.19 | 2658 | 95.17 |
| 400m | 129.995703 | 99.93 | 2780 | 99.53 |
| 600m | 130.059845 | 99.98 | 2790 | 99.89 |
| 800m | 130.085862 | 100 | 2793 | 100 |

2）不同阈值下组分数与最大组分斑块数

50m 阈值下，研究区绿地生态斑块中的组分数 NC 值为 686，其中最大组分中的斑块数为 1091 个，占总斑块数的 39.06%，最大组分面积为 86.358826km²，占所有斑块面积的 66.39%，在总共 2793 个斑块中仍然存在着较多独立斑块，景观的连通性有限，表现出较高的破碎化程度。

100m 阈值下，NC 值降至 285，最大组分中的斑块数为 1906，占所有斑块数的 68.24%，其中最大组分面积为 113.108596 km²，占斑块总面积的 86.95%。

200m 阈值下，NC 值为 69，最大组分中的斑块数为 2658，占总斑块数的 95.16%，面积为 123.846103km²，占总斑块面积的 95.20%。

400m 阈值下，NC 值为 11，最大组分中的斑块数升至 2768 个，斑块数与斑块面积所占比例分别为 99.10% 和 99.82%。

当距离阈值大于 600m 时，NC 值稳定地减少到 1，且最大组分中的斑块数稳定地增加到 2793 个，即达到全部连通。由此表明，600m 为当前合肥市建成区绿地连接度的最大距离阈值，适宜距离阈值应该在 600m 的范围内来选择。

3）不同阈值和 NC 组分下连通斑块的分布

距离阈值与组分数呈反向比例关系，即阈值越小则组分数越多。为了清晰展示连通斑块的分布状况，本书在较小距离阈值（50～400m）时选择斑块数大于 10 的组分进行分析。距离阈值为 50m、100m、200m、400m、600m 时，合肥市建成区范围内的绿地生态斑块数量大于 10 的组分数分别为 23（1676 个斑块构成）、16（2268 个斑块组成）、7（2658 个斑块组成）、2（2780 个斑块组成）以及 1（2786 个斑块组成）（图 7-16、表 7-9）。

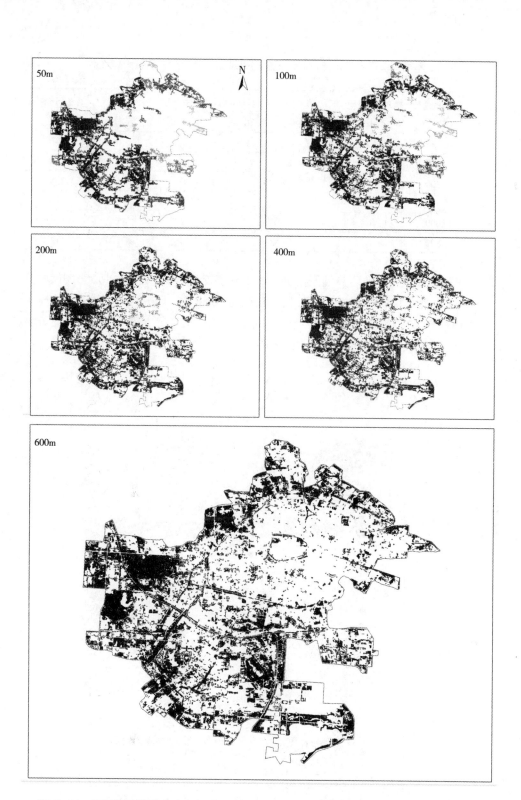

图 7-16　不同距离阈值和 NC 组分下合肥市建成区绿地生态斑块的分布

不同阈值下合肥市建成区绿地生态斑块 NC 各区分布及最大斑块数

表 7-9

| 距离阈值<br>（m） | NC组分数<br>（个） | NC各区分布 | | | | 最大斑<br>块数 |
|---|---|---|---|---|---|---|
| | | 包河区 | 蜀山区 | 庐阳区 | 瑶海区 | |
| 50 | 23 | 7 | 12 | 5 | 6 | 1676 |
| 100 | 16 | 4 | 7 | 4 | 4 | 2268 |
| 200 | 7 | 3 | 3 | 3 | 3 | 2658 |
| 400 | 2 | 1 | 1 | 1 | 2 | 2780 |
| 600 | 1 | 1 | 1 | 1 | 1 | 2793 |
| 800 | 1 | 1 | 1 | 1 | 1 | 2793 |

从上表可见，距离阈值在 50m 时出现了较多的破碎化组分；而当阈值增至 400m 时，大部分斑块已连通；距离阈值为 600m 时，研究区所有绿地斑块连接组分数为 1，趋于全部连通（图 7-17）。因此，从合肥市建成区绿地连通斑块的分布中寻找合理的连接度距离阈值，在 100 ~ 200m 之间较为适宜。

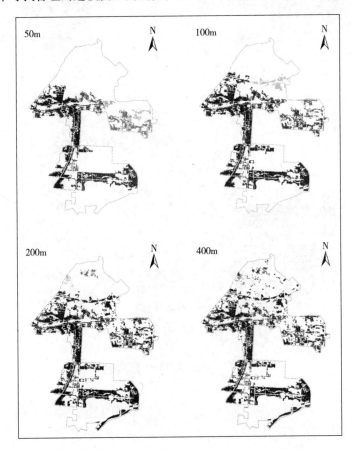

图 7-17　不同距离阈值和 NC 组分下合肥市绿地生态斑块分布（包河区）

4）不同阈值下城市各区连通斑块分布

表 7-9 所示，从各区景观组分的数量分配来看，各区连接度存在着明显差异。这里结合各区不同阈值下的 NC 组分分布，针对四个城市分区开展分析。

（1）包河区

包河区在其南部紧邻巢湖区域的连接状况较好，当阈值为 100m 时，即为基本全部连通，在其北侧靠近 312 国道的包河工业园区域，连接度较为薄弱，而在接近主城区的二环以内地带，几乎没有连接迹象，绿地空间破碎（图 7-17）。

（2）蜀山区

蜀山区的西部区域连接度较好，尤其是靠近两大水库以及蜀山周边地区，当阈值为 50m 时，即已基本均为连接状态；而在接近东南部的经济技术开发区，生态连接度相对薄弱，在东北部二环路以内的城市地区，连接度持续降低，生态绿地呈破碎格局（图 7-18）。

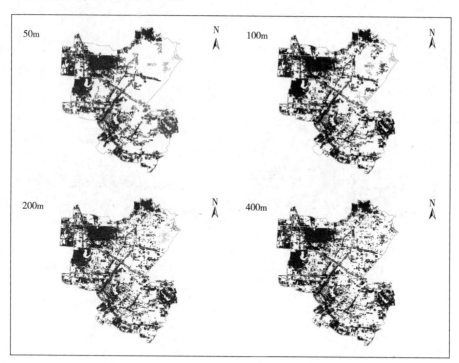

图 7-18　不同距离阈值和 NC 组分下合肥市绿地生态斑块分布（蜀山区）

（3）庐阳区

庐阳区作为老城区所在地，人为影响集中，除了环城河区域的滨水带状绿地连通性高以外，其余城区地段的绿地斑块数目多、规模小且分布破碎；而北二环以外地带的生态连接性较好，200m 阈值范围内基本达到连通（图 7-19）。

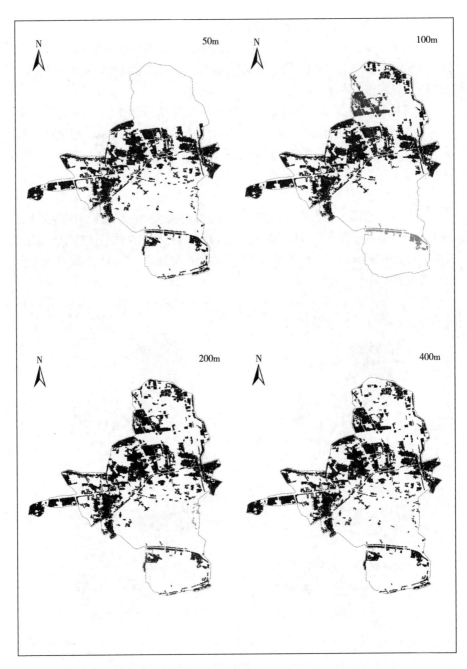

图 7-19　不同距离阈值和 NC 组分下合肥市绿地生态斑块分布（庐阳区）

（4）瑶海区

瑶海区作为合肥市的老工业基地，随着近年来的拆迁改造以及城市整体系统的规划建设，北二环以外的扩展新区范围内，在连接阈值 50m 的情况下即基本呈现为连接状态；而二环以内的火车站站前区以及城东地区，绿地生态呈现明显破碎状（图7-20）。

图7-20 不同距离阈值和 NC 组分下合肥市绿地态斑块分布（瑶海区）

## 7.5 合肥市建成区绿网渗透度分析评价

绿网渗透度表达了绿地生态空间与其城市基底建设空间之间进行融合、交流的程度，它同时体现于功能性渗透与结构性渗透两个方面。渗透度借助于绿地与城市的空间镶嵌，通过生态过程突破绿网本体自身向着城市的外溢与渗透，表达了生态功能效益在城市之中的交融、互动的概念。

基于生境可利用性观点，选取合肥市建成区范围内面积大于 2500m² 的绿地生态斑块共计 2793 个，计算其渗透度相关指数。这里由于仅对城市绿地单空间要素开展分析，而不对其基底要素即其他建设空间开展具体的渗透阻力的探索，因而研究只针对城市各区的分维数单指标的分析与评价，并不涉及绿网蔓延度与渗透阻力这两个与渗透阻力密切相关的指标。

### 7.5.1 平均分维数评价

分维数（Fractal Dimension，FD）是表示不规则几何形状的非整数维数。分维数是一种反映景观元素形状复杂性的景观空间格局指数，在绿网中常用以表示和测度绿地斑块的形状复杂程度以及不规则程度，在绿地生态格局分布中具有重要生态学意义，其对于绿地生态空间在城市建设空间镶嵌的表达，为度量绿网格局是否科学、合理提供了定量化的指标和参考。

分维数可用以测定斑块形状对内部斑块生态过程的影响，这里使用平均斑块分维数（Mean Patch Fractal Dimension，MPFD）来反映绿网分维数的整体平均状态，度量绿地生态斑块的渗透功能以及形状复杂程度，计算公式（7-4）为：

$$\text{MPFD} = \frac{\left\{ \sum_{i=1}^{m} \sum_{j=1}^{n} 2 \ln \left( \dfrac{P_{ij}}{4 \ln a_{ij}} \right) \right\}}{N} \tag{7-4}$$

其中，$P_{ij}$ 为斑块 $ij$ 的周长（m）；$a_{ij}$ 为斑块 $ij$ 的面积（m²）；$N$ 为绿网中斑块的数量；$m$ 为景观类型数量；$n$ 为某类景观类型的斑块数。

绿网平均斑块分维数 MPFD 一定程度上反映了人类活动对于绿网生态格局的影响程度，取值范围为：$1 \leqslant \text{MPFD} < 2$。MPFD 值越靠近 1，斑块形状越简单，越趋近于 2，则表明斑块形状越是复杂，边界越是不规则。

通过 ArcGIS9.3 软件对合肥市建成区绿地生态斑块的 MPFD 属性值进行可视化分析，并采用手动分类法对其 MPFD 值进行合理的分类显示，以判别绿地生态斑块的形状复杂程度，反映城市绿地生态渗透度的特征（图 7-21）。

### 7.5.2 分析结果

1）总体评价

图中可以看出，合肥市建成区绿地生态斑块的平均斑块分维数 MPFD 均值为 1.410036，且在总体分布上相对均匀，其中高于 1.35 占据了绝大部分，斑块总面积有 95.734790km²，占全部斑块的 73.9%。斑块结构越复杂，其边界越不规则，渗透度也相对较高，可从一定程度上反映人类活动对于绿网生态格局的影响程度。

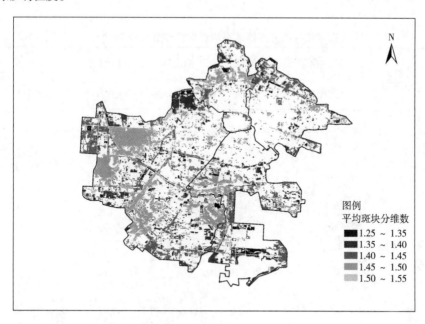

图 7-21　合肥市建成区绿地平均斑块分维数 MPFD 分布

2）各区分析

表 7-10 所示，从城市建成区的斑块平均分维数来看，各区间存在着明显差异，针对四个城市分区开展分析（表 7-10、图 7-22）：

（1）包河区

对于滨湖新区所在地的包河区，由于新区建设过程中完全遵循现代规划设计理念的引导，故而绿地生态区域的形态相对规则，同时由于 312 国道沿线的生态防护区域也呈几何形态的带状，故而导致包河区的 MPFD 在四个分区当中为最低，为 1.296226。

（2）蜀山区

两大水库以及水库下游泄洪道、蜀山森林公园及其周边绿地生态区域，拥有这些天然生态资源的蜀山区的形状不规则程度远高于其他三区，其平均分维数 MPFD 值达 1.471337。

（3）庐阳区

作为老城区环城生态绿地的所在地以及北部城区的五大湖生态区域，庐阳区绿地斑块的形状较自然，故而其斑块平均分维数 MPFD 值较高，为 1.329738。

（4）瑶海区

作为城市的老工业基地，瑶海区的绿地斑块数目多、规模小且多数为人工分割，绿地生态斑块形状较为规则，故而其斑块平均分维数 MPFD 值在四区中较低，为 1.382197。

合肥市建成区四分区绿地平均斑块分维数 MPFD 分布　　表 7-10

| 分维数（MPFD） | 建成区 | 包河区 | 蜀山区 | 庐阳区 | 瑶海区 |
|---|---|---|---|---|---|
| | 1.410036 | 1.296226 | 1.471337 | 1.382197 | 1.329738 |

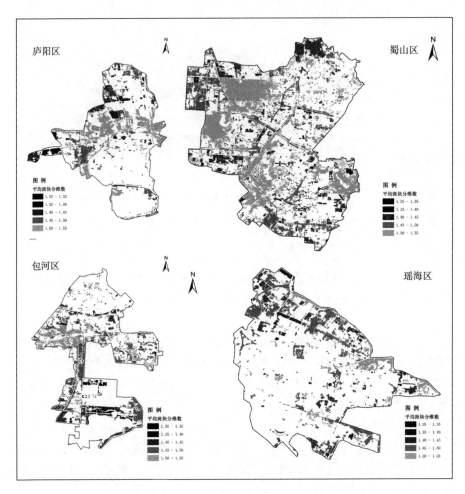

图 7-22　合肥市四个城市分区绿地生态斑块平均分维数 MPFD 分布

## 7.6　合肥市建成区绿网密度分析评价

密度指数是一个包含了廊道以及斑块在内的各网络元素的密度测度。绿网密度的意义实质在于对绿网空间功能合理性进行约束和导向性的要求。绿网密度内涵表现于两个方面：一是结构密度，主要表达绿地生态空间结构的密度；二是功能密度，主要表达生态过程以及功能于不同绿网空间单元间的交流能力，而这又与其绿网空间结构的密度紧密关联。绿网密度对于绿地生态效能的发挥同样至关重要。

本章选取合肥市建成区范围内面积大于 2500m$^2$ 的共计 2793 个绿地生态斑块，计算其密度指数。其中仅针对建成区边缘密度指标进行分析与评价，并不涉及网格密度以及可达密度的计算等。

### 7.6.1　边缘密度评价

边缘密度（ED）主要用以表达单位城市范围内的绿地生态斑块的总边界长度，计算公式（7-5）如下：

$$ED = \frac{\sum_{i=1}^{m} \sum_{j=1}^{n} P_{ij}}{A} \qquad （7-5）$$

式中，$P_{ij}$ 是景观中第 $i$ 类景观要素斑块与第 $j$ 类景观要素斑块间的边界长度。边缘密度过大表明绿地斑块形状的极度不规则，并将导致其破碎化程度过高，生态不稳定，格局不安全；过小则表明绿地斑块形状规则且集中，不能够较好地激发绿地边际效应，从而影响到绿网外部功能效应的发挥。

通过 ArcGIS9.3 软件对合肥市建成区绿地生态斑块的边缘密度 ED 属性进行可视化分析研究，并采用 Jenks 自然断裂分类法，对 ED 进行分类显示（图 7-23）。

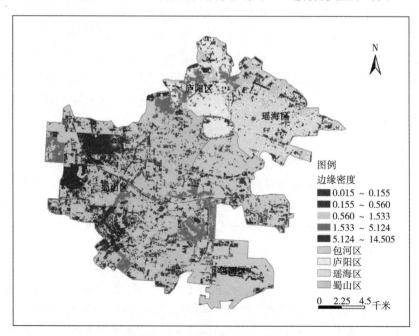

图 7-23　合肥市建成区及四个城市分区绿地边缘密度 ED 空间分布

1）总体评价

图中可见，绿网边缘密度 ED 大部分小于 1.5，有 78.083115km²，约占整个合肥建成区绿地斑块的 60%，表明大部分绿地斑块形状规则且较为集中分布，虽然绿地生态分布的整体性较好，但不能够较好地激发绿地边际效应，从而影响了整体的绿网外部功能效应的发挥。

2）各区分析

依据统计表格以及图示，建成区四个分区的边缘密度 ED 存在着较大差异，其中蜀山区最低，瑶海区最高，分析如下（表 7-11、图 7-24）：

（1）包河区

从类型水平上来看，包河区的边缘密度 ED 值为 312.800253，总体上该区绿地生态斑块的形状较为规则，尤其是南部滨湖新区核心区的生态绿地空间，其体块相对完整，形状为经严格规划的几何形态，斑块规模较大且分布集中，生态整体性较好。从斑块水平上看，包河区边缘密度多数是在 0.5 与 5 之间，只有南邻巢湖的少量湿地斑块边界密度大于 5，这表明区内多为较规则的生态斑块，这对于该区绿地生态边界效应的发挥具有一定程度的限定作用。

（2）蜀山区

从类型水平上来看，蜀山区的边缘密度 ED 值为 263.106057，为四区中之最低，这表明总体上该区绿地生态斑块的形状较为规则，斑块规模较大且分布集中，生态整体性较好。而从斑块水平上看，蜀山区边缘密度大于 5 的绿地区域为 31.768968km²，占据全区绿地面积的 39.3%，这表明蜀山区具有较多不规则生态斑块，尤其是蜀山森林公园、柏堰湖、翡翠湖以及南艳湖等多为 ED 值高于 20 的生态区域，其在边缘密度上呈现出较高水平，边界形态自然，具备较好的边际效应，并对该区域绿地生态效应的发挥起到较大作用。作为全市重点核心生态区域，蜀山区在整体城市当中发挥了较好的生态效益带动作用。

（3）庐阳区

从类型水平上看，庐阳区的边缘密度 ED 值为 318.225667，较全市平均值略高，该区绿地生态斑块规模小，绿地较为破碎，生态稳定性较低。从斑块水平上看，北二环之外的五大湖区域的绿地生态斑块边缘密度大于 10，为不规则形状的带状湖区生态斑块，分布连续且自然，体现了较高的边界密度水平以及较好的边际效应。

（4）瑶海区

从类型水平上看，瑶海区的边缘密度 ED 值为 379.221301，为四区当中之最高，表明该区绿地生态斑块均为形小且细屑的微型斑块，绿地破碎化程度较高，从而带来其生态的不稳定以及效益的低下。从斑块水平上看，瑶海区的大多数斑块的 ED 值均不足 0.5，斑块被城市所切断和分割，形状破碎且规则。

合肥市建成区四分区绿地边缘密度（ED）分布　　表 7-11

| 边缘密度<br>（ED） | 建成区 | 包河区 | 庐阳区 | 瑶海区 | 蜀山区 |
|---|---|---|---|---|---|
| | 288.790363 | 312.800253 | 318.225667 | 379.221301 | 263.106057 |

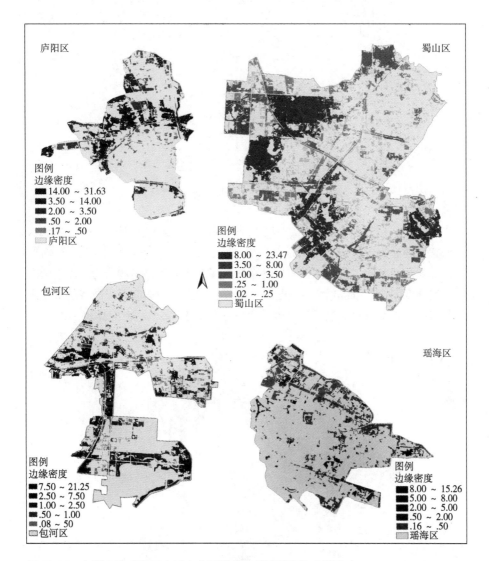

图 7-24　合肥市建成区四个城市分区绿地边缘密度 ED 空间分布

### 7.6.2　核密度评价

核密度（Kernel Density，KD）评估法为另一种针对于研究对象密度变化的图示分析方法。绿地生态空间变化是连续的，通过反映点状地物的空间分布密度情况，以"波峰"和"波谷"显示其空间分布模式。其技术路径如图 7-25。

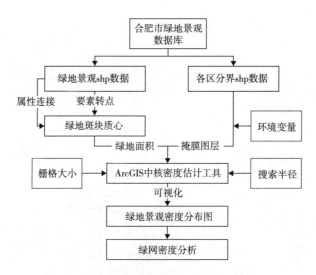

图 7-25　城市绿地生态斑块核密度分析流程

ArcGIS 9.3 软件中有内置的核密度估计法工具，因研究对象——绿地斑块是面状地物，因此在分析前需进行预处理，将绿地生态斑块转换成点状地物。在软件默认情况下，得到的核密度分布图是以 9 级分色显示的，为了更加清晰地反映梯度变化，可以用渐变色显示一个连续的面，表达波峰、波谷的分布态势。图中只表示研究对象的相对集中度与密度（图 7-26、图 7-27）。

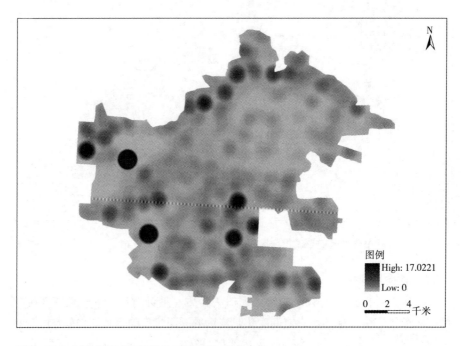

图 7-26　合肥市建成区绿地生态斑块核密度分布

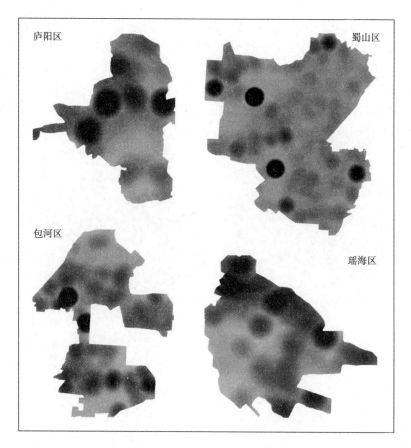

图 7-27　合肥市四个城市分区绿地生态斑块核密度分布

### 7.6.3　可达密度评价

可达密度（AD）是关于各城市地点到达绿网便捷程度的密度表达。可达密度表述克服空间阻力到达目的地的难易程度，受距离与空间阻力两个主要因素的影响。考虑空间阻力的影响，这里采用网络分析法，以城市道路为基础通过真实进入绿地的过程来表达空间阻力。这种可达性计算方法反映了城市居民方便享用绿地生态资源的程度，属于功能性密度指数，在绿网可达评价研究中应加以重视，其计算公式（7-6）如下：

$$AD = L / V \tag{7-6}$$

其中，$L$ 为从城市各地点到达生态绿地的最短道路距离；$V$ 表达居民步行的平均速度（一般取 5km/h）。基于城市道路的网络分析法以市民进入绿地的真实过程来评价绿网可达性，能够准确地反映到达过程中的通达特性以及障碍阻力等因素，体现了空间的通达程度，由此可获知更为准确的可达信息，是可达研究的本质特征与计算基础。一般来说，通达性越高，空间阻力越小，可达性越高；反之则空间阻力越大，可达性越低。

在合肥市建成区可达密度分析过程中，从绿地中心及步行距离方面来看，城市每一区域经过城市道路路径到达绿地生态斑块中心的距离有 0 ~ 500m 不等的分布（图 7-28）。图中可见，建成区大多数地带为 100 ~ 200m 可达，这主要源自于社区绿地等附属绿地的分布，而并非反映公共绿地的均布性。可达性最强地区基本位于中西部的蜀山区，如政务新区以及大学城、科学城地带；而可达性最弱地区则为包河工业园、一环附近老城区域以及火车站站前区域。

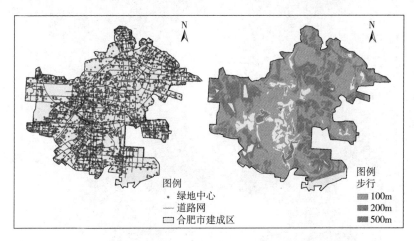

图 7-28  合肥市建成区绿地生态斑块可达密度 AD 分布——绿地中心及步行距离

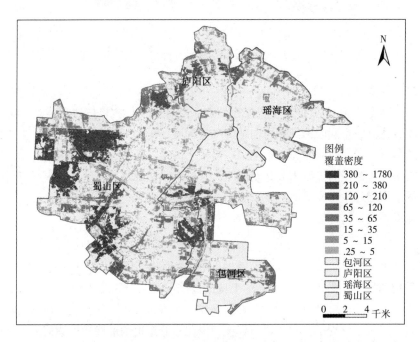

图 7-29  合肥市建成区绿地生态斑块可达密度 AD 分布——绿地通达性

在合肥市建成区可达密度分析过程中，绿地的通达性分析极为必要。每一绿地生态斑块经城市道路的连接而获得可以通达的特性，因主干道连通的斑块一般通达性更加强化，并体现出较高的公共性与开放性。其中，位于北部二环、西部长江西路、南部翡翠路以及繁华大道区域的绿地生态斑块体现出较高的通达水平，且沿线的绿地生态斑块多为市一级的公园绿地（图7-29）。

## 7.7　合肥市绿地生态网络综合关联评价

在合肥市绿地生态网络效能的关联评价过程中，依据第5章中的关联评价程序以及参数配置要求，分别就包河区、蜀山区、庐阳区以及瑶海区四个城市分区展开评价。其具体程序如下：

### 7.7.1　Step 1：效能需求及其排序（矩阵 $A$）

首先，侧重于从多样性、稳定性、流通性、渗透性以及影响力五个方面来表达城市绿网的效能需求，并对各效能需求指标进行优先级判断（$A_1$，$A_2$，…，$A_n$），得到基于优先级判决评价的矩阵 $A_s$。

这里需要注意的是，绿网效能优先级排序对于四个不同城区来说是不同的。排序按照效能要素共分为5个，其中，优先级程度最高为5，表明此项效能需求在所具体针对的城市区域当中最为重要；反之，优先级程度最低为1，表明此项效能需求在城市地区中最不重要，以此类推（表7-12）。（如：蜀山区为城市水源地以及森林公园\植物园等重点大型生态斑块所在区域，故对于此区域来说，稳定性指数排序最高；庐阳区为老城区所在地，因老城区用地紧张，稳定性指数的排序位于次席，而表达其与城市其他建设用地之间功能关系的渗透性指数则为首要。）

合肥市各城市分区效能需求及优先级排序（矩阵 $A$）　　　表7-12

| 空间效能 | 合肥市城市分区 | | | |
| --- | --- | --- | --- | --- |
| | 包河区 | 蜀山区 | 庐阳区 | 瑶海区 |
| 多样性指数（SDI） | 1 | 4 | 1 | 2 |
| 稳定性指数（EDI） | 3 | 5 | 2 | 3 |
| 流通性指数（LI） | 5 | 2 | 3 | 4 |
| 渗透性指数（PI） | 4 | 1 | 5 | 1 |
| 影响力指数（II） | 2 | 3 | 4 | 5 |

以上为QFD关联评价的第一步，实现了对于绿网空间管理的目标与需求——绿网效能体系的建立以及指标优先级的排序。

合肥市绿网空间技术需求要素及指标（矩阵 **B**）    表 7-13

| 空间规模指数 | | | 空间形态指数 | | | 空间格局指数 | | |
|---|---|---|---|---|---|---|---|---|
| 平均斑块面积（MPS） | 最大斑块指数（LPI） | 平均斑块变异系数（APA-CV） | 景观形状指数（LSI） | 平均斑块边缘–面积比（PARA-MN） | 曲度（CU） | 平均临近指数（MPI） | 聚合度（AI） | 绿地率（GR） |

### 7.7.2 Step 2,3,4：空间技术需求、"效能—空间"关联分析、空间效能评价（矩阵 **B**、**AB**、**B**$_s$、**B**$_s^*$）

空间技术分析是绿网空间规划最为直接的体现，从空间规模、空间形态以及空间格局 3 个方面建构由 9 个指标所组成的空间技术指标矩阵 **B**。

根据效能矩阵 **A** 与空间技术矩阵 **B**，对网络效能与空间技术需求之间的关联影响程度进行打分，得到"效能—空间"关联矩阵 **AB**。在评分时，可将关联程度划分为无关联、弱相关、中等相关、强相关四种形式，为便于实施评估过程中的量化计算，具体采用 1、3、6、9 共四个量化级别标定各关联影响程度（不考虑负数），并计算各空间指标所对应的效能关联度值 **B**$_s$（式 5-1）以及归一化过后的效能权重值 **B**$_s^*$（式 5-2，表 7-14 ~ 表 7-17）。

合肥市包河区绿网"效能—空间"关联分析与空间效能评价    表 7-14

| 效能需求（*A*） | 包河区排序 | 空间技术需求（*B*） | | | | | | | | |
|---|---|---|---|---|---|---|---|---|---|---|
| | | 空间规模指数 | | | 空间形态指数 | | | 空间格局指数 | | |
| | | MPS | LPI | APA-CV | LSI | PARA-MN | CU | MPI | AI | GR |
| SDI | 1 | 6 | 6 | 6 | 6 | 3 | 3 | 3 | 6 | 3 |
| EDI | 3 | 9 | 6 | 6 | 9 | 9 | 3 | 6 | 9 | 6 |
| LI | 5 | 3 | 3 | 1 | 6 | 9 | 9 | 9 | 3 | 1 |
| PI | 4 | 1 | 3 | 3 | 9 | 9 | 9 | 6 | 3 | 1 |
| II | 2 | 6 | 3 | 3 | 6 | 3 | 6 | 3 | 6 | 6 |
| 效能关联度值（*B*$_s$） | | 64 | 120 | 93 | 141 | 252 | 216 | 180 | 135 | 114 |
| 效能权重值（*R*$_g^*$） | | 0.05 | 0.09 | 0.07 | 0.11 | 0.19 | 0.16 | 0.14 | 0.10 | 0.09 |

合肥市蜀山区绿网"效能—空间"关联分析与空间效能评价    表 7-15

| 效能需求（*A*） | 蜀山区排序 | 空间技术需求（*B*） | | | | | | | | |
|---|---|---|---|---|---|---|---|---|---|---|
| | | 空间规模指数 | | | 空间形态指数 | | | 空间格局指数 | | |
| | | MPS | LPI | APA-CV | LSI | PARA-MN | CU | MPI | AI | GR |
| SDI | 4 | 6 | 6 | 6 | 6 | 3 | 3 | 3 | 6 | 3 |
| EDI | 5 | 9 | 6 | 6 | 9 | 9 | 3 | 6 | 9 | 6 |

| 效能需求（A） | 蜀山区排序 | 空间技术需求（B） | | | | | | | | |
| --- | --- | --- | --- | --- | --- | --- | --- | --- | --- | --- |
| | | 空间规模指数 | | | 空间形态指数 | | | 空间格局指数 | | |
| | | MPS | LPI | APA–CV | LSI | PARA–MN | CU | MPI | AI | GR |
| LI | 2 | 3 | 3 | 1 | 6 | 9 | 9 | 9 | 3 | 1 |
| PI | 1 | 1 | 3 | 3 | 9 | 9 | 9 | 6 | 3 | 1 |
| II | 3 | 6 | 3 | 3 | 6 | 3 | 6 | 3 | 6 | 6 |
| 效能关联度值（$B_s$） | | 94 | 72 | 68 | 108 | 93 | 72 | 75 | 96 | 63 |
| 效能权重值（$B_s^*$） | | 0.13 | 0.10 | 0.09 | 0.15 | 0.13 | 0.10 | 0.10 | 0.13 | 0.09 |

合肥市庐阳区绿网"效能—空间"关联分析与空间效能评价　　表 7-16

| 效能需求（A） | 庐阳区排序 | 空间技术需求（B） | | | | | | | | |
| --- | --- | --- | --- | --- | --- | --- | --- | --- | --- | --- |
| | | 空间规模指数 | | | 空间形态指数 | | | 空间格局指数 | | |
| | | MPS | LPI | APA–CV | LSI | PARA–MN | CU | MPI | AI | GR |
| SDI | 1 | 6 | 6 | 6 | 6 | 3 | 3 | 3 | 6 | 3 |
| EDI | 2 | 9 | 6 | 6 | 9 | 9 | 3 | 6 | 9 | 6 |
| LI | 3 | 3 | 3 | 1 | 6 | 9 | 9 | 9 | 3 | 1 |
| PI | 5 | 1 | 3 | 3 | 9 | 9 | 9 | 6 | 3 | 1 |
| II | 4 | 6 | 3 | 3 | 6 | 3 | 6 | 3 | 6 | 6 |
| 效能关联度值（$B_s$） | | 62 | 54 | 68 | 48 | 111 | 105 | 84 | 72 | 47 |
| 效能权重值（$B_s^*$） | | 0.09 | 0.08 | 0.07 | 0.16 | 0.15 | 0.15 | 0.12 | 0.10 | 0.07 |

合肥市瑶海区绿网"效能—空间"关联分析与空间效能评价　　表 7-17

| 效能需求（A） | 瑶海区排序 | 空间技术需求（B） | | | | | | | | |
| --- | --- | --- | --- | --- | --- | --- | --- | --- | --- | --- |
| | | 空间规模指数 | | | 空间形态指数 | | | 空间格局指数 | | |
| | | MPS | LPI | APA–CV | LSI | PARA–MN | CU | MPI | AI | GR |
| SDI | 2 | 6 | 6 | 6 | 6 | 3 | 3 | 3 | 6 | 3 |
| EDI | 3 | 9 | 6 | 6 | 9 | 9 | 3 | 6 | 9 | 6 |
| LI | 4 | 3 | 3 | 1 | 6 | 9 | 9 | 9 | 3 | 1 |
| PI | 1 | 1 | 3 | 3 | 9 | 9 | 9 | 6 | 3 | 1 |
| II | 5 | 6 | 3 | 3 | 6 | 3 | 6 | 3 | 6 | 6 |
| 效能关联度值（$B_s$） | | 82 | 60 | 52 | 102 | 93 | 90 | 81 | 84 | 59 |
| 效能权重值（$B_s^*$） | | 0.12 | 0.09 | 0.07 | 0.15 | 0.13 | 0.13 | 0.12 | 0.12 | 0.08 |

### 7.7.3 Step 5,6: 网络系统要素、"空间—网络"关联分析、网络效能评价（矩阵 C、BC、C$_s$）

在"空间—网络"关联矩阵的建构中,首先从系统层面出发将网络连接度、网络渗透度、网络密度三指标作为城市绿网系统要素。

对于绿网空间技术特性 B 以及网络系统特性 C 之间的关联影响程度进行打分,得到"空间—网络"关联矩阵 BC。具体评分方法同分步骤 3,即是将关联程度划分为无关联、弱相关、中等相关、强相关四种形式,并分别采用 1、3、6、9 四个量化级别标定各关联影响程度(不考虑负数),并计算各系统指标所对应的效能关联度值 C$_s$(表 7-18 ~ 表 7-21)。

合肥市包河区绿网"空间—网络"关联分析与空间效能评价　　表 7-18

| 空间技术需求（B） | 权重（B$_s$*） | 网络系统要素（C） | | |
|---|---|---|---|---|
| | | 网络连接度 | 网络渗透度 | 网络密度 |
| MPS | 0.05 | 3 | 1 | 6 |
| LPI | 0.09 | 1 | 1 | 3 |
| APA-CV | 0.07 | 1 | 3 | 1 |
| LSI | 0.11 | 6 | 9 | 3 |
| PARA-MN | 0.19 | 6 | 9 | 6 |
| CU | 0.16 | 6 | 6 | 6 |
| MPI | 0.14 | 9 | 1 | 9 |
| AI | 0.10 | 9 | 6 | 6 |
| GR | 0.09 | 6 | 1 | 9 |
| 效能关联度值（C$_s$） | | 5.76 | 4.87 | 5.72 |

合肥市蜀山区绿网"空间—网络"关联分析与空间效能评价　　表 7-19

| 空间技术需求（B） | 权重（B$_s$*） | 网络系统要素（C） | | |
|---|---|---|---|---|
| | | 网络连接度 | 网络连接度 | 网络连接度 |
| MPS | 0.13 | 3 | 1 | 6 |
| LPI | 0.10 | 1 | 1 | 3 |
| APA-CV | 0.09 | 1 | 3 | 1 |
| LSI | 0.15 | 6 | 9 | 3 |
| PARA-MN | 0.13 | 6 | 9 | 6 |
| CU | 0.10 | 6 | 6 | 6 |
| MPI | 0.10 | 9 | 1 | 9 |
| AI | 0.13 | 9 | 6 | 6 |

| 空间技术需求<br>（ B ） | 权重<br>（ $B_s^*$ ） | 网络系统要素（ C ） | | |
| --- | --- | --- | --- | --- |
| | | 网络连接度 | 网络连接度 | 网络连接度 |
| GR | 0.09 | 6 | 1 | 9 |
| 效能关联度值（ $C_s$ ） | | 5.37 | 4.49 | 5.37 |

合肥市庐阳区绿网"空间—网络"关联分析与空间效能评价　　　表 7-20

| 空间技术需求<br>（ B ） | 权重<br>（ $B_s^*$ ） | 网络系统要素（ C ） | | |
| --- | --- | --- | --- | --- |
| | | 网络连接度 | 网络连接度 | 网络连接度 |
| MPS | 0.09 | 3 | 1 | 6 |
| LPI | 0.08 | 1 | 1 | 3 |
| APA-CV | 0.07 | 1 | 3 | 1 |
| LSI | 0.16 | 6 | 9 | 3 |
| PARA-MN | 0.15 | 6 | 9 | 6 |
| CU | 0.15 | 6 | 6 | 6 |
| MPI | 0.12 | 9 | 1 | 9 |
| AI | 0.10 | 9 | 6 | 6 |
| GR | 0.07 | 6 | 1 | 9 |
| 效能关联度值（ $C_s$ ） | | 5.67 | 4.94 | 5.50 |

合肥市瑶海区绿网"空间—网络"关联分析与空间效能评价　　　表 7-21

| 空间技术需求<br>（ B ） | 权重<br>（ $B_s^*$ ） | 网络系统要素（ C ） | | |
| --- | --- | --- | --- | --- |
| | | 网络连接度 | 网络连接度 | 网络连接度 |
| MPS | 0.12 | 3 | 1 | 6 |
| LPI | 0.09 | 1 | 1 | 3 |
| APA-CV | 0.07 | 1 | 3 | 1 |
| LSI | 0.15 | 6 | 9 | 3 |
| PARA-MN | 0.13 | 6 | 9 | 6 |
| CU | 0.13 | 6 | 6 | 6 |
| MPI | 0.12 | 9 | 1 | 9 |
| AI | 0.12 | 9 | 6 | 6 |
| GR | 0.08 | 6 | 1 | 9 |
| 效能关联度值（ $C_s$ ） | | 5.56 | 4.60 | 5.54 |

通过以上分步骤，建构了各网络系统要素的空间效能关联度 **BC** 矩阵，同时依据空间效能权重值 $B_s^*$，经叠加求和的内积计算（式 5-3）之后，便可获得网络效能关联度矩阵 $C_s$。

### 7.7.4　Step 7,8：各区竞争性比较分析（$D$、$D_s$）

根据合肥市各区效能排序及 $C_s$ 矩阵，获得四个城市分区的每一网络系统指标的效能重要性，即效能关联度值（表 7-22）。

合肥市四城市分区绿网系统的效能关联度　　　　　　　　　　表 7-22

| 效能关联度值（$C_s$） | 网络系统要素（$C$） | | |
|---|---|---|---|
| | 网络连接度 | 网络渗透度 | 网络密度 |
| 包河区 | 5.76 | 4.87 | 5.72 |
| 蜀山区 | 5.37 | 4.49 | 5.37 |
| 庐阳区 | 5.67 | 4.94 | 5.50 |
| 瑶海区 | 5.56 | 4.60 | 5.54 |

通过对合肥市各城市分区绿地生态空间的竞争比较分析，即对网络系统指数分别所对应的效能评价值进行 1、2、3、4 总共四个级别的评定，其中 4 为分值最高，1 为分值最低，以此类推。通过这一评定可以获得指标评定矩阵模块 **D**（表 7-23）。因本次研究仅针对绿地生态单要素展开，由此与城市基底具紧密联系的评价指数（如贯通度、最小耗费距离、蔓延度、渗透阻力等）难以反映，故而本次评价仅针对距离阈值、分维数、边缘密度以及可达密度 4 个指标进行，其分别为连接度、渗透度以及密度的评定提供依据。

合肥市四城市分区绿网系统指标评定　　　　　　　　　　表 7-23

| 指标评定矩阵（$D$） | 竞争矩阵（$CD$） | | |
|---|---|---|---|
| | 网络连接度 | 网络渗透度 | 网络密度 |
| 包河区 | 3 | 1 | 3 |
| 蜀山区 | 4 | 4 | 4 |
| 庐阳区 | 2 | 3 | 2 |
| 瑶海区 | 1 | 2 | 1 |

经竞争分析得出四个城市分区的网络系统指数分别所对应的竞争性效能评价矩阵 $D_s$，$D_s = C_s \cdot CD$。根据 $D_s$ 矩阵的最终加和，得到不同城市分区绿地生态网络所对应生态效能的总评价值（表 7-24、图 7-30）。依据评价结果，可知四个城市分区当中，蜀山区（60.90）的生态效能评估值最高，包河区（39.92）

位居其次，庐阳区（37.16）较低，而瑶海区（20.30）的生态效能评估值在四区中则为最低。

合肥市四城市分区绿网空间效能评价 表 7-24

| 效能关联度值（$D_s$） | 网络系统要素（$C$） | | | |
|---|---|---|---|---|
| | 网络连接度 | 网络渗透度 | 网络密度 | 总和 |
| 包河区 | 17.29 | 4.87 | 17.17 | 39.32 |
| 蜀山区 | 21.47 | 17.95 | 21.48 | 60.90 |
| 庐阳区 | 11.34 | 14.81 | 11.01 | 37.16 |
| 瑶海区 | 5.56 | 9.21 | 5.54 | 20.30 |

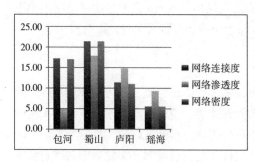 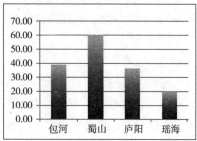

图 7-30　合肥市四城市分区绿地生态网络生态效能评价

## 7.8　基于效能评价的合肥市绿网空间增效指引

前文中对于合肥市建成区绿地生态空间分别开展了系统三指标的评价及综合评价，依据评价结论，对城市提出生态空间增效的总体指引以及基于三指标增效的空间优化指引。

### 7.8.1　总体增效指引

基于以上对于合肥市绿地生态网络的综合关联评价，借助于网络化及网络优化的空间手法与途径，提出合肥市绿网空间总体增效指引，分别从系统结构、分区建设两个层面提出具体建议，并进而基于"三度"提出空间优化策略，基于"三线"与"三限"分别提出绿网空间建构与管控的策略措施。

1）系统结构分布

合肥市建成区域，西北有大蜀山、小蜀山以及董铺、大房郢两大水库，水库下游有泄洪通道，东北有编组站，东南有南淝河、十五里河、塘西河等河流注入巢湖。城市根据这一地貌特征，应采取多项措施构筑城市"大型绿地生态区域—绿地生态廊道—绿地生态斑点"的网络化绿地景观生态系统。

（1）大型绿地生态区域。从建成区外围生态基底来看，西南有紫蓬山生态核心区域，西北有蜀山森林生态区域以及董铺、大房郢水库生态区域，东南有巢湖生态区域等，建成区内部大型绿地生态资源则由西部蜀山区的翡翠湖、柏堰湖、天鹅湖、南艳湖等水体湿地生态区域，庐阳区的北城五大生态湖区以及东南部邻近巢湖的部分生态圩区等共同组成。

（2）绿地生态廊道。主要由河流型绿地生态廊道（滁河干渠、瓦东干渠、南淝河、派河、店埠河、十五里河、二十埠河及板桥河等）、隔离型绿地生态廊道（城东、城北、城西、城西南各一条城市中心与四翼城区之间的隔离林带）、防护型绿地生态廊道（主干道路绿化带、高速公路防护走廊、高压线走廊、铁路防护绿带等）所组成。

（3）绿地生态斑点。主要由各级城市公园绿地、街头绿地以及社区绿地等组成。其中绿地资源的分布，应满足居民出行 500m 范围内即可享用不小于 500m² 的公共绿地，而规模化的社区绿地应提倡多数面向公众而开放。

2）分区建设指引

（1）包河区

包河区的生态契机在于其面临巢湖的大型生态源地，作为未来城市生态前沿阵地与核心地区，如若利用良好的资源优势，遵循生态科学及规律的积极的城市生态建设，将会使得全区乃至全市生态状况得到良好的转机。

目前，滨湖新城正处于全面化、规模化的建设时期，在发展生态滨湖城市的同时，此区生态绿化建设的重点在于积极地、预警性地做好生态的保护、保育、恢复以及防卫等工作，使得城市生态支持系统不在高强度的新城建设中遭受破坏。与此同时，应与城市建设相协调，不断塑造并完善全区绿地生态系统，逐步优化区内其余地带的生态建设，在主城区与滨湖新城之间过渡地区做好生态隔离，阻止城市连片蔓延式发展，提倡有机疏散的结构及形态。

（2）蜀山区

蜀山区是拥有蜀山森林公园、两大水库及其下游泄洪通道、滁河干渠以及诸多生态湖区等宝贵生态资源的城市片区，同时为两个国家级经济技术开发区以及大学城、中国（合肥）科学城所在地，整体生态资源优势显著、环境生态品质良好、景观异质化程度较高。此区的生态绿化建设的重点在于以人和自然的和谐、融合、共生作为价值取向，面向整体城市建设并完善连续的、功能高效的、丰富多样的生态支持系统。

在全区应提倡生态城区建设发展的模式，根据景观生态学的基本原理，充分利用现有以低山丘陵为特征的地形、地貌，增加各种生态区域的生物以及景观的异质性、多样性，并加强与城市建设地带的空间镶嵌程度，同时结合美观等需求继续以生态廊道、斑块优化整体生态结构，增强生态景观的可持续发展。

（3）庐阳区

庐阳区作为老城区所在地，除了中心城区的环城河沿线以及北二环外的北城生态湖区之外，区内其余地带多数绿地生态斑块细小且破碎，斑块数量多但形不成生态连接，因而生态效益低下，受人为影响较为显著。此区关系到老城地区居民生存环境的生态性、人文性及其生活品质等问题，同样应该得到关注。

因处于城市建设相对成熟地带，老城区应借助于旧城改造契机将生态理念融入更新及改造的过程中，如不能形成直接的空间生态连接，则应以生态溪沟、踏脚石斑块植入以及立体绿化、绿地率等方式提升生态功能的连接性。

（4）瑶海区

瑶海区作为城市老工业基地以及客、货运交通物流主要承载地，其生态整体状况在全市中最为薄弱，多数为细小而破碎不成体系的斑块。

在新一轮的城市建设过程中，随着瑶海工业园、北城地区的发展以及东部地区职教园的建设，应进行生态整体系统性的规划、建设与控制，同时也应积极依托二十埠河滨水生态廊道、铁路生态隔离防护型廊道、高压线防护廊道等带状载体建立该区的生态连接系统。

### 7.8.2 基于"三度"的空间优化策略

1）网络连接度优化增效

以连接度优化建立并完善城市生态空间连接系统。主要路径是依据各区距离阈值的分析结果，选取建成区中绿网连通的薄弱环节，优化生态连接系统。

从具体阈值分布情况来看，包河区在其北侧靠近312国道的包河工业园区域，连接度较为薄弱，尤其是接近主城区的二环以内地带，几乎无连接迹象，绿地生态空间破碎。蜀山区在接近东南部的经济技术开发区，生态连接度相对薄弱，在东北部二环路以内的城市地区，连接度持续降低，生态绿地呈破碎格局。庐阳区人为影响集中，除了环城河区域的滨水带状绿地连通性高以外，其余城区地段的绿地斑块数目多、规模小且分布破碎；瑶海区二环以内的火车站站前区以及城东地区，绿地生态呈现明显破碎状。

根据以上情况，采取以下方式优化空间系统的连接：① 在空间条件具备的情况下，以最小耗费路径方式建立廊道连接。依托市区内滁河干渠沿线、瓦东干渠沿线以及南淝河、塘西河、十五里河等河流生态廊道的自然疏通、生态恢复，利用高压线廊道、基础设施廊道、主干道路防护廊道、泄洪生态廊道等建立生态连接。② 在城市中多数用地受限地段，以踏脚石斑块连接或生态溪沟等方式解决人口密度较高区域的生态连通问题。

2）网络渗透度优化增效

以渗透度优化建立并完善城市生态空间渗透系统。主要路径是依据各区平均斑块分维数的分析结果，选取建成区中绿网渗透的薄弱环节，优化生态渗透系统。

从具体斑块平均分维分布情况来看，包河区因滨湖新城为遵循现代规划设计理念而建，形态相对规则，且在312国道沿线的生态防护亦呈几何带状，故而分维在四分区中最低；蜀山区拥有大量的自然生态资源，故而分维高于其他三区；庐阳区因环城生态绿地以及北部城区的五大湖生态区域，斑块平均分维值也较高；而瑶海区绿地生态斑块形状破碎规则，斑块平均分维值最低。

根据以上情况，采取以下方式优化空间系统的渗透：① 在城市建设空间与生态为可兼容且支持良性生态互动的前提下，应提倡加强绿地生态与城市基底的空间镶嵌格局，进一步优化绿地生态区域的边界形态，以强调绿地生态斑块之生态功能的交融与渗透。② 在城市建设空间影响不良之情况下，应加强空间渗透阻力，积极利用绿地生态斑块的防护、隔离之功能，发挥生态渗透的功能调节作用。

3）网络密度优化增效

以密度优化建立并完善城市生态空间密度系统。主要路径是依据各区边缘密度及可达密度的分析结果，选取建成区中绿网密度的不合理环节，优化生态密度系统。

从具体边缘密度分布情况上看，包河区除了南邻巢湖的少量湿地斑块，多数为道路所分割的规则生态斑块，对于该区生态边界效应的发挥有一定限定作用；蜀山区具有较多不规则的自然生态斑块，边界形态自然且具备较好的边际效应，在全市中发挥了生态效益的带动作用；庐阳区较全市平均值略高，体现了相对高的密度水平及边际效应；瑶海区为四区中之最高，均为形小、细屑的微型绿地生态斑块，较高的破碎化程度带来了其生态的不稳定以及效益的低下。

从具体可达密度分布情况看，可达性最强地区基本位于中西部的蜀山区，如政务新区以及大学城、科学城地带；而可达性最弱地区则为包河工业园、一环附近老城区域以及火车站站前区域。

根据以上情况，采取以下方式优化空间系统的密度：① 在全市范围内按照均衡布局原理，由不同级别层次的绿地生态斑块与廊道共同建构一个有机疏散、疏密均衡的生态网络。② 网络布局应体现便捷可达以及服务覆盖的最优化，满足处于城市不同区位的市民使用需求，并同时体现公平性原则。

### 7.8.3 基于"三线"、"三限"的空间建管策略

结合合肥市绿网"三度"的空间优化引导，可以建构出良好的城市绿网空间方案。然而这一空间方案能否按照既定目标实现，还依赖于绿网空间建构与管控的各种具体措施及建议。因而，需要对绿网及其作为基底的整体城市土地

空间，分别从空间范围、空间内容等层面，融合法定城市规划体系，提出以"三线"、"三限"为落实与保障的具体建管策略。

1）"三线"建构策略

"三线"即指生态基线、生态绿线与生态灰线，也可称作绿网空间控制"三线"，是从空间范围层面对绿网空间区域的划分与明确。它依据不同生态敏感程度而划定，并区分以不同的建设管制要求。

（1）生态基线是针对涉及城市生态安全、生态稳定区域而划定的基本控制线。基线范围包括：城市一级水源保护区、风景名胜区、自然保护区、集中成片的基本农田保护区、森林及郊野公园；坡度大于25%的山地、林地以及海拔超过50m的高地；主干河流、水库以及湿地；维护生态系统完整性的生态廊道和绿地及其他需要进行基本生态控制的区域。结合合肥市城市发展战略规划、城市总体规划以及各分区规划，划定生态基线并对基线范围区域提出相应管制措施，严格控制除环境恢复和自然再造工程以外的一切人类行为，现有破坏生态平衡的建、构筑物及其他设施应限期迁出，而确需建设的项目则应建立于可行性研究、环境影响评价以及规划选址充分论证的基础之上；结合控制性详细规划，进一步明确生态基线的空间位置，并对其生态空间管制各项要求加以细化。

（2）生态绿线是用以划分城市空间绿地与其他建设用地的界线，同时也是各类绿地范围的控制线。绿线范围包括城市公共绿地、防护绿地、生产绿地、居住区绿地、单位附属绿地、道路绿地以及风景林地等。结合城市总体规划、各分区规划以及绿地系统、绿线等专项规划，分级别、分层次地布局各级各类绿地并划定生态绿线，确定绿网空间分布与面积规模，同时明确其各自的建设控制要求，不符合规划建设要求的建、构筑物及其他设施应限期迁出；结合控制性详细规划明确划定不同类型绿地空间界线，明确绿化率、覆盖率等各项绿地建设指标；结合修建性详细规划阶段，提出具体的绿化空间配置方案。

（3）生态灰线是指基于生态渗透理论，由城市绿网生态空间向着建设用地延伸的弹性生态边界。结合城市总体规划及相关专项规划体现灰线及其划定的区域，明确总体混合用地类型；结合控制性详细规划细化其边界，明确具体可兼容类型以及不同类型的用地比例，明确绿地率、容积率、建设密度等限制及引导要求；结合修建性详细规划阶段，进行体现生态融合的空间设计。

2）"三限"管控策略

"三限"即限性质、限建设、限活动，是侧重空间内容层面的核心管控手段，分别从土地空间性质、内容、使用强度等方面提出绿网具体管控要求与指导意见，以确保绿网空间增效目标的最终实现。

（1）限性质，即是站立于整体城市层面，结合合肥市绿网空间优化方案的提出，对绿网空间要素（绿网主体、绿网边缘、影响区以及辐射区）的土地使用用途即用地性质，加以合理的确定与科学的控制、引导。具体性质的明确应结合绿网的空间增效目标，在保障生态安全稳定的前提下，最大化地体现绿网以及城市整体空间效益。其中，还应注意土地空间在随城市发展过程中的动态演变性，考虑部分作为未来城市绿网空间构成的潜在可能，从而站立于更加长远的角度进行整体空间部署。

（2）限建设，即是基于合理用地性质的确定，针对其上的具体建设项目提出项目类型、建设容量等方面的限制，如对于项目具体内容、开发建设强度（含建设密度、容积率、绿地率、绿化覆盖率、硬地率等）以及具体建设形式（含风格、体量、尺度、材质及色彩等）等的引导与要求。其中还应注意绿网边缘、影响区这两个空间要素，结合生态灰线的划定，其作为城市关键的生态前沿区域以及环境品质的代表地带，在具体项目的建设上更应严格加以各方面的管控。

（3）限活动，即是统筹考虑使用者的各种需求，依据各类绿地生态空间的敏感性、适宜性，综合安排并协调发展，结合各类绿网空间要素，尤其是本体、边缘以及影响区而提出人类行为活动的具体管控要求，包括活动类型、游客容量等方面的限制与引导。如核心生态区域，除开展必要的科考及生态维护以外，应严格控制其他各类活动；边缘区域作为户外活动最活跃之地，带动了社会效应与城市活力，对其活动内容、强度等应进行合理控制与引导，空间或可采取集中、分散相结合的方式，实现人类与自然的和谐共融；影响区结合建设项目可引导可聚集人气、舒适、愉悦的活动行为，体现多元互动特性并进一步带动地段社会、经济价值；辐射区活动类型以及容量限制相对以上区域较为宽松，可用以开展多种类型、无重度污染的生活及生产类活动。

## 7.9 小结

本章在 GIS 技术的支持下，以系统分析评价、景观生态学等学科理论为基础，从合肥市建成区绿地生态空间分布的数据统计入手，借助于 ArcGIS 9.3 空间分析、Fragstats 3.3 格局分析等技术手段，结合相关指标定量分析了整体建成区以及四个城市分区的绿地空间规模、空间形态以及结构特征，并进而从"效能—空间"二重叠合维度针对绿地生态空间的网络连接度、网络渗透度、网络密度三大指数展开了综合性分析、评述及研究，得出如下结论：

1）合肥市城市建成区绿地生态空间布局总体状况较好，生态效能的发挥较为正常，为当前国家森林城市评选以及塑造国家级生态园林城市奠定了一定前提基础。

2）从三指标评价分析情况看，四个城市分区在绿地生态网络建设上存在着明显差异，主要是受生态资源本底条件、各区性质及定位、建设发展需求、建设功能布局以及各区人口密度等多重因素综合影响的结果。

3）城市绿网空间分布还应加强其生态效益及其于整体城市综合效益中的发挥，还需研究绿地与绿地、绿地与周边地区、绿地与城市在空间、效益上的关联与制衡关系，并探析如何以"三度"引导绿网空间优化手段,进而通过"三线"、"三限"来确保实现生态效益增长的问题。

在结合各城市分区效能权值进行各评价指数的效能计算过程中，因本次研究是针对城市绿地生态单要素而开展的，所以在系统评价的各项指数中，与城市基底具有紧密联系的评价指数（如贯通度、最小耗费距离、蔓延度、渗透阻力等）难以在评价过程中得以反映，故而此次评价仅在距离阈值、分维数、边缘密度以及可达密度 4 个指标当中进行，这一定程度上影响了指标反映效能情况的整体性与全面性。但实际工作当中，在没有掌握整体基础资料的前提下，不失为一种行之有效的评价方法。

# 第8章 结语与展望

生态文明的崛起是一场涉及价值观念、生产方式和生活方式的世界性革命，同时也是经济发展走向成熟阶段的必经之路。将生态效益和景观效果有机结合、促进生态平衡的城市绿地生态网络建设已成为必然趋势，通过构建科学、合理、完整的网络性绿地结构，达到更加理想、符合预期的整体生态效果。

城市绿地生态网络是一种从理念上承载"生态城市"的发展思想，在路径上实现生态与经济共同繁荣，并于空间上衔接人与自然、城市与绿地功能的生态空间体系。城市绿地生态网络在城镇化、生态化的发展过程中可起到很好的融合作用，是一条具有持续、共生、友好特征的和谐之路。本书基于一种新的研究视角，针对"生态文明"时期所倡导的新型"人"、"地"关系，也即人与自然的关系进行了重新思考，对于城市发展主体进行了重新定位。通过效能的研究视角，引导以绿地生态为主导的城市空间发展战略，寻求一种以网络为空间管理手段、以绿地于城市中的效能为管理目标的网络化绿地生态空间建构与管控的方法，为城市绿地建设提供科学、合理的空间决策体系，并以此作为推动城镇化的"绿色"转型，引导新型可持续城市空间发展模式的一种思路与方法。

本书为"十一五"国家科技支撑计划重点项目"城镇绿化生态构建和管控关键技术研究与示范"的课题二"城镇绿地空间结构与生态功能优化关键技术研究"的重要组成部分。研究以风景园林三元论为总体指导，运用系统论和景观生态学，从"效能"的视角切入，以提升绿地生态网络作用功效为目标，立足于空间规划布局，研究了城市绿地生态空间资源网络化配置及优化的问题，构建了城市绿地生态网络"空间增效"的理论体系与技术应用方法。本书展开了从认知到理论、思路的研究，以方法到实证案例的研究，这一系统研究路径共同开创了绿地生态空间研究的新局面，当然也难免存在一些不足之处。

## 8.1 创新点与不足

### 8.1.1 创新点

针对我国当前城市绿地生态建设及发展现状，在原有的城市绿地系统、区域绿地等概念体系的基础上发展城市绿地生态网络的理论体系是迫切需求且符合实际的。本书根植于此，并实现了三个方面的突破及创新：创立了一个全新视角下的空间系统理论，建构了一套系统的绿网效能评价技术方法，提出了一套绿网空间增效的策略途径，并结合实际案例进一步验证了这一途径。

（1）创立了一个全新视角下的空间系统理论——将绿网融合于城市，基于效能视角重新定义了城市空间系统

基于系统论以及景观生态学，本书首先将绿地融合于整体城市，对城市空间进行了生态本位的重新界定。将广义城市绿地生态网络划分为网络本体、网络影响区以及网络辐射区三个空间要素；继而将城市空间系统解构为绿网引导之下的"本体—本体"系统、"本体—影响区"系统、"本体—辐射区"系统三个子系统，结合将生态过程融入绿地及城市空间的研究，亦可称之为"连接系统"、"渗透系统"以及"密度系统"。研究突破了传统绿地系统中"就绿地论绿地"的局面，从宏观与微观、整体与个体、系统与单元相结合的层面建构了面向城市的绿地生态网络系统。

（2）建构了一套系统的绿网效能评价技术方法——以效能为目标、空间为手段，通过"效能—空间"关联层面实现了网络评价

运用空间管理学手法，提出绿网管理目标在于"效能"，管理手段及方法在于"空间"，继而站立于"效能—空间"关联维度研究了效能的空间运行规律，并提出网络第三维度"系统"，建构了系统评价的三指标：网络连接度、网络渗透度、网络密度。通过于"效能"、"空间"以及网络"系统"间利用QFD分析法实现关联评价与指标转换，将定性评价归纳到定量的测度体系之中，实现了评价过程中目标与手段的紧密对接。

（3）提出了一套绿网空间增效的策略途径——基于绿网关联评价指出空间增效方向

基于绿网的关联评价，从系统增效维度与网络化增效路径出发，提出以"三度"、"三线"、"三限"为绿网空间优化和空间增效的具体实施策略、途径以及融入现行规划体系的保障方法，结合案例城市为规划建设提供明确指引与路径支持，继而引导以生态效能及城市综合效益增长为目标的城市空间发展战略。

### 8.1.2 不足

1）指标信息的完备性与准确性不足

提出城市绿地生态网络的效能、空间、系统三大维度的建构，依赖于此而开展的对增效途径的探索为本书的最大创新，然而各维度的指标选取目前还主要依赖于经验以及主观判断，其指标信息的完备性、准确性还有待于进一步的科学推敲。

2）无法完全克服定性分析的缺陷

本书通过QFD分析法，以专家打分方式定性分析绿网空间方案，尤其是在关联评价环节。然而各指标关联并非一成不变，因各城市建设特点、需求以及不同城市区域发展定位的差异化，再加上专家经验的偏差等因素，打分难免

会存在主观性，进而导致矩阵构建过程中的缺陷。因此，在未来的研究工作中更需依据客观实践逐步地完善定量分析的工作。

3）缺少竞争案例分析

受研究时间、掌握资源所限，本书尚未引入同一个地区不同方案的竞争分析，有待于在日后的研究工作中进一步完善。

## 8.2 展望

快速城镇化与生态环境破坏并存，是当前很多城市正面临的困扰，然而这并非为城市发展的必然局面。城乡规划、风景园林、生态环境等学科正致力于降低与消除这一局面的探索与研究，尤其是景观生态学展示了其独特视角和特有功效，引导了一种生态控制论指导下的空间规划方法。

我国已然迈入"半城镇化"的全新发展期，如何引导城市生态建设研究从过去的"学术导向"向着"问题导向"与"需求导向"转化，如何在空间层次上将生态规划的理论方法引入到空间建设中去？本书研究至此，希望能够在最后提出对于城市绿地生态空间规划的些许展望，期冀未来的研究方向可以结合当前城市快速建设的生态要求，从系统改革的视角推进城市规划理论的生态化革新，以及基于空间规划层面的理念、方法和制度的创新。

### 8.2.1 实现绿地生态网络规划的"蜕变"

1）从规划期内的用地形态规划到规划期外的结构发展规划

绿地生态网络规划应纳入城市发展的战略性研究当中，从局限于建成区发展到整体生态系统的考量。长久以来，我国绿地系统规划仅仅局限于研究城市规划建设用地，时间为规划期内（通常为20年），这一时空范围已远不能满足维护环境生态、休闲游憩等需要。快速发展时期带来城市内、外部空间环境的结构性巨变，绿地生态规划应基于生态发展战略与安全格局，于多种空间及时间尺度下同时从城市发展与绿地建设两个视角来审视，并于无限久远以及区域整体生态系统的大背景下提出，仅仅研究绿地本身已很难满足城市绿地生态建设需求。

2）从属于城市总体规划的专项规划到城市规划先期的主导性规划

绿地生态系统是城市发展必不可缺的生态基础设施以及城市空间体系的重要组成部分，故而应当深入研究城市发展和绿地之间的制约因素和耦合机制，并且重新审视绿地系统规划与城市总体规划之间的关系。绿地生态空间作为城市建设中的"弱势空间"，若要引导其建设由被动变主动，应当将城市绿地生态网络作为城市发展的绿色骨架给予优先考虑，并将自然生态保护引入城市建设规划初期，从而体现规划的先导性，扭转以往绿地系统规划作为总体规划专项规划的后期介入且迫于经济利益而让步于城市开发的被动局面，才能够真正建构合理、高效的城市以及区域绿地生态体系。

3）从单一目标的绿地系统规划到功能复合的绿地生态网络规划

传统的绿地系统规划局限于绿地空间建设，缺乏对游憩资源、人文遗产保护等方面的考虑。绿地生态网络理念则包含了对生态、景观、人文、美学等因素的综合考虑，整合城市已有的绿地系统规划、城市森林规划、生态规划、开放空间规划、游憩系统规划等，形成一个以开放的生态环境为主体、功能复合的高效综合绿地生态网络。通过绿地之于城市乃至区域空间效益的分析研究，突破了传统规划的时空限定以及"就绿地论绿地"的狭隘局面，实现了绿地生态空间规划从以往的"填空性"向着"结构型"、"控制性"向着"趋导型"、"指标性"向着"统筹型"的思维及方法的转变。

4）从"功能规划"向突破传统时空限定的"效能规划"的转变

实现绿地网络规划由"功能规划"向"效能规划"的转变。继续以"效能"作为标尺，以增效作为目标，健全与完善城市绿地生态网络构建的理论体系与方法体系，为品质、高效的城市环境生态建设引入科学理性的规划方法，最终实现整体功能效益的最大化。

### 8.2.2 GNOD——以城市绿地生态网络为导向的城市发展模式的探索

GNOD，即 Green Networks –Oriented Development，一种绿色的城市开发模式，研究重点是以城市绿地生态网络为导向，引导城市踏上生态化的发展道路。面对快速城镇化的挑战，我国众多城市在空间形态演进与结构变迁的过程中尽失特征肌理、效能骤减，环境生态危机日益演化为发展的瓶颈。面对这些问题，城市生态建设任重而道远，GNOD 作为一种有效的绿地与土地利用相协调发展的城市开发方式，提倡以绿地生态网络化的空间模式与适宜尺度的绿地系统为建设导向，引导城市的功能空间布局与生态发展建设道路。

1）GNOD 模式理论基础

（1）思想观念、理论根源的革新

在漫长的人类社会发展过程中，长期以来遵循着"天人合一"的思想，只有到了近 30 年的快速城镇化阶段，自然与人类日渐呈现出相互隔离乃至对立的局面。这种隔离、对立实质上是一种长远意义上的对城市建设发展的限制。因此，引导一种可持续的建设观念，引导城市发展由人类本体论走向综合生态本体论是 GNOD 模式的思想基础。

生态本体论提出要将人类的地位放置到与自然生态相平等的地位上，抛除"人定胜天"的强势建设思想，理性思考自然、社会、经济之间的互动关系，实现发展的系统综合调控。这种生态思维必须贯彻到对于空间发展、空间主体、空间价值以及空间形态的认知上，在发展理念上倡导集约高效的增长模式，以"生态城市"思想引导城市发展；在发展路径上，将生态理念渗透于发展要求，实现城市发展与生态保护的共生共荣；在发展落实上，以自然与城市的有机溶解与双向融合，通过生态格局、形态等空间要素促进城市生态效益，促进物质生产、要素流动及信息传递的高效及畅通，进而带动城市社会、经济、文化、生态等综合效益的最大化。只有实现思想基础与理论核心的彻底转型，才可谈及城市发展模式生态化革新的成功。

（2）学科视角的革新

从科学发展动态看，21世纪是生态的世纪，生态学已成为解决一切与生命现象有关的问题的科学方法。从生态学主体的角度看待城市发展模式，其动态演替、多元化、综合性视角为研究城市复合生态系统提供了强大的学科理论基础。生态学是研究生物之间以及生物与环境之间相互关系的学科，而景观生态学强调将生态学的纵向发展过程与土地资源的水平空间演变相结合，它认为自然在景观层面是一个动态系统，对于环境和土地利用状况会作出反应；而土地利用方式影响着整个生态系统的机能、自净能力和景观承载力，同时也影响着野生物种栖息地质量与扩散、迁徙的潜力。景观生态学在城市土地空间使用与自然生态过程之间建立起直接联系，并作为一种理论基础在未来城市发展建设中起直接引领作用。

（3）管理制度的革新

健全的制度是研究成果得以实施的保障，绿地生态研究在城市发展建设模式中的体现不是依靠少数人的维护，而是需要健全的思路引导与制度监督，其中包含建设技术规范的革新，如绿地生态研究、绿地生态评价、绿地生态规划编制体系的健全以及绿地生态技术的完善、实施监督机构职能的完善、实施效果的反馈机制等，包含了行政管理手段的革新，如生态区界的跨行政界限共管机制、各种绿地生态资源统筹管理的部门机构、针对地域特色生态资源的空间建设管理等，同时也包含了经济手段的革新，如生态补偿制度、生态激励手段等。

2）GNOD模式空间战略

城市绿地生态网络可以理解为是由自然保护区、城市各类生态绿地及其之间连线所组成的生态空间系统，这一系统支持了更加多样的生物与更加先进的人类社会。将自然保护战略与土地利用方式相联系，并将自然保护整合到土地利用政策和空间规划中去，是GNOD模式的空间战略目标，而城市绿网也将成为未来城市自然保护战略的关键策略。以本书所重点研究的网络系统三指标（即"三度"：网络连接度、网络渗透度、网络密度）为指引实现绿地生态空间优化，同时依赖于"三线"以及"三限"的空间建构及管控策略，最终实现网络"增效"即空间效能增长的目标，为城镇化的"绿色"转型提供明晰的技术路径。

（1）绿色安全格局

通过具有战略高度的城市生态安全格局的思考，建立以绿地生态网络空间为依托和框架的绿色基础设施体系网络，这是城市规划和发展中的重要环节，也必然将成为兼具生态、景观、游憩使用功能和体现城市土地价值整治综合提升等优越性的城市生长模式。

（2）绿色空间增长

实现增长管理，扭转城市无序蔓延。依据区域与城市环境容量、生态承载力、生态服务价值，通过区域层面绿网的建构，如城市增长边界（UGB）、永久性绿地生态控制线等实行空间扩展管理，限制并明确城市空间发展形态，变无限增长为有限增长、精明增长，实现基于山水生态格局的城市特色空间拓展。

（3）绿色空间结构

应用生态学原理，分析并研究城市空间结构的状态、效率、关系和发展趋势，从而为城市空间结构的科学发展提供具有生态学意义的支持和理论依据。通过"绿带"、"绿轴"、"绿心"、"绿肺"等点—轴—带相结合的网络状绿地空间要素的控制与引导，强化城市的内部空间生态结构，以结构生态化引导城市功能的生态化，将生态城市建设落实到生态空间的具体建设中。

（4）绿色品质效益

一方面，以绿色建设理念引导城市空间环境品质的提升，通过生态—文化核心区、品质化特色街区、绿色社区、生态社区、绿色建筑等空间建设以及生态技术的运用，贯彻并融入绿色生态建设思想；另一方面，通过网络化绿地的合理配置与优化布局，有效提升绿地周边土地及物业价值，提升城市公共空间品质与服务水平，发挥广域生态效益，有效促进城市社会、经济、生态、景观环境的综合效能，创建一种以绿地生态网络为导向的生态文明下的城市全新发展模式。

# 参考文献

## 外文文献

（按文献作者首字母顺序排列）

[1]  Adriaensen F, Chardon J P, et al. The application of 'least−cost' modeling as a functional landscape model[J]. Landscape and Urban Planning, 2003, 64: 233−247.

[2]  Ahern J. Greenways as a planning strategy[J]. Landscape and Urban Planning, 1995(33): 131−155.

[3]  Anna M. Hersperger. Spatial adjacencies and interactions: Neighborhood mosaics for landscape ecological planning[J]. landscape and urban planning, 2006, 77: 227−239.

[4]  Aris Gaaff, Stijn Reinhard. Incorporating the value of ecological networks into cost − benefit analysis to improve spatially explicit landuse planning[J]. Ecological Economics, 2012, 73: 66−74.

[5]  Behnaz Aminzadeh & Mahdi Khansefid. A case study of urban ecological networks and a sustainable city: Tehran's metropolitan area[J]. Urban Ecosyst, 2010(13).

[6]  S. R. Beissinger, D. R. Mccullough, Eds, Population viability analysis[M]. Chicago: University of Chicago press, 2002.

[7]  Calabrese J M, Fagan W F. A comparison−shopper's guide to connectivity metrics[J]. Frontiers in Ecology and the Environment, 2004, 2: 529−536.

[8]  Chamberlain De, Gough S, Vaughan H, Vickery Ja, Appleton Gf. Determinants of bird species richness in public green spaces[J]. Bird study, 2007, 54: 87−97.

[9]  Anna. Chiesura. The role of urban parks for the sustainable city[J]. landscape and urban planning, 2004, 68: 129−138.

[10]  Christine A. Vogt, Robert W. Marans. Natural resources and open space in the residential decision process: a study of recent movers to fringe counties in southeast Michigan[J]. landscape and urban planning, 2004, 69: 255−269.

[11]  Çigdem Coskun Hepcan, Mehmet B ü lent Özkan. Establishing ecological networks for habitat conservation in the case of Çesme − Urla Peninsula, Turkey[J]. Environ Monit Assess, 2011(174).

[12]  Collinge S K. Spatial arrangement of habitatat patches and corridors: clues from ecological field experiments[J]. Landscape and Urban Planning, 1998, 42: 157–168.

[13]  E. A. Cook. Ecological Networks in Urban Landscapes[M]. Wageningen Universiteit, 2000.

[14]  E. Chamberlain, A. R. Cannon, M. P. Toms, D. I. Leech, B. J. Hatchwell, K. J. Gaston. Avian productivity in urban landscapes: a review and meta–analysis[J]. Ibis, 2009, 151: 1–18.

[15]  Edoardo Biondi. Simona Casavecchia. Simone Pesaresi. Liliana Zivkovic. Natura 2000 and the Pan–European Ecological Network: a new methodology for data integration[J]. Biodivers Conserv, 2012, 21: 1741–1754.

[16]  Edoardo Biondi, Simona Casavecchia, Simone Pesaresi, Liliana Zivkovic. Nature 2000 and the Pan–European Ecological Network: a new methodology for data integration[J]. Biodivers Conserv 2012(21).

[17]  Fabos J G. Greenways planning in the United States: Its origins and recent case studies[J]. Landscape and Urban Planning, 2004, 68: 321–342.

[18]  Forman R T T. Land Mosaics–The ecology of landscapes and regions[M]. Cambridge University Press, 1995.

[19]  Forman R T T, Godron M. Landscape Ecology[M]. New York: JohnWiley and Sons, 1986.

[20]  Fujita Masahisa. ; Krugman, Paul R.; Venables, Anthony, The Spatial Economy: Cities, Regions and International Trade[M]. Cambridge: Mass. MIT Press, 1999, 14: 349–358.

[21]  Gilberto Corso, N. F. Britton. Nestedness and t–temperature in ecological networks[J]. Ecological Complexity, 2012, 11: 137–143.

[22]  R. H. Gardner, B. T. Milne, M. G. Turner, R. V. O'Neill. Neutral models for th analysis of broadscale landscape pattern[J]. Landscape Ecology, 1987, 1: 19–28.

[23]  Geoghegan J, Lynch L, Bucholtz S. Capitalization of open spaces into housing values and the residential property tax revenue impacts of agricultural easement program[J]. Agric Resour Econ Rev, 2003, 32: 33–45.

[24]  A. M. Hersperger. Spatial adjacencies and interactions: Neighborhood mosaics for landscape ecological planning[J]. Landscape and Urban Planning, 2006, 77: 227–239.

[25]  Huangyang. Campus Landscape Space Planning and Design Using QFD[M]. Berlin: VDM Verlag, 2009.

[26]  Jodi A. Hilty, William Z. Lidicker, Adina M. Merenlende. Corridor Ecology–The Science and Practice of Linking Landscape for Biodiversity Conservation[M]. Washington DC: Isand Press, 2006.

[27]  Jongman R H G. Nature conservation planning in Europe: developing ecological networks[J]. Landscape and Urban Planning, 1995, 32(3): 169–183.

[28]  Jongman R H G, Mart Kulvik, Ib Kristiansen. European ecological networks and

greenways[J]. Landseape and Urban Planning, 2004, 68: 305–319.

[29]  Jongman R H G. Ecological networks and greenways in Europe: resoning and concepts[J]. Journal of Environmental Sciences, 2003, 15(2): 173–181.

[30]  Jorgensen Anna, Anthopoulou Alexandra. Enjoyment and fear in urban woodlands – Does age make a difference[J]. Urban Forestry & Urban Greening, 2007, 6: 267–278.

[31]  Kindlmann P, Burel F. Connectivity measures: a review[J]. Landscape Ecology, 2008, 23: 879–890.

[32]  Konstantinos Tzoulasn, PhilipJames. Peoples' use of, and concerns about, green space networks: A case study of Birchwood, Warrington New Town, UK[J]. Urban Forestry & Urban Greening, 2010, (9): 121–128.

[33]  C. P. Konrad, D. Booth. Hydrologic changes in urban streams and their ecologicalsignificance[J]. American Fisheries Society Symposium, 2005, 47: 157–177.

[34]  Li J H, Liu X H. Research of the nature reserve zonation based on the least–cost distance model[J]. Journal of Natural Resources, 2006, 21(2): 217–224.

[35]  Liquan Zhang, Haizhen Wang. Planning an ecological network of Xiamen Island (China) using landscape[J]. Landscape and Urban Planning, 2006, 78: 449–456.

[36]  Little C. Greenways for American[M]. London: The Johns Hopkins Press Ltd, 1990.

[37]  Lucia P H, Saura S. A new habitat availability index to integrate connectivity in landscape conservation planning: Comparison with existing indices and application to a case study[J]. Landscape and Urban Planning, 2007, 83: 91–103.

[38]  Lucia P H, Saura S. Impact of spatial scale on the identification of critical habitat patches for the maintenance of landscape connectivity[J]. Landscape and Urban Planning. 2007, 83: 176–186.

[39]  M. J. Samways, C. S. Bazelet, J. S. Pryke. 2010. Provision of ecosystem services by large scale corridors and ecological networks[J]. Biodivers Conserv 2010(19).

[40]  Maria Ignatieva, Glenn H. Stewart, Colin Meurk. 2011. Planning and design of ecological networks in urban areas[J]. Landscape Ecol Eng, 2011(7).

[41]  Marco Amati M Y. Temporal changes and local variations in the functions of London's green belt[J]. landscape and urban planning, 2006, 75: 125–142.

[42]  H. G. Merriam. Connectivity: A fundamental characteristic of landscape pattern. J. In Brandt J and P. Agger editors. The First International seminar on Methodology in landscape ecological research and Planning[M]. Denmark: Roskilde University Center, 1984, 5–15.

[43]  Miguel Lurgi, David Robertson. 2011. Automated experimentation in ecological networks[J]. Automated Experimentation, 2011(3).

[44]  M. David Oleyar, Adrienne I. Greve, John C Withey , Andrew M. Bjorn. An integrated

approach to evaluating urban forest functionality[J]. Urban Ecosyst, 2008, 11: 289–308.

[45] Oberlander P. What role for the city of tomorrow? [J]. UN–HABITAT: Urban World, 2008. (1): 9–11.

[46] Opdam P, Steiningrover E. DesigningMetropolitanLandscapes for Biodiversity: Deriving Guidelines from Metapopulation Ecology[J]. Landscape Journal, 2008, 27(1): 69–80.

[47] Paul Cawood Hellmund, Daniel Somers Smith, Desining Greenways[M]. Washington: Island Press, 2005.

[48] Paul Opdam, Eveliene Steingrover. Ecological networks: A spatial concept for multi–actor planning of sustainable landscapes[J]. Landscape and Urban Planning, 2006, 75.

[49] Pham Duc Uy, Nobukazu Nakagoshi. Application of land suitability analysis and landscape ecology to urban greenspace planning in Hanoi, Vietnam[J]. Urban Forestry & Urban Greening, 2008, 7: 25–40.

[50] Pirnat J. Conservation and management of forest patches and corridors in suburban landscapes[J]. Landscape and urban planning, 2000, 52: 135–143.

[51] Rob H. G. Jongman. Irene M. Bouwma. Arjan Griffioen. Lawrence Jones–Walters. Anne M. Van Doorn. The Pan European Ecological Network: PEEN[J]. Landscape Ecol, 2011, 26: 311–326.

[52] Roy Penchan sky D B A, Thomas JW. The concept of access definition and relationship to consumer satisfaction[J]. MedicalCare, 1981, 19(2): 127–140.

[53] Sang–Woo Lee, Soon–Jin Hwanga, Sae–Bom Lee, Ha–Sun Hwang, Hyun–Chan Sung, Landscape ecological approach to the relationships of land use patterns in watersheds to Water quality characteristics[J]. Landscape and Urban Planning, 2009, 92: 80–89.

[54] Schrelber K F. Connectivity in landscape ecology[J]. Proceedings of the 2nd International Seminar of the International Association for Landscape Ecology. Munster: Munstersche Geographische Arbeiten, 1987, 29: 11–15.

[55] Simberloff D S, Wilson E O. Experimental zoogeography of islands: The Colonization of Empty Islands[J]. Ecology, 1969, 50: 278–286.

[56] Taylor P D, Fahrig L, Henein K, Merriam G[J]. Connectivity is a vital element of landscape structure. Oikos, 1993, 68(3): 571–573.

[57] Turner B L I, W Clark, R Kates, J Richards, J Mathew, W. Meyer(EDS. ). The Earth as Transformed by Human Action: Global and Regional Changes in the Biosphere Over the Past300 Years[M]. Cambridge UK, Cambridge University Press, 1990.

[58] M. Turner, R. G. e. Quantitative Methods in Landscape Ecology[J]. Ecological Studies, 1991.

[59] U. G. Sandstroma, P Angelstam, G Mikusinski. Ecological diversity of birds in relation to the structure of urban green space[J]. landscape and urban planning, 2006, 77: 39–53.

[60] Urban D, Keitt T. Landscape connectivity: a graph-theoretic perspective[J]. Ecology, 2001, 82: 1205-1218.

[61] J. Wu, R. Hobbs. Key issues and research priorities in landscape ecology: andIdiosyncratic synthesis[J]. Landscape Ecology, 2002, 17: 355-365.

## 中文文献

（按文献作者姓氏字母顺序排列）

[1] 布仁仓. 景观指数之间的相关分析 [J]. 生态学报, 2005, 25（10）: 2764-2775.

[2] 蔡晓明, 蔡博峰. 生态系统的理论和实践 [M]. 北京: 化学出版社, 2012.

[3] 查尔斯·瓦尔德海姆. 景观都市主义 [M]. 刘海龙等译. 北京: 中国建筑工业出版社, 2011.

[4] 常学礼, 邬建国. 科尔沁沙地景观格局特征分析 [J]. 生态学报, 1998, 18（03）: 226-232.

[5] 陈利顶, 吕一河, 田惠颖等. 重大工程建设中生态安全格局构建基本原则和方法 [J]. 应用生态学报, 2007, 18（03）: 674-680.

[6] 陈利顶, 傅伯杰. 景观连接度的生态学意义及其应用 [J]. 生态学杂志, 1996, 15（04）: 37-42.

[7] 陈英. 绿色营销与经济可持续发展 [J]. 学术交流, 2005（03）: 112-115.

[8] 储金龙. 城市空间形态定量分析研究 [M]. 南京: 东南大学出版社, 2007.

[9] 丁成日. 城市空间规划——理论、方法与实践 [M]. 高等教育出版社, 2007.

[10] 段进. 城市空间发展论 [M]. 南京: 江苏科学技术出版社, 2006.

[11] Forman R, Godron M. 景观生态学 [M]. 肖笃宁译. 北京: 科学出版社, 1990.

[12] 冯科, 吴次芳等. 管理城市空间扩展: UGB 及其对中国的启示 [J]. 中国土地科学, 2008（05）.

[13] 冯云廷. 城市聚集经济 [M]. 大连: 东北财经大学出版社, 2001.

[14] 弗雷德里克·斯坦纳. 生命的景观 [M]. 北京: 中国建筑工业出版社, 2004.

[15] 富伟等. 景观生态学中生态连接度研究进展 [J]. 生态学报, 2009（11）: 6174-6182.

[16] 傅伯杰, 陈利顶等. 景观生态学原理及应用 [M]. 北京: 科学出版社, 2011.

[17] 傅强, 宋军, 王天青. 生态网络在城市非建设用地评价中的作用研究 [J]. 规划师, 2012, 12（28）: 91-96.

[18] 付晓. 基于 GIS 的北京城市公园绿地景观格局分析 [J]. 地理科学, 2006（02）: 80-84.

[19] 顾朝林, 甄峰, 张京祥. 集聚与扩散——城市空间结构新论 [M]. 南京: 东南大学出版社, 2000.

[20] 广东省城乡规划设计研究院, 广东省城市发展研究中心等. 广东省绿道网建设总

体规划（2011–2015 年）[Z]. 广东省人民政府，2012.

[21] 郭鸿懋等. 城市空间经济学 [M]. 北京：经济科学出版社，2002.

[22] 郭凯峰，王媛钦. 基于生态学视角下的城市绿地系统规划 [J]. 林业调查规划，
2009（06）：119–122.

[23] 韩秩，李吉跃. 城市森林综合评价体系与案例研究 [M]. 北京：中国环境科学出版社，
2005.

[24] 贺炜. 绿地与城空间耦合评价研究 [D]. 博士学位论文. 上海：同济大学，2012.

[25] 胡道生，宗跃光等. 城市新区景观生态安全格局构建 [J]. 城市发展研究，2011（06）：
37–43.

[26] 胡一可，刘海龙. 景观都市主义思想内涵探讨 [J]. 中国园林，2009（10）：64–68.

[27] 胡剑双，戴菲. 中国绿道研究进展 [J]. 中国园林，2010（12）：88–93.

[28] Jacques Baudry. 法国生态网络设计框架 [J]. 风景园林，2012（03）：42–48.

[29] 姜允芳. 城市绿地系统规划理论与方法 [M]. 北京：中国建筑工业出版社，2006.

[30] 姜允芳，石铁矛，苏娟. 美国绿道网络的实施策略与控制管理 [J]. 规划师，2010
（09）：88–92.

[31] 金云峰，周熙. 城市层面绿道系统规划模式探讨 [J]. 现代城市研究，2011（03）：
33–37.

[32] 金云峰，刘颂，李瑞冬，刘悦来. 城市绿地系统规划编制——"子系统"规划方
法研究 [J]. 中国园林，2013（12）：56–59.

[33] Jongman R H G, Gloria Pungetti. 生态网络与绿道——概念、设计与实施 [M]. 北京：
中国建筑工业出版社，2011：26.

[34] 孔繁花，尹海伟. 济南城市绿化生态网络构建 [J]. 生态学报，2008，28（04）：
1711–1719.

[35] 李锋，王如松，Juergen Paulussen. 北京市绿色空间生态概念规划研究 [J]. 城市规
划汇刊，2004，152（04）：61–64.

[36] 李改维，高平. 合肥市城市绿地系统规划 [J]. 中国城市林业，2009，7（01）：32–34.

[37] 李开然. 绿道网络的生态廊道功能及其规划原则 [J]. 中国园林，2010（03）：24–27.

[38] 李敏. 现代城市绿地系统规划 [M]. 北京：中国建筑工业出版社，2002.

[39] 李书涛. 决策支持原理与技术 [M]. 北京：北京理工大学出版社，1996.

[40] 李文华等著. 生态系统服务功能价值评估的理论、方法与应用 [M]. 北京：中国人
民大学出版社，2008.

[41] 李咏华. 生态视角下的城市增长边界划定方法——以杭州市为例 [J]. 城市规划，
2011（12）：83–90.

[42] 林慧龙. 景观要素的分维数与其形状参数的二元线性回归模型 [J]. 甘肃农业大学
学报，1999（12）：374–377.

[43] 刘滨谊. 现代景观规划设计（第 2 版）[M]. 南京：东南大学出版社，2005.

[44] 刘滨谊.景观规划设计三元论:寻求中国景观规划设计发展创新的基点 [J]. 新建筑，2001（05）：1-3.

[45] 刘滨谊.风景园林三元论 [J]. 中国园林，2013（12）：37-45.

[46] 刘滨谊，姜允芳.中国城市绿地系统规划评价指标体系的研究 [J]. 城市规划学刊，2002（02）：27-29.

[47] 刘滨谊，温全平.城乡一体化绿地系统规划的若干思考 [J]. 国际城市规划，2007（01）：84-89.

[48] 刘滨谊，王鹏.绿地生态网络规划的发展历程与中国研究前沿 [J]. 中国园林，2010（03）：1-5.

[49] 刘滨谊，吴敏."网络效能"与城市绿地生态网络空间格局形态的关联分析 [J]. 中国园林，2012（10）：66-70.

[50] 刘滨谊，吴敏.以绿道构建城乡绿地生态网络——构成、特性与价值 [J]. 中国城市林业，2013（05）：1-5.

[51] 刘滨谊，贺炜，刘颂.基于绿地与城市空间耦合理论的城市绿地空间评价与规划研究 [J]. 中国园林.2012（05）：42-46.

[52] 刘滨谊.绿道在中国未来城镇生态文化核心区发展中的战略作用 [J]. 中国园林，2012（06）：5-9.

[53] 刘滨谊，余畅.美国绿道网络规划的发展与启示 [J]. 中国园林，2001（06）：77-81.

[54] 刘常富等.沈阳城市森林景观连接度距离阈值选择 [J]. 应用生态学报，2010（21）：2508-2516.

[55] 刘常富.城市公园可达性研究——方法与关键问题 [J]. 生态学报，2010（19）：5381-5390.

[56] 刘纯平，陈宁强，夏德深等.土地利用类型的分数维分析 [J]. 遥感学报，2003（02）：136-141.

[57] 刘海龙.连接与合作:生态网络规划的欧洲及荷兰经验 [J]. 中国园林，2009（09）：31-35.

[58] 刘颂，刘滨谊，温全平.城市绿地系统规划 [M]. 北京：中国建筑工业出版社.2011.

[59] 刘颂，刘滨谊.城市绿地空间与城市发展的耦合研究——以无锡市区为例 [J]. 中国园林，2010（03）14-18

[60] 刘颂.转型期城市绿地系统规划面临的问题及对策 [J]. 城市规划学刊，2008（06）：79-82.

[61] 刘易斯.芒福德著.宋俊岭，倪文彦译.城市发展史——起源、演变和前景 [M]. 北京：中国建筑工业出版社，2008.

[62] Loring LaB. Schwarz，Charles A. Flink，Robert M. Searns. 绿道规划·设计·开发 [D]. 北京：中国建筑工业出版社，2009.

[63] 罗布·H·G·容曼.生态网络与绿道——概念.设计与实施 [M]. 北京：中国建筑

工业出版社，2011.

[64]　Mark S. Lindhult. 论美国绿道规划经验：成功与失败，战略与创新 [J]. 风景园林，
　　　2012（03）：34–41.

[65]　马林兵，曹小曙. 基于 GIS 的城市公共绿地景观可达性评价方法 [J]. 中山大学学
　　　报（自然科学版）. 2006（06）：111–115.

[66]　孟亚凡. 绿色通道及其规划原则 [J]. 中国园林，2004（05）：14–18.

[67]　莫琳，俞孔坚. 构建城市绿色海绵——生态雨洪调蓄系统规划研究 [J]. 城市发展
　　　研究，2012，5（19）：4–8.

[68]　尼科斯·A·萨林加罗斯著. 阳建强等译. 城市结构原理 [M]. 北京：中国建筑工业
　　　出版社，2011.

[69]　欧阳志云，郑华. 生态系统服务的生态学机制研究进展 [J]. 生态学报，2009，29
　　　（11）：6183–6188.

[70]　仇保兴. 绿道为生态文明领航 [J]. 风景园林，2012（03）：88–89.

[71]　仇江啸. 城市景观破碎化格局与城市化及社会经济发展水平的关系 [J]. 生态学报，
　　　2012（09）：2659–2669.

[72]　瞿奇，王云才. 基于环境廊道的快速城市化地区生态网络格局规划——以烟台福
　　　山南部地区为例 [C]. 中国风景园林学会 2013 年会论文集（上册）. 2013.

[73]　Rob H. G. Jongman，Gloria Pungetti 主编. 余青，陈海沐，梁莺莺译. 生态网络与绿
　　　道 [M]. 北京：中国建筑工业出版社，2011.

[74]　沈清基. 城市生态和城市环境 [M]. 上海：同济大学出版社，2005.

[75]　沈清基，徐溯源. 城市多样性与紧凑性：状态表征及关系辨析 [J]. 城市规划，2009（10）.

[76]　孙施文. 现代城市规划理论 [M]. 中国建筑工业出版社，2007.

[77]　侍昊. 基于 RS 和 GIS 的城市绿地生态网络的构建技术研究 [D]. 南京林业大学硕
　　　士学位论文. 2010.

[78]　谭少华，赵万民. 城市公园绿地社会功能研究 [J]. 重庆建筑大学学报，2007（29）：6–10.

[79]　滕明君，周志翔等. 景观中心度及其在生态网络与管理中的应用 [J]. 应用生态学报.
　　　2010（4）：863–872.

[80]　同济大学建筑与城市规划学院. 城镇绿地空间结构与生态功能优化关键技术研究
　　　报告 [R]. “十一五”国家科技支撑计划重点项目：城镇绿地生态构建和管控关键技
　　　术研究与示范. 2008.

[81]　王海珍，张利权. 基于 GIS、景观格局和网络分析法的厦门本岛生态网络规划 [J].
　　　植物生态学报，2005（29）：144–152.

[82]　王浩. 城市生态园林与绿地系统规划 [M]. 北京：中国林业出版社. 2003.

[83]　王莉，宗跃光，曲秀丽. 大都市双核廊道结构空间增长过程研究 [J]. 人文地理，
　　　2006（01）：11–16.

[84]　王敏，王云才. 基于生态风险评价的非建设性用地空间管制研究——以吉林长白

县龙岗重点片区为例 [J]. 中国园林 . 2013（12）: 60–66.

[85]　王原等 . 面向绿地网络化的城市生态廊道规划方法研究 [A]. 和谐城市规划——2007 中国城市规划年会论文集 [C]: 1665–1671.

[86]　王云才 . 景观生态规划原理 [M]，北京: 中国建筑工业出版社，2007.

[87]　王云才 . 上海市城市景观生态网络连接度评价 [J]. 地理研究，2009（28）: 284–291.

[88]　王云才 . 风景园林生态规划方法的发展历程与趋势 [J]. 中国园林，2013（12）: 46–51.

[89]　王云才，刘悦来 . 城市景观生态网络规划的空间模式应用探讨 [J]. 长江流域资源与环境，2009（09）: 819–824.

[90]　魏培东 . 构建可持续发展的城市生态网络 [J]. 中国人口资源与环境，2003（04）: 78–81.

[91]　温全平 . 城市森林规划理论与方法 [D]. 博士学位论文，上海: 同济大学 . 2008.

[92]　邬建国 . 景观生态学: 格局、过程、尺度与等级（第二版）[M]. 北京: 高等教育出版社，2007.

[93]　武剑锋等 . 深圳地区景观生态连接度评估 [J]. 生态学报，2008（04）: 1691–1701.

[94]　吴昌广，等 . 景观连接度的概念、度量及其应用 [J]. 生态学报，2010（07）: 1903–1910.

[95]　吴良镛，人居环境科学导论 [M]. 中国建筑工业出版社，2001.

[96]　吴敏，吴晓勤 . 融合共生理念下的生态激励机制研究 [J]. 城市规划，2013（08）: 60–65.

[97]　吴志强，蔚芳 . 可持续发展——中国人居环境评价体系 [M]. 北京: 科学出版社，2003.

[98]　许树柏，王莲芬，层次分析法引论 [M]. 中国人民大学出版社，1990.

[99]　肖笃宁，李秀珍等 . 景观生态学 [M]. 科学出版社，2003.

[100]　肖化顺 . 城市生态廊道及其规划设计的理论探讨 [J]. 中南林业资源，2005（02）: 15–18.

[101]　谢高地，甄霖，鲁春霞等 . 一个基于专家知识的生态系统服务价值化方法 [J]. 自然资源学报，2008（05）: 911–919.

[102]　刑忠，等 . 土地使用中的"边缘效应"与城市生态整合 [J]. 城市规划，2006（01）: 88–92

[103]　刑忠 . 边缘区与边缘效应——一个广阔的城乡生态规划视域 [M]. 北京: 科学出版社，2007.

[104]　徐剑波等 . 基于遥感的广州市城市绿地生态服务功能评价 [J]. 风景园林，2012（03）: 42–48.

[105]　许浩 . 国外城市绿地系统规划 [M]. 北京: 中国建筑工业出版社，2003.

[106]　许克福 . 城市绿地系统生态建设理论、方法与实践研究——以马鞍山市为例 [D]. 安徽农业大学博士学位论文，2008.

[107]　许文雯，孙翔等 . 基于生态网络分析的南京主城区重要生态斑块识别 [J]. 生态学

报，2012（04）220-228.

[108] 闫水玉，应文，黄光宇."交互校正"的城市绿地系统规划模式研究 [J]. 中国园林，
2008（07）: 69-75.

[109] 杨冬辉. 城市空间扩展与土地自然演进——城市发展的自然演进规划研究 [M]. 东
南大学版社，2005.

[110] 杨冬辉. 生态背景与生态城市——国外区域生态研究的启示 [J]. 规划师，2005（10）.

[111] 杨培峰. 城乡空间生态规划理论与方法研究 [M]. 北京：科学出版社，2005.

[112] 尹海伟，孔繁花，祈毅等. 湖南省城市群生态网络构建与优化 [J]. 生态学报，
2011（10）: 2863-2874.

[113] 尹海伟，孔繁花，宗跃光. 城市绿地可达性与公平性评价 [J]. 生态学报，2008（07）
3375-3383.

[114] 尹海伟，徐建刚，孔繁花，上海城市绿地宜人性对房价的影响 [J]. 生态学报，
2009（29）: 4492-4500.

[115] 俞孔坚，段铁武，李迪华，彭晋福. 城市公园绿地规划中的可达性指标评价方法
[J]. 北京大学学报（自然科学版），2008（44）: 618-624.

[116] 俞孔坚，王思思，李迪华. 区域生态安全格局：北京案例 [M]. 北京：中国建筑工
业出版社，2012.

[117] 岳天祥等. 景观连接度模型及其应用沿海地区景观 [J]. 地理学报，2002（01）:
67-75.

[118] 张浪. 特大型城市绿地系统布局结构及其构建研究：以上海市为例 [M]. 北京：中
国建筑工业出版社，2009.

[119] 张浪. 论城市绿地系统有机进化论 [J]. 中国园林，2008（01）: 87-90.

[120] 张萍. 城市规划法的价值取向 [M]. 北京：中国建筑工业出版社，2006.

[121] 张庆费. 城市绿色网络及其构建框架 [J]. 城市规划汇刊，2002（01）: 75-78.

[122] 张庭伟. 中美城市建设和规划比较研究 [M]. 中国建筑工业出版社，2008.

[123] 张小飞，李正国，王如松等. 基于功能网络评价的城市生态安全格局研究：以常
州市为例 [J]. 北京大学学报，2009（04）: 728-736.

[124] 张小飞等. 流域景观功能网络构建及应用——以台湾乌溪流域为例 [J]. 地理学报.
2005（06）: 974-980.

[125] 赵春容，赵万民. 模糊综合评价法在城市生态安全评价中的应用 [J]. 环境科学与
技术，2009（03）: 179-183.

[126] 赵民，陶小马. 城市发展和城市规划的经济学原理 [M]. 南京：高等教育出版社，
2001.

[127] 赵萍. 基于遥感与 GIS 技术的城镇体系空间特征的分形分析 [J]. 地理科学，2003，
（06）: 721-726.

[128] 赵振斌. 城市绿化生态网络建设的理论与实践研究——以江阴市为例 [D]. 博士学

位论文，南京：南京大学，2001.

[129] 郑德高．空间经济学视角下的城市空间结构变迁 [J]. 城市规划，2009（04）：31-34.

[130] 郑新奇，付梅臣 主编．景观格局空间分析技术及其应用 [M].北京：科学出版社，2010.

[131] 郑曦，孙晓春．构筑融入市民生活的城市绿地空间网络 [J]. 国际城市规划，2007(01).

[132] 周廷刚，郭达志．基于 GIS 的城市绿地景观空间结构研究 [J]. 生态学报，2003(05)：901-907.

[133] 朱强，俞孔坚，李迪华．景观规划中的生态廊道宽度 [J]. 生态学报，2005（09）：7-12.

[134] 朱喜钢．城市空间集中与分散论 [M]，中国建筑工业出版社，2002.

[135] 宗跃光，张晓瑞等．空间规划决策支持技术及其应用 [M].北京：科学出版社，2011.

[136] 宗跃光，陈眉舞，杨伟等．基于复杂网络理论的城市交通网络结构特征研究 [J]. 吉林大学学报（工学版），2009（04）：910-915.

[137] 中国城市规划设计研究院学术信息中心．国外城市规划发展趋势研究 [R]. 1999.

## 国家规范

（按颁布年份顺序排列）

[1]  GB 50137-2011 城市用地分类与规划建设用地标准（S），2011.

[2]  CJJ/T91-2002 园林基本术语标准 [M]. 北京：中国建筑工业出版社，2002.

[3]  CJJ/T85-2002 城市绿地分类标准 [M]. 北京：中国建筑工业出版社，2002.

[4]  城乡规划规范．北京：中国建筑工业出版社，2008.

[5]  中华人民共和国建设部．GB 50420-2007 城市绿地设计规范．2007.

## 相关规划及研究报告

（按编制年份顺序排列）

[1]  合肥市城市规划设计研究院．合肥市城市绿地系统规划（2010-2020），2011.

[2]  合肥市城市规划设计研究院．合肥市城市发展战略规划，2012.

# 后　记

本书是在我的博士学位论文基础上进一步修改而成，同时也包含了本人近年来从事的科研课题中的一些研究体会。

韶华易逝，白驹过隙。在书稿得以收笔之际，再度回首这一段心路历程，名师巨擘，良师益友，中西融合，文质相顾，于此佳境陶铸自我，是此生之荣幸。同时我也逐渐清晰地认识到，在复杂纷乱的世界中，什么才是真正重要；在汗牛充栋的理论中，哪些才代表着真正的智慧……

在此，由衷地感谢我的导师刘滨谊教授。自 2001 年师从刘教授，至如今引领我跨入专业研究领域的一个新台阶，从硕士阶段关于景观敏感区的思考，至博士阶段针对城市绿地生态网络的研究，就如何培养专业思维、如何运用理论剖析现实问题、如何驾驭文字进行学术写作等，教授给予了全面的指导。刘滨谊教授渊博睿智、高屋建瓴，他广阔的视野、前沿的学术造诣、敏锐的洞察力以及深邃的学术思维，每每令我拨云见日、豁然开朗。12 年里的点滴成绩无不凝聚着导师的心血，在他所领导的学术团队，我满怀信心地期待着中国景观学充满活力的美好未来！

在攻读博士的生涯以及本书撰写等的过程中，我还有幸得到了诸多的帮助与支持，在此特别感谢师姐王敏副教授，她的启迪与帮助无私且真诚，大大缩短了我在学术门槛前徘徊与迷惘的时间。感谢景观系王云才教授、金云峰教授、刘颂教授，在写作中给予我极为重要的指导，他们的敬业精神、脚踏实地的作风以及平和谦虚的为人都为我树立了良好榜样，并潜移默化地影响着我的教学、学习以及科研工作。

感谢安徽省住房与城乡建设厅吴晓勤巡视员，在相关课题研究过程中的思路引导；感谢恩师高冰松教授，20 年来犹如我的指路明灯，所给予的无私指引与帮助，必将惠及毕生；感谢地平线建筑事务所江海东先生的支持与鼓励，进一步坚定了我的专业信念。感谢合肥工业大学建筑与艺术学院的同事陈刚教授、张晓瑞教授、周国艳教授的大量有益讨论，提供给我极有价值的意见。感谢儿时伙伴施汉军，站立于外专业角度所给予的极其有益的研究方法的启示与建议，让我突破了自身专业的局限。还感谢我的事业伙伴们，工作的承担、精神的支持以及让人愉悦振奋的展望，坚定了我的从业理想与追求！衷心感谢各位同门师兄弟姐妹卫丽亚、王鹏等，在共同的求学生涯里，我们一起度过的那些快乐以及艰辛的岁月，是我人生的财富……

特别感谢我的至爱亲人爸爸、妈妈和姐姐，亲情的温暖是我求学的动力和永远的依赖。他们使我拥有一颗善良、正直、勇敢的心，并持之以恒、稳步前行。感谢爱人曾晟，八年来给予生活上的关爱包容以及学业上的理解与支持，是我论文写作的重要保障！

还有很多需要感谢的人，在我陷入困境之时，给予我战胜困难的力量与勇气，使得学业得以顺利完成。感恩之意，点滴言语未能详尽，只祈祷所有的人健康、平安！

窗外，同济园一景一物，一草一木，均会让我深深眷念，并铭记于心。

2015 年 2 月　于同济大学